重复数据删除技术

面向大数据管理的缩减技术

付印金　肖依◎编著

清华大学出版社
北　京

内 容 简 介

本书是一本专门介绍重复数据删除技术的专业书籍。全书共分为8章，以大数据存储为背景，介绍重复数据删除的关键技术及其应用场景。通过学习本书，读者能够了解信息存储技术基础、大数据管理主流技术和高效能存储管理基本知识，并可以深入理解重复数据删除技术的概念、分类、存储原理及关键技术，还可掌握前沿的应用，如感知源端重删机制和高可扩展集群重删技术，了解主流厂商重删存储相关产品及其应用案例。

本书面向从事大数据存储系统设计及相关技术研究和开发工作的读者。既可以作为存储系统架构师、软件开发工程师、产品或项目经理、数据中心运维人员等的实用工具书，还可以作为普通高等院校计算机和大数据科学相关专业的教学或科研人员、研究生、高年级本科生及相关培训机构学员的学习参考书。

图书在版编目(CIP)数据

重复数据删除技术：面向大数据管理的缩减技术 / 付印金，肖侬编著 . —北京：清华大学出版社，2021.1

ISBN 978-7-302-56611-3

Ⅰ. ①重… Ⅱ. ①付… ②肖… Ⅲ. ①数据管理－研究 Ⅳ. ① TP274

中国版本图书馆 CIP 数据核字 (2020) 第 192657 号

责任编辑：栾大成
封面设计：杨玉兰
版式设计：方加青
责任校对：徐俊伟
责任印制：沈　露

出版发行：清华大学出版社
网　　址：http://www.tup.com.cn，http://www.wqbook.com
地　　址：北京清华大学学研大厦A座　　**邮　　编：**100084
社 总 机：010-62770175　　**邮　　购：**010-83470235
投稿与读者服务：010-62776969，c-service@tup.tsinghua.edu.cn
质 量 反 馈：010-62772015，zhiliang@tup.tsinghua.edu.cn
印 装 者：涿州汇美亿浓印刷有限公司
经　　销：全国新华书店
开　　本：170mm×240mm　　**印　　张：**15　　**字　　数：**269千字
版　　次：2021年1月第1版　　**印　　次：**2021年1月第1次印刷
定　　价：89.00元

产品编号：085117-01

序　言
大数据时代数据量暴涨带来的问题

大数据时代，数据量呈直线上涨。5G时代的到来、各种AI技术的落地，都在加速数据量的暴涨，而暴涨的数据量带来的问题都有哪些呢？

1. 数据存储成本的上升

由于诸多数据鱼龙混杂，数据分析提炼的速度赶不上数据生成的速度，导致不得不存储大量混杂在一起的冷热数据。当前，机械硬盘仍然是数据存储的主力介质，截至目前，市面上最大容量的硬盘为单盘16TB。而随着5G等技术逐渐普及，对存储容量的要求会更高，目前的单盘容量压力越来越大。机械硬盘厂商也在使出浑身解数来扩大单盘容量，目前已经确定的下一代磁存储技术是热辅助磁记录（HAMR）或者微波辅助磁记录（MAMR）技术，据说能够将单盘容量提升到80TB左右，所以从硬件上来讲，应该还能够支撑数据量暴涨几年。另一方面，NAND Flash的成本也在逐年下降，但当前NAND恐怕很难彻底取代磁存储介质，因为其自身的保存机制不够强壮，而将来的固态存储介质可能终将取代磁存储。无论如何，保存数据越多，付出的成本也就越高，不仅是硬件保有成本，相当一部分成本会落入管理维护方面。

2. 数据访问的性能与成本没有成比例上升

高性能一直是存储系统所追求的目标之一，然而磁存储的性能已经达到了瓶颈，性能的继续提升只能交给固态存储介质了。由于成本因素，固态硬盘目前更多用于存储热数据。由于机械盘无法支撑实时高性能数据分析所产生的I/O压力，人们不得不建立数据分层体系，将热数据保留在高速介质中，将冷数据移动到机械硬盘上。然而目前的NAND Flash的寿命问题与日益增加的I/O压力是矛盾的，从SLC到MLC、TLC，再到现在的QLC，它们的寿命越来越短，因此如何有效利用Flash介质的生命周期，也是当下的研究热点。

3. 数据安全问题

如此庞大的数据量，会给数据安全带来压力。传统的Raid保护模式下，单盘故障后的重建周期会极大提升，可能会达到周级，期间会有很高概率出现双盘失效从而丢失数据。为此人们设计出了新型的Raid，比如Raid 2.0数据分布模式，可以大大缩短数据恢复的时间。在数据的容灾方面，庞大的数据量会导致容灾的RTO和RPO双双增加。

综上所述，如果能够降低数据保有量，无形中就会降低成本并提高性能。所以，就催生了使用软件技术来降低数据量的方式。在前端，可以从数据产生的源头入手，比如剔除一些垃圾数据；在后端，则可以从存储系统角度入手，用一些普适性的技术来直接缩减数据量，比如实时的压缩/解压，或者识别并剔除一些冗余的数据。

重复数据删除（Deduplication）技术是近几年来兴起并广泛落地的一种数据缩减技术。其对数据进行分块，然后分别计算哈希指纹，并对指纹进行比对以查找冗余数据块，具有良好的普适性和缩减率。重复数据删除技术目前已经被广泛应用于商用存储系统中，包括SAN/NAS/分布式存储系统，已经成为标配特性。另外，很多SSD也在其主控内部实现了重删技术，以延长SSD的寿命。在一些容灾备份产品中，普遍采用了源端重删技术，以缩减数据量，从而节省远程同步所需的时间。

目前，市面上对重复数据删除技术进行讲解分析的书籍很少见，而本书应该是解了燃眉之急，其对重复数据删除技术的背景、原理、场景做了一个非常好的综述和演绎，是不可多得的存储特定技术领域的书籍。我在此向大家郑重推荐本书，同时也感谢本书作者为业界提供了一本优秀的书籍。

——《大话存储》《大话计算机》

作者　冬瓜哥

前　言

数据是数字经济时代的“石油”，已成为当今世界最有价值的资源之一，甚至成为了中美贸易战的主战场。然而，纷繁复杂的海量数据存储管理，对当前数据中心的大数据存储提出了严峻的挑战。

人脑的智慧不仅体现在强化有深刻意义的人生大事，还在于能逐步淡忘无意义的生活琐事。类似人脑，大数据系统也需要依据数据的价值进行存储取舍，删除不必要的数据垃圾，这不仅提升降低整体系统建设和管理成本，更有利于提升大数据系统的性能和智能。

本书是国内第一本系统讲解重复数据删除技术的专业图书，内容丰富、彩色印刷。

本书以大数据存储为背景，介绍重复数据删除技术。世界著名数据科学家维克托·舍恩伯格教授所著畅销书《大数据时代》的姊妹篇《删除——大数据时代的取舍之道》，强调大数据时代需要在“记忆”和“遗忘”之间做平衡。大数据时代，个人数据隐私受到极大挑战，适当适时地删除数据，有利于保护大数据时代的隐私权。

创作背景

大数据时代的海量数据管理压力催生了很多方法来缓解大数据治理。面对企业数据量的急剧膨胀，需要不断购置大量的存储设备来应对不断增长的存储需求。然而，单纯地提高存储容量，并不能从根本上解决问题。伴随着数据量增长，存储设备采购开支、存储管理成本和数据中心能耗使企业越来越难以承担。特别是海量数据存储管理的复杂性，容易造成存储资源浪费和利用效率低下。因此，为解决信息的急剧增长问题，堵住数据“井喷”，基于数据缩减的高效存储理念油然而生，旨在缓解存储系统的空间增长问题，缩减数据占用空间，简化存储管理，最大程度地利用已有资源，降低成本。近十年来，人们对数据缩减的需求越来越大，关键词“压缩软件”在百度指数中搜索热度逐年提升，重复数据删除（Deduplication）也受到持续关注，如图1所示。

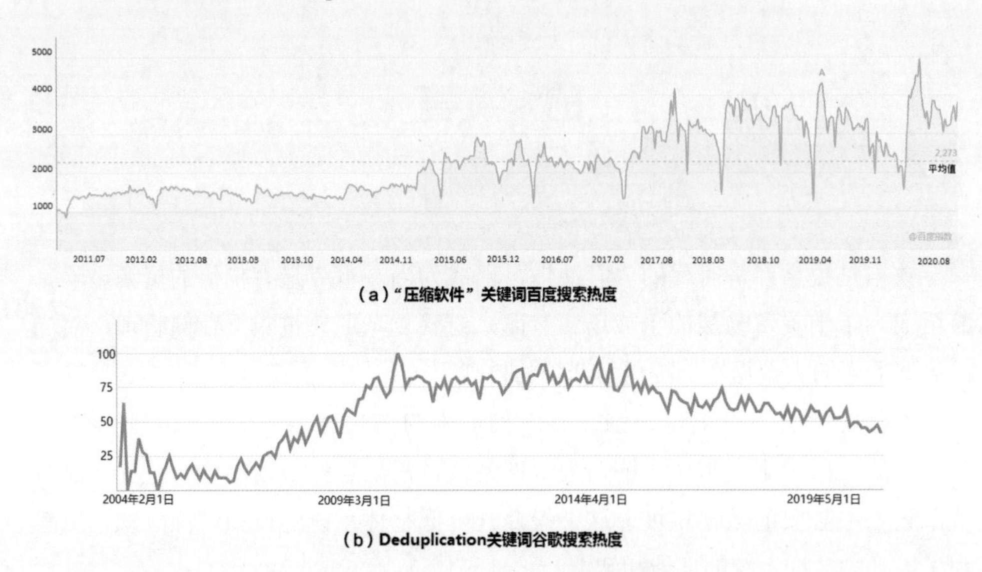

（a）“压缩软件”关键词百度搜索热度

（b）Deduplication关键词谷歌搜索热度

图1　数据缩减技术关键词搜索热度

目前，数据压缩和重复数据删除是实现高效存储的两种典型的数据缩减技术。传统的数据压缩技术通过对数据重新编码来降低文件数据冗余度。然而，数据压缩仅能处理文件内部的数据冗余，并且由于需要进行细粒度的字节级比对，处理性能低，无法满足大数据时代的海量复杂数据管理需求。由此催生了重复数据删除技术，它能在文件级、块级和段级进行更广泛的比对，删除大规模共享数据集中重复的数据内容，从而实现快速缩减海量数据容量的目的。

如图2所示，重复数据删除在数据容量缩减上的绝对优势，还能极大地节省企业数据中心的能耗、制冷、管理和场地等方面的成本。尤其是移动终端的普及使得“数据上云”需求提升明显，重复数据删除技术对数据上云至关重要，不仅能够节省用户的数据云存储成本，还能避免重复数据传输过程中的浪费，提升网络带宽利用率。

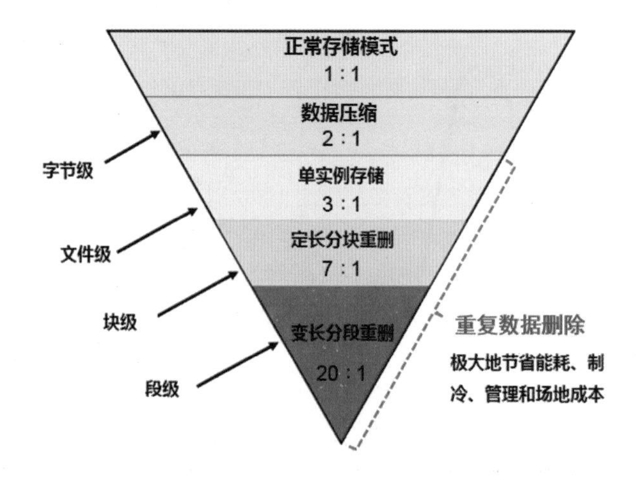

图2 数据缩减技术对比

重复数据删除相关技术研究早在20世纪90年代就被各国学者广泛研究，主要围绕数字文档中的副本和重复内容检测进行深入研究。2000年左右，出现了不少重复数据删除技术研究成果，比如通过检测重复和相似数据减少数据冗余以节省存储空间，还有利用重复数据删除思想提升因特网带宽限制下的数据传输性能。

2006年，图灵奖得主Jim Gray提出观点“磁带已死，磁盘是新磁带，闪存是新磁盘，随机存储器局部性是为王道。”当随机访问的硬盘代替了顺序访问的磁带，备份和归档存储系统可以获得相当惊人的速度提升，但成本却很难跟磁带库媲美。而基于重复数据删除的磁盘存储刚好可以弥补这一缺陷，通过节省容量使磁盘备份变得高速又经济。这已经作为企业数据保护中新一代存储形式，具有代表性的产品有Data Domain公司的DDFS和HP公司的D2D系列。

近十年来，重复数据删除技术已经成为存储与网络方向的学术研究热点，在产业界也获得了广泛应用，几乎所有存储企业都推出了重复数据删除技术相关的存储产品。结合Ganter的存储技术成熟度曲线，我们画出了如图3所示的重复数据删除技术成熟度曲线。2017年，重复数据删除技术从稳步爬升恢复期进入了生产成熟期，就在此时，我们决定写一本关于重复数据删除技术的专业书。

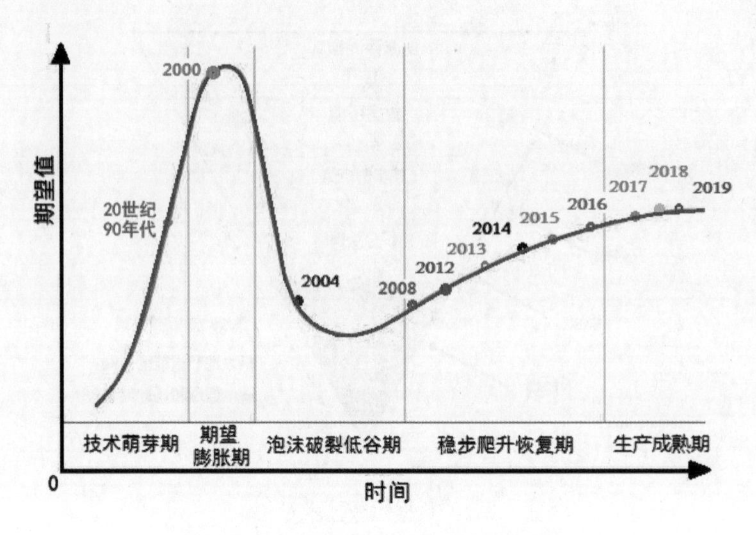

图3 重复数据删除技术成熟度曲线图

笔者研究重复数据删除技术的这些年，经常会被问到一个问题："重复数据删除会不会影响数据存储的可靠性？"通常认为，在大数据存储系统中，为了维护大规模复杂系统的可靠稳定运行，需要配置大量的设备进行容错，并保留相应的数据副本或校验数据冗余。然而，重复数据删除技术貌似刚好做了一个逆向操作，违背了大数据存储系统可靠稳定运行的设计原则。实际上，重复数据删除所删除的数据是大数据存储系统上原有文件系统或设备驱动所无法发现和管理的重复数据，而大数据存储系统的可靠容错机制所需的副本和校验数据是原有系统可管理和控制的冗余，并不会被重复数据删除操作删除。例如：两个文件名不同但内容相同的文件，在原有大数据存储系统中各保留两份副本支持容错，重复数据删除只会发现并删除其中一个文件的两份副本。因此，这两者虽然目的相悖，但却因为存储管理层次和实现方式不同可以实现共存。

致谢那些帮助过我的人和组织

最开始了解重复数据删除这个词汇是在2008年研究生导师肖老师安排的USENIX FAST论文研讨会。从阅读完普林斯顿大学的李凯教授团队发表的"Avoiding the Disk Bottleneck in the Data Domain Deduplication File System"论文后，被该文中巧妙的系统设计所吸引，并对重复数据删除产生了极大的研究兴趣，迅速放弃了已研究大半年的存储低功耗方向，转为专注研究重复数据删除。读博期间在国家留学基金委的资助下，赴美国内布拉斯加大学林肯分校留学访问两年，在国际著名存储专家江泓教授的指导下对应用感知重复数据删除技术进行了深入研究。从2010年投稿重复数据删除技术综述开始，先后在国内外期刊和会议上发表相关学术论文20余篇，并申请了不少国家发明专利。直到2017年，“企业存储技术”微信公众号作者、“存储争霸”行业群主黄亮专家邀请我给存储同行作一个介绍重复数据删除技术的在线报告，讲完后朋友们建议我把相关内容整理出来写一本相关的专业书。于是，开始了这项耗时近三年的“大工程”。

写这本书的过程也是断断续续，一有时间就写几页，最后历时两年多终于完成初稿，并交给清华大学出版社。之所以选择清华大学出版社，是因为存储大牛“冬瓜哥（张冬）”的畅销书《大话存储》《大话计算机》等均出自该出版社，这两本书也是我的常用参考书，本书的出版也得到了冬瓜哥和他的编辑（栾大成主任）给予的写作指导和宝贵建议。在此衷心感谢。

最后，这本书的出版，要感谢家人的理解与支持，还要感谢一路走来所有关心、鼓励、帮助我的各位老师和兄弟姐妹们！特别感恩博士后导师于全院士和研究生导师肖侬教授（合著者）给予我的悉心指导与大力支持！

联系作者/联系书友

由于作者所学和经历的局限性，书中难免出现谬误，欢迎读者朋友批评指正，联系邮箱：723908609@qq.com。

另外，本书读书QQ群：1148403700。有任何技术问题都可以在群里与大家探讨交流，读书群也会不定期发布勘误信息、技术资料等。

目　录

第1章

概　述

云计算、物联网、社交网络等新兴信息技术促使全球电子数据的规模和种类以前所未有的速度增长，传统的IT（Information Technology）工具和方法已经无法满足当前海量复杂数据的存储、管理和分析需求。当前的学术界、工业界甚至政府机构都已经密切关注大数据问题，并对相关的技术产生了浓厚的兴趣。大数据浪潮的到来在推动人类社会进步的同时，促进数据存储管理方式发生深刻的变革。

1.1 大数据简介

随着信息技术的普及和互联网的不断发展，当今世界的信息数据量呈爆炸式增长，且绝大部分的数据产生自消费者和工作者，尤其是网络边沿的嵌入式传感器、智能手机和平板电脑等移动设备[1]；但超过85%的数据量是为企业所管理。人类在基因组计划、医疗卫生、能源勘探、搜索引擎、视频监控、金融分析、环境保护、社交网络以及电子游戏等诸多应用领域都需要管理海量数据，并期望从庞大的数据中发掘更多有价值的知识来促进人类社会的发展进步。一个全新的大数据（Big Data）时代已经到来。

1.1.1 大数据定义和维度

大数据即指传统数据分析与管理的工具，难以在合理的时间内抓取、存储、搜索、共享、分析和处理的海量复杂数据集[2]。如图1-1所示，大数据通常具有4V的特点：

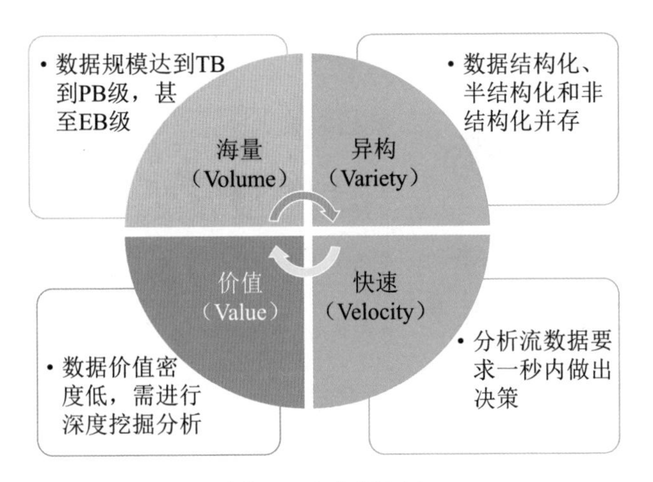

图1-1 大数据特征

- 数据体量巨大（Volume）：全球数字化数据量以每隔两年就翻番的速度增长。国际数据公司IDC研究表明[1]：全世界每年的数据增长量将从2013年的4.4ZB（1 ZB = 10^{12} GB）基础上，在2020年增长10倍达到44 ZB的天文数字容量。
- 数据类型繁多（Variety）：大数据不仅包括以数据库为代表的传统结构化数据，还有以网页为代表的半结构化数据及以多媒体和文本为代表的非结构化数据。相对于以往便于存储的以文本为主的结构化数据，半结构化和非结构化数据越来越多，多样化的混合数据集也提高了数据处理的复杂度。
- 价值密度低（Value）：在大数据集中绝大部分的数据价值并不高。IDC估计在2013年的全球数据量中仅有5%的数据是特别有价值的，但随着大数据管理和分析技术的广泛采用，到2020年这个比例可能会翻番。
- 处理速度快（Velocity）：数据爆炸式增长源于产生速度很快，迫切需要快速地分析处理PB级（10^{15}Byte）甚至EB级（10^{18}Byte）海量价值密度低的数据集，并犹如“炼金术”一般，从中即时挖掘出高价值的知识。

无处不在的信息感知和采集终端为我们采集了海量的数据，而以物联网和云计算为代表的信息技术不断进步，为我们提供了强大的数据处理能力，这就围绕个人以及组织的行为构建起了一个与物质世界相平行的数字世界。为充分认识大数据，我们从数据来源、核心流程和支撑技术等三个维度来阐述大数据，如图1-2所示。大数据集的原始生成来源于传感器、社交网络、系统日志和网络爬虫等途径。

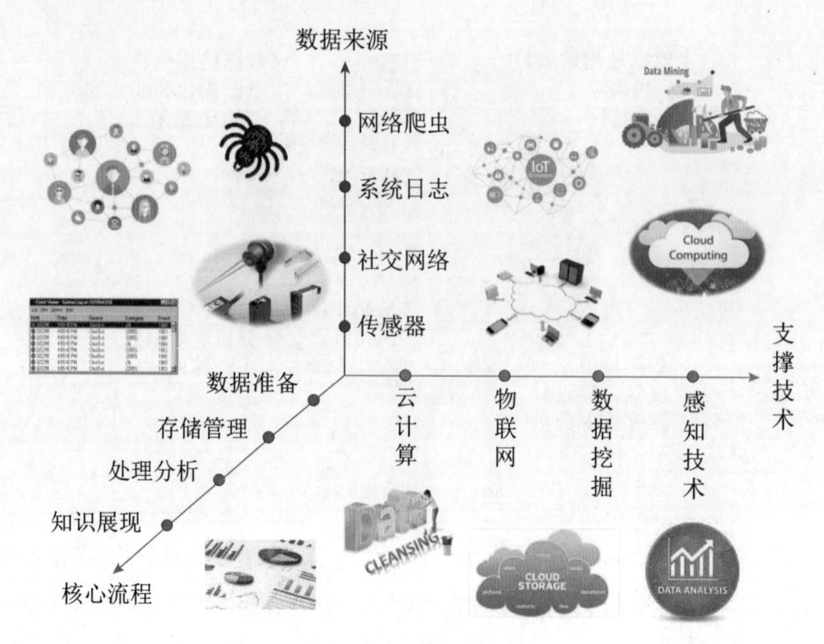

图1-2　大数据维度

传感器：往往用于测量物理量，并将其转换为方便处理的可读数字信号，以满足信息的传输、处理、存储、显示、记录和控制等要求。根据基本感知功能，传感器分为声敏元件、热敏元件、光敏元件、气敏元件、力敏元件、电流敏感元件、磁敏元件、湿敏元件、放射线敏感元件、色敏元件和味敏元件等。通过有线或无线传感器网络，将这些信息传输到数据采集点。

社交网络：网络社交过程中，每天都会产生大量的数据。但是它们并不像是我们想象中的那样冷冰冰的、枯燥的数据，而是更加活生生的、有趣的数据。这些数据不同于以往单纯的数字，它们声色结合、图文并茂。比如，Facebook用户每天共享超过40亿个帖子，Twitter每天处理的推特数量超过3.4亿条；而每分钟Tumblr博客作者会发布2.7万个新帖子，Instagram用户会共享3600张新照片。

系统日志：日志文件是一种最广泛使用的数据收集方法，按特定的文件格式记录数据源系统中的活动供后续分析使用。日志文件对数字设备上几乎所有的应用都有用。例如，在Web服务器中有三种主要的日志文件类型用来记录用户活动：NCSA普通日志格式、W3C扩展日志格式和微软IIS日志格式，数据库也可用来存储日志信息优化查询效率。

网络爬虫：搜索引擎从万维网上自动下载和存储网页的一种程序，是搜索引擎的重要组成。传统爬虫从一个或若干初始网页的URL开始，获得初始网页上的URL，在抓取网页的过程中，不断从当前页面上抽取新的URL放入队列，直到满足系统的一定停止条件。所有被爬虫抓取的网页将会被系统存储，进行一定的分析、过滤，并建立索引，以便之后的查询和检索。

大数据处理过程经历数据准备过程对采集的原始数据进行预处理准备，再将数据传送到数据中心的云计算平台进行存储管理，上层应用根据需要对这些数据进行计算处理分析，同时挖掘出有高价值密度的知识，最终将这些知识展现给决策者[4]。

数据准备：在进行存储和处理之前，需要对数据进行清洗、整理，传统数据处理体系中称为ETL（Extracting Transforming Loading）过程。要想处理大数据，首先必须对所需数据源的数据进行抽取和集成，从中提取出关系和实体，经过关联和聚合之后采用统一定义的结构来存储这些数据。在数据集成和提取时需要对数据进行清洗，保证数据质量及可信性。同时还要特别注意前面提及的大数据时代模式和数据的关系，大数据时代的数据往往是先有数据再有模式，且模式是在不断的动态演化的。

存储管理：当前全球数据量正以每两年翻一番的速度增长，存储技术的成本和性能面临非常大的压力。大数据存储系统不仅需要以极低的成本存储海量数据，还要适应多样化的非结构化数据管理需求，具备数据格式上的可扩展性。

处理分析：需要根据处理的数据类型和分析目标，采用适当的算法模型，快速处理数据。海量数据处理要消耗大量的计算资源，分而治之的分布式计算成为大数据的主流计算架构，但在一些特定场景下的实时性还需要大幅提升。通过计算从纷繁复杂的数据中发现规律提取新的知识，是大数据价值挖掘的关键。对于非结构化、多源异构的大数据集的分析，往往缺乏先验知识，很难建立显式的数学模型，这就需要发展更加智能的数据挖掘技术。

知识展现：在大数据服务于决策支撑场景下，以直观的方式将分析结果呈现给用户，是大数据分析的重要环节。如何让复杂的分析结果易于理解是主要挑战。在嵌入多业务中的闭环大数据应用中，一般是由机器根据算法直接应用分析结果而无须人工干预，这种场景下知识展现环节则不是必需的。

这一系列的流程离不开感知技术生成和收集各种数据，特别是物联网和云计算等基础设施将分散的小数据汇聚成大数据资源池，并实现可扩展存储管理和高效计算处理，而数据挖掘技术作为大数据分析的核心技术从纷繁复杂的低价值密度数据中获取高价值的知识。

云计算：是一种按使用量付费的商业计算模型。它提供可用的、便捷的、按需的网络访问，将计算任务分布在大量计算机构成的资源池上，使各种应用系统能够根据需要获取计算力、存储空间和信息服务，只需投入很少的管理工作，或与服务供应商进行很少的交互。

物联网：即物物相连的互联网。核心和基础仍然是互联网，是在互联网基础上的延伸和扩展的网络；但用户端延伸和扩展到了任何物品与物品之间，进行信息交换和通信，也就是物物相息。物联网通过智能感知、识别技术与普适计算等通信感知技术，广泛应用于网络的融合中，也因此被称为继计算机、互联网之后世界信息产业发展的第三次浪潮。

数据挖掘：就是指从大量的数据中通过算法搜索隐藏于其中有用信息和知识的过程。数据挖掘通过统计、在线分析处理、情报检索、机器学习、专家系统和模式识别等诸多方法来实现上述目标。获取的信息和知识可以广泛用于各种应用，包括商务管理、生产控制、市场分析、工程设计和科学探索等。

感知技术：是构建整个物联网系统的基础。感知功能的主要关键技术包括传感器技术和信息处理技术。在物联网应用系统中，传感器提供了对物理变量、状态及其变化的探测和测量所必需的手段，而对物理世界由“感”而“知”的过程则由信息处理技术来实现，信息处理技术贯穿由“感”而“知”的全过程，是实现物联网应用系统物物互联、物人互联的关键技术之一。

1.1.2 大数据管理挑战

云计算是大数据存储管理的基础支撑技术。IDC研究预测：2020年，有超过40%的数据将会被云所“接触”，即在云中创建、发布、存储、操作，或者被云服务传递、暂存以及保护，而在2013年这个比例还不到20%。大数据着眼于数据采集、分析和挖掘，而云计算着眼于IT基础架构。大数据为云计算提供了有价值的应用，而云计算为大数据提供了有力的平台和工具。基于云计算架构的存储管理已然成为大数据研究和应用的核心组件，各种改善人们日常生活、提高企业运营能力的实际应用都离不开数据的存取、分析和管理。如图1-3所示，大数据存储管理系统作为大数据存取的载体，相比于传统的存储系统在扩展性、可靠性、安全性、能耗及高效性方面都具有很多技术方面的挑战[5]。

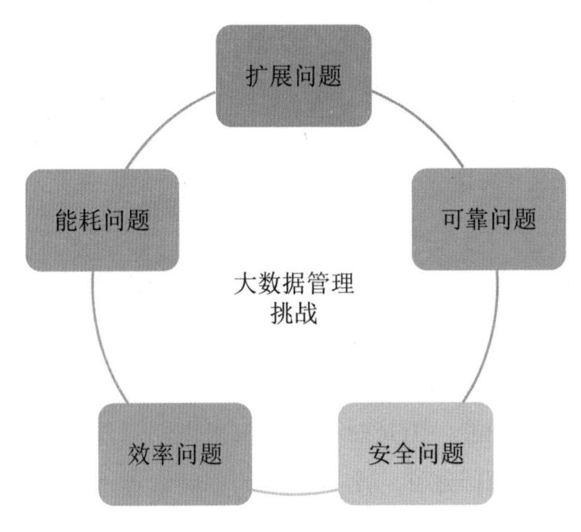

图1-3　大数据管理挑战

扩展问题：存储系统容量随数据量增长而不断扩展。当前大数据的规模已经达到EB级别，将来甚至会达到ZB级，这个数量级别的存储容量是无法通过单纯的往网络存储池添加硬盘来实现的。即使可以通过纵向扩容达到更大数据规模的需求，其高额的硬件及管理软件成本也是数据存储管理中心无法承担的。因此，对于大数据存储系统来说横向扩展才能够很好地达到巨量数据规模的需求，才能够实现存储系统按需动态规模的增减。当存储容量或者带宽不足以满足现有要求时，横向扩容可以通过添加存储节点来达到扩容的目的。在大数据应用领域，每一个节点不需要高价的磁盘阵列，相反只需要一定数量的各种类型的硬盘以独立工作单元的方式进行管理。这些节点甚至可以是一些成本较为低廉的日常用机器。横向扩容意味着数据管理软件将要统筹更多的节点，面对更大的压力。如果采用集中式的元数据节点管理，主节点的能力可能成为整个大数据存储系统的性能瓶颈，尤其是当规模扩大到成千上万个节点时，单元数据管理节点的模式是不可靠的；如果采用分布式元数据节点集群管理，软件的开发成本和系统本身的复杂度相应就会提高。

可靠问题：由于数据中心存储的数据量十分庞大以及管理系统的复杂性较高，这给海量数据管理带来了一定的挑战；另外，数据中心为了控制成本从而导致大量廉价存储设备的引入，导致数据极易由于硬件设备故障而丢失，而近年以来一些大型公司因为各种原因所导致的数据服务中断等事故也让人们开始担忧自己存储在数据中心的数据可靠性问题。因而对于大数据的存储系统来说，一是需要强大的容错软件管理能力，二是需要更加有效的运维系统来监控各种故障的发生，尤其是对于大数据存储系统可能拥有十万级别的硬盘，硬盘故障可能每天都会发生。如果大规模数据存储系统的某个存储设备发生故障，其中的存储数据就会丢失，从而造成损失。这一问题在大数据时代显得尤为突出。因此，如何提高大规模数据中心中所存储数据的可靠性成为近年来的一个研究重点。

安全问题：随着系统构成规模和复杂提升引起数据安全管理及可靠性挑战。大数据时代数据的快速变化除了要求有新的数据处理技术应对之外，也给隐私保护带来了新的挑战。虽然大数据的存储访问位于企业的数据中心内部，对外部用户已经具有防火墙隔离功能，但是对企业内部来说不同部门的数据也并非是完全可以共享的。为每一个部门建立一个大数据的存储管理平台并不现实，较为实用的方法类似于传统的数据库访问，所有部门共享一个大数据存储池，通过添加必要的访问控制来实现数据访问的安全性。现有隐私保护技术主要基于静态数据集，而在现实中数据模式和数据内容时刻都在发生着变化。因此在这种更加复杂的环境下实现对动态数据的利用和隐私保护将更具挑战。

效率问题：系统扩展的同时保持存储空间和网络带宽的高利用率。面对数据量的急剧膨胀，企业需要不断购置大量的存储设备来应对不断增长的存储需求。然而，存储管理成本、占用空间、制冷能力、能耗等问题变得越来越严重，让企业用户头疼不已。面对这种情况，高效存储理念应运而生，它旨在缓解存储系统的空间增长问题，缩减数据占用空间，简化存储管理，最大限度地利用已有资源，降低成本。当前的存储环境中存在着太多的隐性浪费，导致企业对存储系统的投入大部分打了水漂，资源与数据价值不匹配的现象也很常见。存储利用率直接关系到存储投资回报，高效存储显然是要研究一个重要技术挑战。我们需要通过数据整合、虚拟化、自动精简、自动分层存储和数据缩减技术提高IT资源利用率。

能耗问题：数据中心随系统规模扩展带来的能耗挑战。在能源价格上涨、数据中心存储规模不断扩大的今天，高能耗已逐渐成为制约大数据快速发展的一个主要瓶颈。从小型集群到大规模数据中心都面临着降低能耗的问题，但是尚未引起足够多的重视，相关的研究成果也较少。在大数据管理系统中，能耗主要由两大部分组成：硬件能耗和软件能耗，二者之中又以硬件能耗为主。理想状态下，整个大数据管理系统的能耗应该和系统利用率呈正比。但是实际情况并不像预期情况，系统利用率为零的时候仍然有能量消耗。绝大部分的电能用以确保服务器处于闲置状态，以应对突如其来的网络流量高峰，这种类型的功耗最高可以占到数据中心所有能耗的80%。从已有的一些研究成果来看，可以从新型低功耗硬件和引入可再生的新能源两个方面来改善大数据能耗问题。

1.2 高效能存储管理

大数据存储管理需要存储系统不断追求海量存储容量、高性能、高安全性、高可用性、可扩展性、可管理性等特性，以满足数据量爆炸式增长趋势带来的压力。企业需要不断购置大量的存储设备来应对数据增长的存储需求，但这并不能从根本上解决问题。一方面，存储设备的采购预算越来越高，大多数企业难以承受如此巨大的开支。另一方面，随着数据中心的扩大，存储管理成本、占用空间、制冷能力、能耗等也都变得越来越严重，其中能耗尤为突出。另外，大量的异构物理存储资源大大增加了存储管理的复杂性，容易造成存储资源浪费和利用效率不高。为缓解存储系统空间增长的问题，缩减数据占用空间，简化存储管理，最大限度地利用已有资源，降低成本，高效能的大数据存储管理模式应运而生。

高效能存储是指能够提升存储资源利用效率，从而达到简化存储管理、降低存储能耗、节省运营成本的存储方式。目前，已有的实现高效能存储管理的基本策略主要有以下几种：

- 存储资源整合：利用存储虚拟化、分布式文件系统和负载均衡等技术将分散物理存储资源替换为虚拟的统一存储资源池，减缓管理负担和存储需求，但可能存在性能瓶颈。
- 动态存储容量配置：应用系统访问存储空间时无须关心资源具体物理位置与其容量限制，完全根据自身需求任意预支，获得极大的配置自由度；也可按需自动分配物理存储资源，以缓解过度预配置，使应用程序只消耗必要的存储资源来将块数据写入特定卷，自动精简配置优化存储利用率。
- 缩减存储容量：通过重复数据删除技术删除重复的文件和块，以及利用压缩技术对数据进行重新编码等数据缩减技术消减存储系统中的数据冗余，有效减少数据存储量和网络通信量。

- 信息生命周期管理：根据数据价值和访问频度自动在不同存储层次之间流动。读写缓存机制配合存储自动分级技术，智能地将新数据和那些很可能被频繁访问的“热”数据迁移到更快、更贵的高性能存储媒介上，而那些不是很重要的“冷”数据则存储在便宜、性能低的存储媒介上。在保障存储系统性能的同时，有效降低存储成本。
- 降低能耗：综合多种虚拟化技术减缓存储需求，提高存储利用率和系统能耗效率，例如将空闲磁盘转换成非活动或低速旋转模式，有效节省能耗。

高效能存储技术目前已经在存储产品中得到广泛推广和应用。业界公认的四项高效能存储管理核心技术分别是存储虚拟化、自动分层存储、自动精简配置和数据缩减技术。

1.2.1 存储虚拟化

存储虚拟化是通过从应用、主机或通用网络资源中抽象、隐藏或隔离存储系统或服务的内部功能，使存储或数据的管理独立于应用和网络[6]。对存储服务和设备进行虚拟化，能够在对下一层存储资源进行扩展时进行资源合并，降低实现的复杂度。将存储资源虚拟成一个“存储池”，这样做的好处是把许多零散的存储资源整合起来，从而提高整体利用率，同时降低系统管理成本。特别是虚拟磁带库，对于提升备份、恢复和归档等应用服务水平起到了非常显著的作用，极大地节省了企业的时间和成本。除了时间和成本方面的好处，存储虚拟化还可以在单一的控制界面动态地管理和分配存储资源，提升存储环境的整体性能和可用性水平。通过虚拟化，许多既消耗时间又多次重复的工作，如备份/恢复、数据归档和存储资源分配等，可以通过自动化的方式来进行，大大减少了人工作业。

存储虚拟化可以按不同的标准进行分类。存储网络工业协会SNIA提供的存储虚拟化模型如图1-4所示，包括三种分类标准。根据资源类型的差异，我们可以分为磁盘虚拟化、磁带/磁带库虚拟化、文件系统虚拟化、文件/记录虚拟化、块虚拟化等。

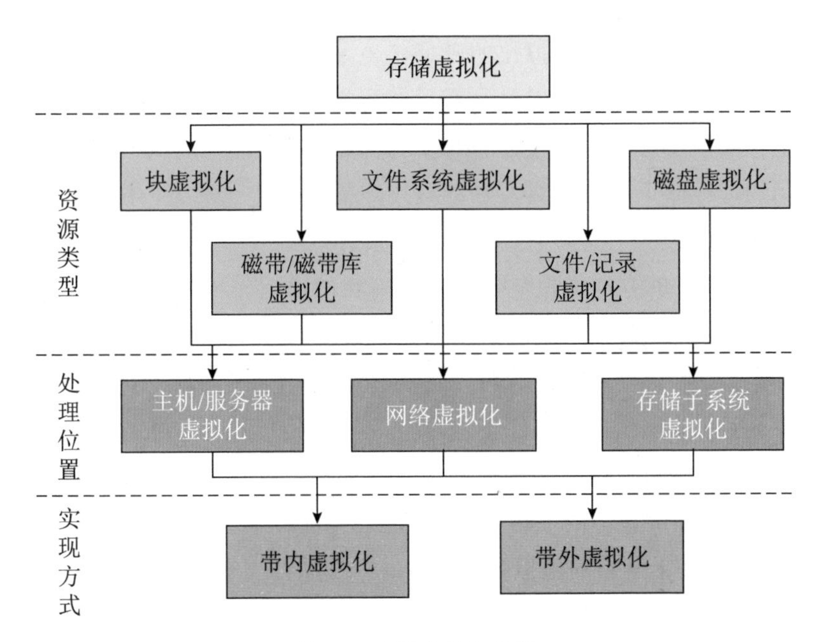

图1-4 存储虚拟化分类

- 磁盘虚拟化，是指磁盘固件通过虚拟化屏蔽磁盘的物理特性，逻辑块寻址方法将CHS地址转换为连续编号的逻辑块给上层的操作系统和应用使用，简单地通过逻辑块数用户就知道磁盘容量；此外，磁盘固件能够将有缺陷的块重映射到一个空的无缺陷磁盘块存储池，使用户看起来仍然是一块很好的无缺陷磁盘。
- 磁带/磁带库虚拟化，使用在线的磁盘存储作为高速缓存来模拟物理磁带上的数据读写，这样不仅能够改进磁带的备份性能和服务寿命，还能改进存储容量的利用率；磁带驱动虚拟化是在磁带库里让尽可能多的主机系统共享物理磁带驱动，节省大量的硬件资源。此外，磁带驱动虚拟化使得坏磁带替换不会影响备份过程；类似于RAID技术在磁盘上的使用，独立冗余磁带RAIT和独立冗余磁带库RAIL都是磁带驱动虚拟化技术的应用。
- 文件系统虚拟化，最简单的形式就是网络附属文件系统NAS，如NFS和CIFS，有专门的文件服务器管理共享网络访问文件系统内的文件；文件系统虚拟化还可以用在数据库环境来结合裸设备访问和文件系统访问的优势。
- 文件/记录虚拟化，最广泛使用的一个例子就是分层存储管理，很少被使用的数据会被自动迁移到廉价的二级存储媒介，如光盘、磁带或低价高密度的SATA磁盘阵列；并且，这种迁移对上层的用户和应用是位置透明的。

- 块虚拟化，是磁盘虚拟化的延伸，也是存储虚拟化的核心内容。它通过控制物理存储设备来提供具有足够容量、性能和可靠性的逻辑卷，以满足存储消费者不必关心底层细节的需要；虚拟层负责将I/O请求映射到底层物理存储上的逻辑卷，并且按用户需要创建足够大、快速和可用的虚拟存储设备。

为了更好地理解存储虚拟化各种实现背后的原因，我们来看看I/O请求从应用到存储的执行链。首先，上层应用发送读/写请求到操作系统；其次，该请求通过文件系统或者直接发送到硬盘，并将请求转化为逻辑块地址；再次，将逻辑块地址转换为实际物理硬盘CHS地址，这一转换可以在主机端、网络或存储端实现；最后，在硬盘对应的物理地址上完成访问操作，将结果按原路反馈。根据虚拟化的处理位置不同，可以分为基于主机/服务器的虚拟化、基于存储子系统的虚拟化、基于网络的虚拟化。

- 基于主机/服务器的虚拟化一般由操作系统下的逻辑卷管理器（Logical Volume Manager，LVM）完成，不同操作系统的逻辑卷管理器也不相同。它是最流行的一种存储虚拟化方式，特别是直连式存储（Direct Attached Storage，DAS）广泛使用。主机逻辑卷管理器最常用的功能包括：将物理存储从多个逻辑单元号LUN合并为单一的超级LUN，使主机操作系统看起来像单一硬盘驱动；实现软RAID和快照及远程复制等先进功能；在操作系统的控制下管理硬盘资源的健康状况。基于主机/服务器的虚拟化主要用途是使服务器的存储空间可以跨越多个异构的磁盘阵列，常用于不同磁盘阵列之间做数据镜像保护。常见产品有IBM公司的AIX LVM、Linux LVM和Veritas Volume Manager等。
- 基于存储子系统的虚拟化不依赖于特定类型的主机，允许磁盘阵列支持具有不同操作系统或应用的异构主机。存储阵列RAID、快照、LUN屏蔽和映射等都属于块级存储子系统虚拟化。RAID系统能提供与其硬件相关的最优性能，但单个的阵列在硬件失效时会让快照等数据保护措施失效，需要存储子系统虚拟化来实现跨多个阵列的虚拟化。通常地，基于主机的虚拟化和基于存储子系统的虚拟化是结合使用的，不仅具有硬件辅助的RAID性能，还能提供基于主机LVM的弹性。代表性的产品有DELL公司的EqualLogic和Compellent系统、HP公司的3PAR和LeftHand系列以及IBM V系列等。
- 基于网络的虚拟化支持数据中心范围的存储管理，能够适应一种真正的异构存储区域网络SAN，提供存储容量爆炸式增长所需的自动存储管理。它的功能是异构存储系统整合和统一数据管理，包括：将几个LUN从一个或多个阵列合并成单个LUN给主机使用；将单个LUN分割为多个小的虚拟LUN给不同的主机；在SAN内部或广域网上进行同步和异步复制；让设备被特定的主机安全地访问LUN。在路由器固件上截取网络中任何一个从主机到存储系统的命令也可以实现存储虚拟化功能，供应商通常也提供运行在主机上的附加软件来进一步增强存储管理能力。典型基于网络的存储虚拟化产品有EMC公司的VPLEX、IBM公司的SVC和飞康FreeStor系列。

根据系统实现方式的区别，存储虚拟化又可以分为带内（In-band）虚拟化和带外（Out-of-band）虚拟化两种，早期业界也称其为对称虚拟化和非对称虚拟化。带内虚拟化设备放置在主机和存储之间的数据路径上，类似存储转发过程，所有的控制信息和数据必须经过带内设备。对于主机而言，带内设备像是能提供逻辑卷的存储阵列；对于存储而言，带内设备像是一个主机，发送不区分主机的读写请求。这样，带内虚拟化可以支持数据中心范围内管理的异构存储和异构主机资源。带内虚拟化可以在存储系统、网络、主机、文件系统上实现，但容易引起性能瓶颈，每个带内设备往往在一定程度上限制了主机数目，根据吞吐量需求有时需要多个带内设备。

带外虚拟化设备放置在从主机到存储的数据路径之外，实际的I/O可以直接发送到存储设备，主要在存储区域网络SAN上实现。带外设备负责管理存储池和卷的配置及控制信息，主机用这些信息来定位SAN存储系统内的物理块位置。由于不在数据流的路径上操作，在SAN环境中增加数据流虚拟化并不会直接影响带外设备，对硬件平台的技术要求也比较低。由于有更低的系统要求，带外虚拟化设备可以在SAN系统内的应用服务器集群上作为纯软件功能实现，避免增加额外的硬件设备要求。相比于带内方式，它虽然增加了更多复杂的交互，但是缩短了数据I/O路径，并且在全卷管理上更轻量级。

1.2.2 自动分层存储

自动分层存储（Automated Tiered Storage）是跨不同存储设备或介质自动进行数据迁移的管理方式，如图1-5所示。这里的数据移动是根据存储介质特点及系统对性能和容量需求，借助一种软件或嵌入式固件自动实现的。更先进的实现方式具有定义规则和策略的能力来控制何时对数据进行跨层迁移。各种不同的实现方式可以划分为两大类：一类是针对通用处理器和通用存储媒介的纯软件实现；另一类是封闭嵌入式存储系统（如SAN存储阵列）中基于固件控制的嵌入式自动分层存储。软件定义存储架构通常都包含分层存储作为基本功能。

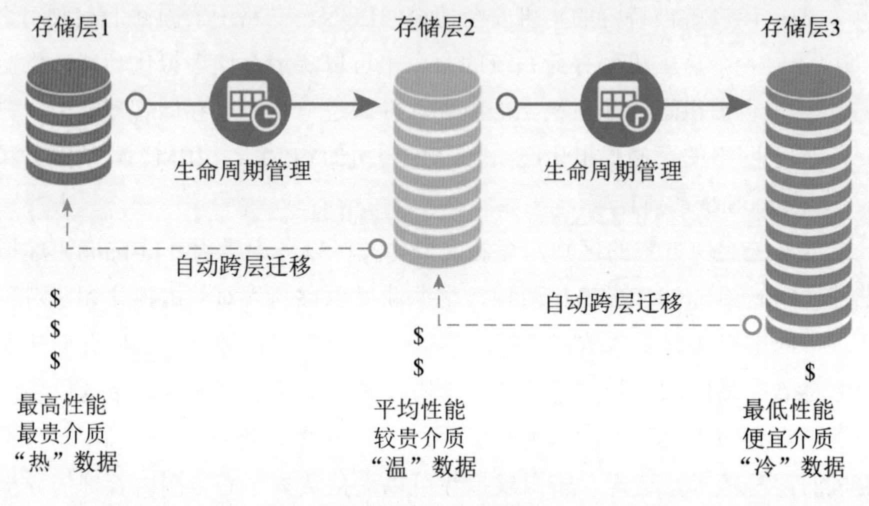

图1-5　自动分层存储

自动分层存储是分级存储管理HSM（Hierarchical Storage Management）的一种形式。区别于传统的分级存储管理，自动分层存储能够利用固态硬盘和存储级内存实现更高级的实时数据迁移。传统的分级存储管理系统是批量对文件进行存储层间迁移，而自动分层存储系统能够在子文件级批量或实时迁移数据。为更好地理解自动分层存储，本小节将介绍分级存储管理和生命周期管理的基本内容。

❶ 分级存储管理

分级存储管理是一种将离线存储与在线存储融合起来的技术。它起源于1978年，首先使用IBM的大型机系统，将磁盘中常用的数据按指定的策略自动迁移到磁带库等二级大容量存储设备上。当需要使用这些数据时，再自动将这些数据从下一级存储设备调回到上一级磁盘中。

分级存储管理就是将不同类别的数据分配到不同类型的存储介质中，目的是提高存储效率，减少总使用成本（TCO）。存储分类基本上是根据应用程序的服务层面的要求，包括可用性、性能、保存要求、使用频率以及其他因素等。这样一方面可大大减少非重要性数据在一级本地磁盘所占用的空间，还可加快整个系统的存储性能。在这里就涉及几种不同性能的存储设备和不同的存储形式。目前常用于数据存储的存储设备主要有固态硬盘、磁盘、磁带和光盘。从性能上来说，固态硬盘和磁盘是最好的，光盘次之，最差的是磁带。而从价格上来说，单位容量成本固态硬盘最贵，磁盘和光盘次之，磁带最低。这就为不同的应用追求最佳性价比提供了条件，因为这些不同的存储媒介可应用于不同的存储方式中。不同的存储形式包括在线存储、近线存储和离线存储。

在线存储（Online Storage），又称工作级的存储，存储设备和所存储的数据时刻保持“在线”状态，是可随意读取的，可满足计算平台对数据访问的速度要求。如PC中常用的磁盘基本上都是采用这种存储形式的。一般在线存储设备为固态硬盘、磁硬盘和硬盘阵列等存储设备，价格相对昂贵，但性能最好。

近线存储（Near-line Storage），指将那些并不经常用到，或者说数据的访问量并不大的数据存放在性能较低的存储设备上。对这些设备要求是寻址迅速、传输率高。因此，近线存储对性能要求相对来说并不高，但由于不常用的数据要占总数据量的大多数，这也就意味着近线存储设备首先要保证的是容量。

离线存储（Offline-Storage），主要用于对在线存储的数据进行备份，以防范可能发生的数据灾难，因此又称备份级的存储。离线海量存储的典型产品就是磁带或磁带库，价格相对低廉。离线存储介质上的数据在读写时是顺序进行的。当需要读取数据时，需要把带子卷到头，再进行定位。当需要对已写入的数据进行修改时，所有的数据都需要全部进行改写。因此，离线海量存储的访问是慢速度、低效率的。

2 信息生命周期管理

信息生来并非平等的，不同的信息具有不同的价值，同一信息在其不同阶段价值也不一样。信息从产生的那一刻起就自然地进入到了一个循环，经过产生、保护、读取、更改、迁移、存档、回收的周期、再次激活以及退出，最终完成一个生命周期，而这个过程必然需要良好的管理，否则，要么是浪费了过多的资源；要么是资源不足降低了工作效率。

信息生命周期管理（Information Lifecycle Management，ILM）作为一种信息管理模型，对信息进行贯穿其整个生命的管理需要相应的策略和技术实现手段，其目标是让信息在其整个生命周期中实现最大价值，使信息在其生命周期的每一点都能以最低的TCO发挥最大的价值。信息生命周期管理的目的在于帮助企业在信息生命周期的各个阶段以最低的成本获得最大的价值。

信息生命周期管理是一种战略，根据信息不断变化的价值，使IT基础结构与业务需要相协调。实施信息生命周期管理战略可以分为三个阶段：

第一个阶段，建立基础结构分类或服务级别，并努力让信息存储在适当的存储层。这一阶段允许利用分层基础结构的价值，尽管是手动进行的，但它为任何基于策略的信息管理奠定了基础。

第二个阶段，完成详细的应用程序和数据分类，以及到业务策略的链接。可以使用工具为一个或多个应用程序自动执行制定的策略，实现存储资源更好的管理和最佳分配。大量消耗 IT 资源的应用程序，或者能够利用信息生命周期管理快速实现投资回报的应用程序，是本阶段的理想目标。

第三个阶段，为已确立的策略增加自动化功能，将信息生命周期管理的范围扩展到更广大的一组企业级应用程序，并进一步优化基础结构。这一阶段允许尽可能多地利用通用组件和方法，从而可以进一步减少操作和基础结构成本。

利用信息生命周期管理，可以将信息管理与业务目标相对应。这样在数据对业务的价值不断变化时，企业可以按照信息的当前价值来管理数据，从而通过分层存储平台提高资产利用率，实现信息和存储基础结构的简化和自动化管理，获得成本高效的信息存取、业务连续性和保护解决方案。并通过将存储基础结构和管理与信息的价值相匹配，从而以最低的信息持有成本提供最大的信息利用价值。

自动分层存储系统可以在子LUN级（在多数情况下是子文件级）针对不同数据类型进行自动层级化。有了这种能力，系统能够压缩分解不频繁使用的数据。其还可以根据同样的能力进行数据迁移，此外，其也能够比较这些子文件分节段的部分来进行存储和去重。

一个自动分层存储管理系统由以下几个部分构成：

- 在阵列中动态地迁移数据卷的能力。这通常需要一个将逻辑结构与物理结构分离开的虚拟层提供辅助。
- 一个设置规则、收集和保存信息、执行这些规则和监控成功与否的软件层。
- 少量额外的存储空间以执行数据迁移。

很多年前，阵列产品中就开始提供这种动态且非破坏性的迁移功能，一些解决方案甚至提供了阵列之间的数据迁移功能。不过，手动转移阵列的工作是既耗费时间又充满风险的，对于存储管理员来说是相当不利的。实现这一流程自动化的软件产品的出现对于减轻存储管理员负担和最大限度降低故障风险来说是很重要的。

自动分层软件在当今大多数存储阵列里是很常见的。比如说Dell公司在他们的Compellent产品中就有Data Progression，EMC公司的全自动分层存储（FAST），HP公司在他们3PAR阵列里应用的Adaptive Optimization，HDS公司的Dynamic Tiering以及IBM公司的Easy Tier，等等。这些应用在其所支持的层级数量以及给客户能控制的程度有所不同，但从本质上来看，都是基于子LUN的分层技术。

1.2.3 自动精简配置

为确保存储容量足够使用，用户往往会部署多于实际需求的物理存储空间，但在实际使用过程中，部署容量通常未受到充分利用。行业研究组织发现在某些项目中，实际使用容量仅占部署容量的20%～30%。因此，“自动精简配置”（Thin Provisioning）技术应运而生，旨在实现更高的存储容量利用率，并带来更大的投资回报。

自动精简配置[8]是一种先进的、智能的、高效的容量分配和管理技术，它扩展了存储管理功能，可以用少量的物理容量为操作系统提供超大容量的虚拟存储空间。自动精简配置提供的是真实的使用空间，可以显著减少已分配但是未使用的存储空间。根据应用或者用户的容量需求现状，可以动态实时地改变存储容量资源的划分，降低用户购买存储阵列的容量需求，降低用户在购置存储空间的成本。

在传统的存储系统中，当某项应用需要一部分存储空间的时候，往往是预先从后端存储系统中划分出一部分足够大的空间预先分配给该项应用，即使这项应用暂时不需要使用这么大的存储空间，但由于这部分存储空间已经被预留了出来，其他应用程序无法利用这些已经部署但闲置的存储容量。例如：整个存储系统有2TB的可用存储空间，使用传统配置方式创建3个卷。卷1的存储空间大小是500GB，其中有100GB实际数据，另外400GB是已经分配但是未使用的空间。卷2的存储空间大小是800GB，其中有200GB实际数据，另外600GB为已分配但未使用的空间。卷3的存储空间大小是550GB，其中有50GB实际数据，另外500GB为已分配但未使用的空间。如图1-6（a）所示，整个存储系统有350GB的实际数据，1.5TB已分配但未使用的空间，最后剩下150GB可用空间给其他应用。

自动精简配置的所有用户容量都以虚拟存储的形式分配，而实际的物理磁盘空间将根据实际使用情况进行分配。所有物理磁盘被视为一个磁盘池进行管理，按照写入虚拟卷的数据量完成分配。如此一来，未使用的物理磁盘容量显著降低，进而实现更高效的存储作业。另外，需要添加额外物理磁盘时，预定义阈值将发出警告，以避免容量短缺。如图1-6（b）所示，系统管理员使用自动精简配置同样在2TB存储系统创建这3个卷，由于存储空间是在数据写入过程中动态申请分配的，因此就不存在已分配但未使用的空间。所以采用自动精简配置之后整个存储系统里同样有350GB数据，但有1.65TB可用空间。相对于使用传统配置方式时的150GB，采用自动精简配置使得可用空间增加11倍。

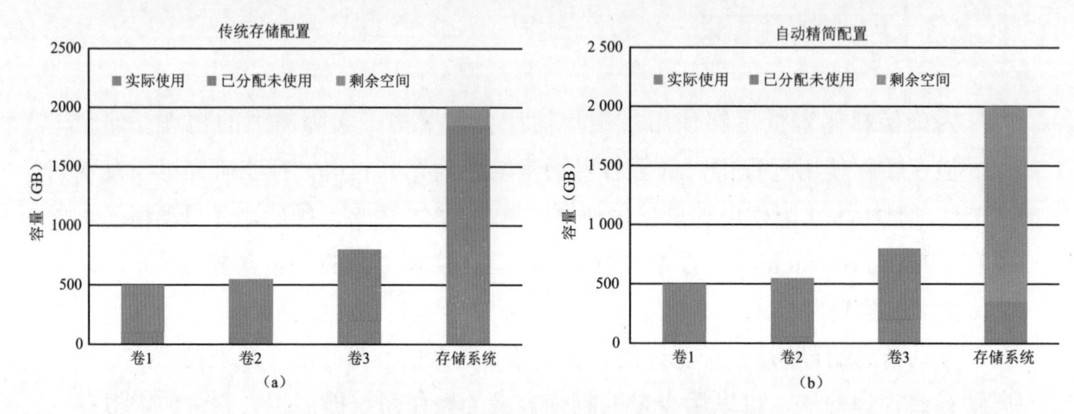

图1-6　传统存储配置与自动精简配置容量对比

最基本的自动精简配置将所有的存储空间汇集到一个资源池中，并使用统一大小的“页面”将空间分块，最终，按需分配给服务器的是资源池中的“页面”而不是最初的存储空间。如果服务器端有新的文件写入，大多数文件系统倾向于使用新的空间，以避免出现碎片。在删除内容时，只会在文件系统层简单地将该文件打上不可用标记，而不会写零擦除或将空间释放给后端的磁盘阵列。这些文件系统最终会吞噬掉全部预分配给它们的空间，即使并没有太多的额外数据写进来。这不仅仅降低了系统的效率，而且会带来过量使用（Over-Commit）的风险，一旦磁盘阵列不能响应空间增加的请求，写操作将陷入停顿。

对于自动精简配置技术来说，回收闲置空间是比准确分配空间更难实现的部分。在各种自动精简配置的实践中，是否能让闲置空间返回空闲存储池是差异的关键。难以实现精简回收功能的根源在于应用程序和存储系统之间缺乏沟通。文件系统不会有精简的意识，当一份空间不再被使用时，没有现成的机制去通报这些情况。而有效自动精简配置的关键就是要发现回收闲置空间的机会。这里有两种方法可以从底层实现这一机制：

- 存储阵列可以侦听其接收和保存的数据，并且当出现回收空间的机会时，阵列能够尝试去实现这个操作。

- 修改服务器端的设置，当空间不再使用时，从服务器端发信号给后端的磁盘阵列，提示阵列实行空间回收。

前一种方法技术上较难实现，但更有效。但是，考虑到可用的操作系统、应用程序和卷管理器软件的数量十分庞大，这种技术实现起来是极其困难的。而对于那些采用后一种精简配置方法的企业来说，关键的话题则是改进服务器和存储系统之间的通信机制。

总而言之，自动精简配置实现了将逻辑空间和物理空间分离的虚拟化容量分配技术，它不仅解决了单个应用的初始空间分配和扩容的难题，还大大提高了整个存储系统的资源利用率。此外，由于容量扩展过程是由存储阵列完成，应用完全感知不到，因此能够实现真正的不停机的容量扩容。

1.2.4 数据缩减技术

当前数据量以指数级速度迅猛增长，但是数据管理投资预算的增长率远远低于数据增长速度，以至于各种存储媒体介质的总容量增长慢于数字世界的数据增长率，造成全世界绝大部分生成的数据无法保存起来进行处理分析。著名国际咨询机构IDC公司统计表明2013年全世界可用的存储容量只占整个数据产生量的33%，预计到2020年这个比例将降低至15%[1]。因此，提高数据存储空间利用率的数据缩减技术对当前大数据存储管理至关重要。

数据缩减技术是指一类能够有效地删除数据冗余提升存储空间利用率的技术，主要包括：数据压缩（Data Compression）[9]、差分编码（Delta Encoding）[10]和重复数据删除（Data Deduplication）[11]这三类经典技术。

数据压缩是指采用编码方式用更少的比特位来表示数据对象内原始信息的技术。数据压缩的方式非常多，根据压缩后是否损失信息可分为无损压缩和有损压缩两大类。无损压缩是通过确定和删除统计冗余来减少数据对象存储的比特位。由于数据统计冗余度的理论限制，无损压缩的压缩比一般比较低，被广泛应用于文本数据、程序和特殊应用场合的图像数据等需要精确存储数据的压缩。典型的无损压缩算法有：香农-范诺编码（Shannon-Fano coding）、霍夫曼编码（Huffman coding）、算术编码（arithmetic coding）、游程编码（run-length coding）、词典编码（dictionary coding）等；词典编码算法中的Lempel-Ziv（LZ）压缩方法[15]是最流行的无损压缩算法，被广泛应用于WinRAR、GZIP和GIF等压缩软件。

有损压缩通过发现和删除数据对象中不重要的信息来减少存储所需的比特位。它利用人类视觉、听觉对图像、声音中的某些频率成分不敏感的特性，允许压缩的过程中损失一定的信息。虽然不能完全恢复原始数据，但是所损失的部分对理解原始图像的影响较小，却换来了比较大的压缩比，被广泛应用于语音、图像和视频数据的压缩。由于删除数据对象内部冗余的本质，数据压缩仅能获得有限的数据缩减率。经典的有损压缩算法有：图像压缩领域的JPEG标准和视频压缩领域的MPEG标准等。

差分编码是通过开发数据对象间相似性来压缩数据对象存储空间的技术。它能够定位两个相似的数据对象中的共同数据内容，并按它们存储的先后分为旧版本和新版本。通过差分算法可以获得反映数据对象新旧版本之间差异的Delta对象，数据对象的新版本可以由它们之间差异的数据内容与旧版本联合生成。由于Delta对象编码后往往可以远小于原数据对象，Delta编码能够有效地缩减数据对象的存储空间。为了确定两个数据对象是否相似的算法有很多，比如计算数据对象内所有固定窗口内容中的弱哈希值，选取几个最小或最大的哈希值作为特征来比较和判断两个数据对象是否相似。如果两个数据对象有相同的相似特征则认为它们的内容十分相似。相比于数据压缩，Delta编码通过额外的计算开销和内存资源开销能够发现和消除更多的数据冗余。

重复数据删除技术是一种能消除粗粒度数据冗余的特殊数据缩减技术，被广泛应用于基于硬盘的备份系统。它通过将数据流划分为若干数据对象，并对各个数据对象进行加密哈希指纹计算，基于数据对象指纹的索引查询检测出数据流中相同的数据对象，只传输或者存储唯一的数据对象副本，并使用指向唯一副本的指针替换其他副本。基于不同的区分原则，我们可以对重复数据删除技术进行不同的分类。根据进行重复数据删除操作位置的不同，可以分为源端重复数据删除和目标端重复数据删除。根据进行重复数据删除操作时机的不同，可以分为在线重复数据删除和离线重复数据删除。按进行重复数据删除操作粒度的差异，可以分为文件级、块级和字节/比特位级重复数据删除。根据进行重复数据删除处理的节点数目差异，可以分为单节点重复数据删除和分布式重复数据删除。根据重复数据删除操作范围的不同，可以分为全局重复数据删除和局部重复数据删除。根据重复数据匹配效果的差异，可以分为精确重复数据删除和近似重复数据删除。目前，重复数据删除技术不仅应用于备份、容灾和归档等二级存储中，还应用于虚拟化环境下的主存储系统。

如图1-7所示，数据缩减技术可以将数据集中重复数据块、相似数据块甚至重复字节分别通过重复数据删除、Delta编码和压缩分别进行存储空间缩减。在逻辑空间内，文件1划分为1号和2号数据块，文件2划分为3号、4号、5号数据块，块2和块3内容相同，块1和块5相似，块4含有大量重复字节。在物理空间里，重复数据删除可以避免存储块2，差分压缩可以根据块5计算出块1的差分块，只需对差分块进行压缩存储，并可与块4的压缩内容存储在同一数据块空间内。

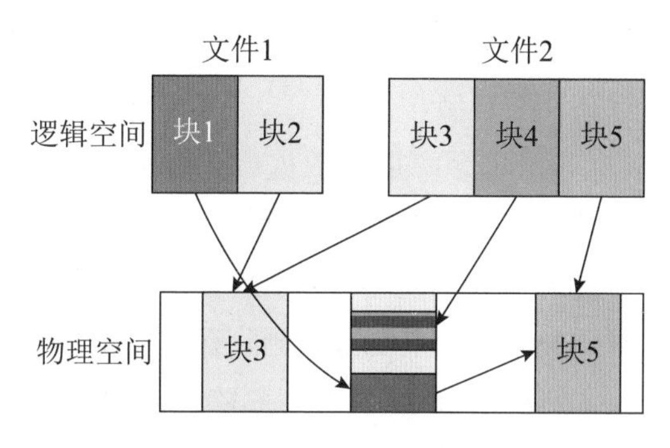

图1-7 数据缩减技术原理

随着人们不断利用其数据缩减优势来改进和优化现有存储和网络系统，数据缩减技术的应用将会越来越广泛。近年来，工业界和学术界都对数据缩减技术进行了深入的探讨和研究，其应用范围正在从二级存储向主存储延伸，从存储领域向通信领域扩展。随着绿色IT进程的不断推进，数据缩减技术已成为云计算中的核心技术。比较传统的数据压缩技术，重复数据删除技术不仅可以消除数据对象内部的冗余，还能消除数据对象之间的冗余。而相比于差分编码，重复数据删除能够以更低的系统开销获得高数据缩减率。

1.3 本章小结

本章通过为读者介绍大数据的概念、大数据存储管理挑战以及存储虚拟化、自动精简配置、自动分层存储和数据缩减技术等四种高效能存储管理核心技术等基本知识，为读者阅读和理解后续章节的内容打下良好的基础。后续各章节内容组织如下：

第2章介绍信息存储技术基础。为方便更好地理解大数据管理技术，我们简单介绍一些基本的存储技术知识，包括主要的存储介质、存储接口、存储阵列及网络存储系统架构等方面的内容。

第3章阐述大数据管理技术。针对现有的大数据存储和处理技术，分别介绍以Map-Reduce为代表的分布式计算框架、分布式文件系统为代表的大规模网络存储技术、NoSQL数据库为代表的海量数据管理技术，以及以Hive为代表的类关系型大数据仓库等新一代的计算机技术与体系结构，实现对海量多元数据进行高性能存储与处理。

第4章介绍重复数据删除存储系统架构。首先介绍重复数据删除技术的概念及其分类。其次分析重复数据删除存储系统的体系结构和基本原理，同时也与传统存储系统进行对比。再次重点分析重复数据删除技术的各种主要应用场景。最后介绍重复数据删除存储业界相关产品及开源软件项目。

第5章阐述重复数据删除关键技术。根据重复数据删除处理的流程，依次介绍了数据划分方法、块指纹计算加速方法、块索引查询优化技术、数据还原技术以及垃圾回收机制，再根据重复数据删除存储系统的扩展性、可靠性和安全需求，分别介绍可扩展数据路由技术、高可靠数据配置策略、重删数据安全管理技术。

第6章讲述应用感知源端重复数据删除机制。首先，建立了源端重复数据删除的形式化模型，并分析出客户端局部冗余检测与云端全局冗余检测存在互补。其次，通过大量个人数据统计分析了文件语义指导对重复数据删除效果的影响。再次，设计了客户端局部冗余检测与服务器端全局冗余检测相结合的源端应用感知重复数据删除机制。最后，通过原型系统实现，全面验证和评估了所设计的源端应用感知重复数据删除机制在数据缩减率、备份窗口、能耗利用率、云存储成本和系统开销等方面的优势。

第7章讲述高可扩展集群重复数据删除技术。首先，介绍了相关的研究背景知识。其次，建立了理论模型进行超块相似性分析，并提出了基于手纹的数据路由算法。再次，结合数据局部性和相似性设计了可扩展的在线集群重复数据删除系统框架。最后，通过原型实现和真实数据集测试，对比主流的集群重复数据删除策略，验证了我们的设计在空间利用率、通信开销和负载平衡等方面的优势。

第8章介绍国际主流的重复数据删除存储相关产品的应用案例。首先，阐述企业应用数据集的重复数据删除缩减率影响因素及其评估方法。然后，针对当前国际主流的重复数据删除存储厂商相关产品的应用案例进行介绍。通过这些产品及案例分析，充分展示了重复数据删除技术对大数据存储及保护方面的优势。

参考文献

第2章

存储技术基础

数据存储是将经过采集或加工整理后的数据按照一定格式和顺序记录到计算机内部或外部特定存储载体中的活动，其目的是便于数据管理者和用户快速、准确地识别、定位和检索数据。随着计算机技术和因特网技术的不断发展以及网络用户数量的快速增长，各类数据呈几何级数增长。图灵奖获得者Jim Gray提出了一个新的经验定律："网络环境下每18 个月产生的数据量等于有史以来数据量之和"[1]。目前，很多应用领域的存储需求已经达到PB级，甚至EB级，如石油勘探、气象数据分析、卫星数据处理、医学视频图像处理、金融数据分析、多媒体点播等应用领域。信息技术正从以计算设备为核心的计算时代进入以存储设备为核心的存储时代，网络化存储将成为研究的热点。信息资源的爆炸式增长，对存储硬件、I/O接口以及系统架构等方面提出了越来越高的要求，这也为存储技术的发展带来了新的挑战。为更好地理解大数据管理技术，我们在此简单介绍一些基本的存储技术知识，包括主要的存储介质、存储接口、存储系统架构及数据保护技术等方面的内容。

2.1 存储介质

存储介质是指存储二进制信息的物理载体，这种载体具有表现两种相反物理状态的能力，存储器的存取速度就取决于这两种物理状态的改变速度[1]。目前使用的存储介质主要有磁性材料、光学材料和半导体电子器件。计算机系统中的大量数据都主要存储在相关的各种媒介上，如磁盘、磁带、光盘、内存条、固态硬盘、U盘、SD卡等[2]。

2.1.1 磁存储介质

磁存储介质是利用涂覆在载体表面的磁性材料具有两种不同的磁化状态来表示二进制信息的"0"和"1"的特性，将磁性材料涂敷于基体上，制成磁存储介质。例如，将磁性材料均匀地涂覆在聚酯塑料带上就成为磁带，涂覆在圆形的塑料或铝合金的载体上就分别成为软盘和硬盘。如图2-1所示，依次为磁带、软磁盘和硬磁盘。为读取数据需要磁头来实现“电—磁”转换，一般由铁磁性材料制成，上面绕有读写线圈，在贴近磁表面处开有一个很窄的缝隙。通过磁头与基体之间的相对运动来读写记录的存储器就是磁存储介质。

图2-1　磁带、软盘和硬盘

磁带：人类开始设想并研制录音磁带可追溯到1888年。美国科学家史密斯首先提出了磁性录音的设想和理论。10年之后，丹麦电话技师浦尔发明了人类历史上第一台录音机。1932年，德国的一家化学公司致力于磁带的改良工作。公司把四氧化三铁的黑色磁性粉末和黏合剂混合在一起，涂在纸带上，使音质有了很大的提高。第二年，他们又采用伽玛——三氧化二铁粉末进行实验。这就是今天通用磁带的雏形。1934年，世界上第一条录音磁带宣告问世。当时首批制出了5万米磁带，其速度为每秒1米，音响频率为50～5000赫兹。1963年，荷兰飞利浦公司研制成功了世界上第一台盒式录音机，同时生产了盒式磁带。磁带作为数字信息的机械存储装置具有容量大、价格低、顺序访问性能高的优点。由于磁存储介质易受电磁辐射而损坏，磁带上的数据信号会随时间推移而变弱，需要定期检查和刷新，磁带系统不适合长期存储数据。尽管目前市场上有很多可代替磁带的产品，但在数据中心的海量数据备份应用中，磁带因为价格低的优势仍然占有很大的市场份额。

磁盘：磁盘在20世纪50年代研制成功，1956年，IBM向客户交付第一台磁盘驱动器RAMAC 305，可存储5MB数据，每MB成本为10000美元。不同于磁带的顺序读写优势，磁盘具有良好的随机读写性能。从1962年美国开始制造软盘，1972年，IBM试制成功IBM 3740单面软磁箍驱动器，1976年，试制成双面软磁盘机，1977年，试制成双面双密度软磁盘。软盘设计为可移动式存储介质，常用容量为1.44MB的3.5英寸软盘。其特点是存取速度慢、容量小，但可装卸、携带方便。它是存储那些需要被物理移动的小文件的理想选择。

1973年，IBM 3340问世，硬盘的基本架构就被确立。1980年，两位前IBM员工创立的希捷公司开发出5.25英寸规格的5MB硬盘，这是首款面向台式机的产品。1991年，IBM应用该技术推出了首款3.5英寸的1GB硬盘。2010年，日立环球存储科技公司就推出3TB硬盘。2020年，西部数据基于SMR叠瓦磁记录技术率先推出全球第一款20TB容量机械硬盘，是当前最大容量的硬盘。硬磁盘具有存储密度高、容量大、随机访问的优势，但由于是机械装置其耗电高、容易损坏且可靠性低。由于具有很高的性价比，硬盘是目前最主要的数据存储介质。

2.1.2 光存储介质

光存储介质，采用的存储方式都与软盘、硬盘相同，是以二进制数据的形式来存储信息。在光盘上面储存数据，需要借助激光把计算机转换后的二进制数据用数据模式刻在扁平、具有反射能力的盘面上。而为了识别数据，定义激光刻出的小坑就代表二进制的“1”，而空白处则代表二进制的“0”。随着光学技术、激光技术、微电子技术、材料科学、细微加工技术、计算机与自动控制技术的发展，光存储介质在记录密度、容量、数据传输率、寻址时间等关键技术上将有巨大的发展潜力。

光盘：20世纪50年代各国就开始研究光盘技术，直到1972年荷兰飞利浦公司的研究人员开始使用激光光束来进行记录和重放信息的研究获得成功，1978年投放市场。最初的产品就是大家所熟知的激光视盘（LD，Laser Vision Disc）系统。1982年，由飞利浦公司和索尼（Sony）公司制定了CD-DA（Compact Disc-Digital Audio）激光唱盘的红皮书标准。不同于LD系统，CD-DA激光唱盘系统首先把模拟的音响信号进行脉冲编码调制数字化处理，再经过调制编码之后记录到盘上，数字记录代替模拟记录的好处是对干扰和噪声不敏感。1987年，国际化标准组织推出ISO 9660成为CD-ROM的数据编码格式标准，允许有不同操作系统的不同计算机访问同样的数据格式。从此，CD光盘被广泛推广应用，单盘容量可达700MB。1994年开始讨论DVD（Digital Versatile Disc）技术标准，到1995年各大公司达成统一标准，满足人们对大存储容量、高性能的存储媒体的需求，DVD单盘容量可达8GB以上。2006年明基公司首先推出了基于新一代高清DVD标准的成型蓝光光盘（Blu-Ray Disc）产品，单张蓝光光盘容量可达上百GB。

光盘是一个统称，它分成两类，一类是只读型光盘，如CD-ROM、DVD-ROM等；另一类是可记录型光盘，如CD-R、CD-RW、DVD-R、DVD+R、DVD+RW、DVD-RAM等各种类型。光盘可记录的原因取决于记录层为可通过激光加热相变还原的合金属，具备高度反射性的晶体结构。CD有其固定格式只能一次录入不可复写，一旦刻录CD后原有格式化信息和已经录入的内容将会被自动删除。CD在容量容许和设置正确的情况下可多次写入，但原来的内容只能做屏蔽式删除，删除后不能增加容量。光盘具有支持随机读写、存储密度高、容量较大、价格便宜的优点。虽然比硬盘读写速度慢，但其特有的可长期保持数据的优势，使得光盘在数据归档应用中被广泛使用。

如图2-2所示，CD光驱、DVD光驱等一系列光存储设备，主要的部分就是激光发生器和光监测器。光驱上的激光发生器实际上就是一个激光二极管，可以产生对应波长的激光光束，然后经过一系列的处理后射到光盘上，然后经由光监测器捕捉反射回来的信号从而识别实际的数据。如果光盘不反射激光则代表那里有一个小坑，那么计算机就知道它代表一个“1”；如果激光被反射回来，计算机就知道这个点是一个“0”。然后计算机就可以将这些二进制代码转换成为原来的程序。当光盘在光驱中做高速转动时，激光头在电机的控制下前后移动，数据就这样源源不断地读取出来了。

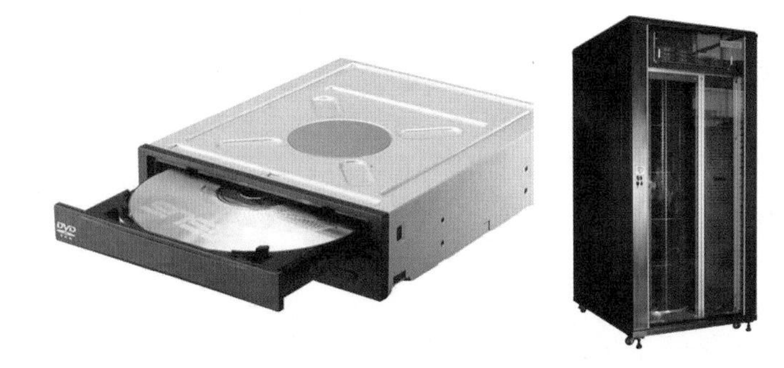

图2-2 光驱与光盘库设备

光盘库是一种带有自动换盘机械手的光盘网络共享设备。光盘库一般由放置光盘的光盘架、自动换盘机械手和驱动器三部分组成。近年来，由于单张光盘的存储容量大大增加，光盘库相较于常见的存储设备如磁盘阵列、磁带库等价格性能优势越来越显露出来，尤其适用于海量数据的长期冷存储。光盘库作为一种存储设备已开始渐渐被运用于各个领域，如银行的票据影像存储、保险机构的数据存储，以及其他所有的大容量近线数据存储的场合。

2.1.3 电子存储介质

电子存储介质是一种以半导体集成电路作为存储介质的存储器，包括ROM（Read Only Memory）、RAM（Random Access Memory）、闪存（Flash Memory）和新型非易失存储（Non-Volatile Memory，NVM）介质[4]。

ROM：只读存储器，它只能读出信息，不能写入信息，计算机关闭电源后其内的信息仍旧保存，一般用它存储固定的系统软件和字库等。ROM有很多种，包括可编程只读存储器PROM（Programmable ROM）、可擦除可编程只读存储器EPROM（Erasable Programmable ROM）和电可擦可编程只读存储器EEPROM（Electrically Erasable Programmable ROM）。PROM在出厂时存储内容全为1或全为0，用户可根据自己需要写入，利用通用或专用编程器，一次性地将程序写入后就无法修改，这种是早期的ROM产品，现在已基本不使用了。EPROM是采用浮栅技术的可编程存储器，其数据不但可以由用户写入自己的程序，还能通过紫外线的照射擦除原先的程序，为一次全部擦除。EEPROM是一种断电后数据不丢失的存储芯片，可通过高于普通电压的作用来频繁反复擦除和重编程。不像EPROM芯片，EEPROM无须从计算机中取出即可修改，但存在价格高、写入时间长、写操作较慢的缺点。闪存属于广义的EEPROM的一种介质。

RAM：随机访问存储器，可在其中的任一存储单元进行读或写操作，计算机关闭电源后其内的信息将不再保存，再次开机需要重新装入，通常用来存放操作系统和各种正在运行的软件、输入和输出数据、中间结果及与外存交换信息等。如图2-3所示，RAM有两大类：静态RAM（Static RAM，SRAM）和动态RAM（Dynamic RAM，DRAM）。

图2-3 ROM、SRAM和DRAM存储器

SRAM速度非常快，是目前读写最快的存储设备，但是它也非常昂贵，所以只在要求很苛刻的地方使用，比如CPU的一级和二级Cache。每个SRAM单元

由4～6个晶体管和其他零件组成，接通代表1，断开表示0，并且状态会保持到接收了一个改变信号为止。这些晶体管不需要刷新，但停机或断电时，它们同DRAM一样，会丢掉信息。SRAM的读写速度非常快，通常能以20纳秒或更快的速度工作。由于外形和电气上的差别，SRAM和DRAM是不能互换的。由于SRAM单元所用的晶体管数量多，功耗大，集成度受限制，因此，除价格较贵外，SRAM芯片在外形上较大，与DRAM相比存储密度更低。

DRAM保留数据的时间很短，速度也比SRAM慢，不过它还是比任何的ROM都要快，但从价格上来说DRAM相比SRAM要便宜很多，计算机内存就是DRAM实现的。一个DRAM存储单元仅需一个晶体管和一个小电容。DRAM利用MOS管的栅电容上的电荷来存储信息，一旦掉电信息会全部的丢失，由于栅极会漏电，所以每隔一定的时间就需要一个刷新机构给这些栅电容补充电荷，并且每读出一次数据之后也需要补充电荷，这个就叫动态刷新，所以称其为动态RAM。由于它只使用一个MOS管来存储信息，所以集成度可以很高，容量能够做得很大。此外，SDRAM比它多了一个与CPU时钟同步。DRAM具体的工作过程是这样的：一个DRAM的存储单元存储的是0还是1取决于电容是否有电荷，有电荷代表1，无电荷代表0。但时间一长，代表1的电容会放电，代表0的电容会吸收电荷，这就是数据丢失的原因。刷新操作定期对电容进行检查，若电量大于满电量的1/2，则认为其代表1，并把电容充满电；若电量小于 1/2，则认为其代表0，并把电容放电，借此来保持数据的连续性。

闪存（Flash）：结合了ROM和RAM的长处，不仅具备电子可擦除可编程（EEPROM）的性能，在断电情况下仍能保持所存储的数据，同时还可以快速读取数据，U盘和MP3里用的就是这种存储器。在过去的20年里，嵌入式系统一直使用EPROM作为它们的存储设备，然而近年来闪存全面代替了EPROM在嵌入式系统中的地位，用作存储Boot Loader以及操作系统或者程序代码或者直接当硬盘使用。图2-4为采用闪存作为存储介质的U盘、SD（Secure Digital）卡和固态硬盘。目前市面上的闪存主要来自Intel、AMD、Micro、Samsung、Kingston和Toshiba等公司。

图2-4　U盘、SD卡和固态硬盘

目前闪存主要有两种：NOR闪存和NAND闪存。Intel于1988年首先开发出NOR flash技术，彻底改变了原先由EPROM和EEPROM一统天下的局面。紧接着，1989年，东芝公司发表了NAND flash结构，强调降低每比特的成本，更高的性能，并且像磁盘一样可以通过接口轻松升级。NOR闪存的读取和我们常见的SDRAM的读取是一样，按字节进行随机访问存储。用户可以直接运行装载在NOR闪存里面的代码，这样可以减少SRAM的容量从而节约成本。NAND闪存没有采取内存的按字节随机读取技术，以一次读取一块512个字节空间的形式来进行，采用这种技术的闪存比较廉价。NAND闪存数据删除以固定的区块为单位，区块大小一般为256KB到20MB。

NOR闪存的特点是应用简单、无须专门的接口电路、传输效率高，它是属于芯片内执行，这样应用程序可以直接在NOR闪存内运行，不必再把代码读到系统RAM中。在1～4MB的小容量时具有很高的成本效益，但是很低的写入和擦除速度大大影响了它的性能。NOR 闪存带有SRAM接口，有足够的地址引脚来寻址，可以很容易地存取其内部的每一个字节。NOR闪存占据了容量为1～16MB闪存市场的大部分。NOR主要应用在小容量的代码存储介质中。

NAND闪存能提供极高的单元密度，可以达到高存储密度，并且写入和擦除的速度也很快。应用NAND的困难在于闪存的管理和需要特殊的系统接口。用户不能直接运行NAND 闪存上的代码，因此好多使用NAND 闪存的开发板，还用上一块小的NOR 闪存来运行启动代码。NAND flash的单元尺寸几乎是NOR器件的一半，由于生产过程更为简单，NAND结构可以在给定的模具尺寸内提供更高的容量，也就相应地降低了价格。而NAND flash只是用在8～128MB的产品当中，NAND适合于大容量的数据存储，在固态硬盘SSD、Compact Flash（CF）卡、 SD卡、MultiMedia Card（MMC）卡等存储卡市场上所占份额最大。

新型非易失存储器：非易失性存储器（Non-Volatile Memory，NVM）是指当电流关掉后，所存储的数据不会消失的计算机存储器。传统非易失性存储器中，依存储器内的数据是否能在使用计算机时随时改写为标准，可分为两大类产品，即ROM和闪存。近年来出现了不少新型的非易失性存储器，包括相变存储器（Phase Change Memory，PCM）、铁电存储器（Ferroelectric Random Access Memory，FeRAM）、磁性随机存储器（Magnetic Random Access Memory，MRAM）、自旋转移矩磁随机存储器（Spin Transfer Torque Random Access Memory，STT-RAM）、阻变随机存储器（Resistive Random Access Memory，RRAM）等[5]。表2-1列举了主要的新型非易失性存储器件和RAM及闪存的关键特征参数对比情况。这些新型非易失性存储器具有非易失、按字节存取、存储密度高、低能耗、读写性能接近DRAM，但仍存在读写速度不对称或寿命有限等缺陷。

表2-1 各种新型非易失性存储器性能对比

参数	容量级别	制程级别/nm	尺寸特征/F^2	读延迟/ns	写延迟/ns	耐久性	写功耗（nJ/b）	高电压
SRAM	～32MB	～5	50～120	1～100	1～100	10^{16}	～0.29	无
DRAM	～16Gb	～20	6～10	30	15	10^{16}	～0.1	3
NAND	～1Tb	～16	5	50	1ms	10^{5}	0.1～1	16～20
FeRAM	～64MB	～65	15～34	20～80	50	10^{12}	<1	2～3
MRAM	～1Gb	～28	16～40	3～20	3～20	$>10^{15}$	1.6～5	3
PCM	～8Gb	～5	6～12	20～50	60～120	10^{9}	<1	1.5～3
RRAM	～1Tb	～11	6～10	10～50	10～50	10^{8}	0.1	1.5～3
STT-RAM	～64MB	～32	6～20	2～20	2～20	$>10^{15}$	1.6～3.4	<1.5

相变存储器是一种新兴的非易失性计算机存储器技术。它可能在将来代替闪存，因为它不仅比闪存速度快得多，更容易缩小到较小尺寸，而且复原性更好，能够实现一亿次以上的擦写次数。PCM存储单元是一种极小的硫族合金颗粒，通过电脉冲的形式集中加热的情况下，它能够从有序的晶态（电阻低）快速转变为无序的非晶态（电阻高得多）。同样的材料还广泛用于各种可擦写光学介质的活性涂层，例如CD和DVD。从晶态到非晶态的反复转换过程是由熔化和快速冷却机制触发的（或者一种稍慢的称为再结晶的过程）。最有应用前景的一种PCM材料是GST（锗、锑和碲），其熔点在500～600ºC。

铁电存储器是一种在断电时不会丢失内容的非易失性存储器，具有高速、高密度、低功耗和抗辐射等优点。 当前应用存储器的铁电材料主要有钙钛矿结构系列，包括PbZr1-xTixO3、SrBi2Ti2O9和Bi4-xLaxTi3O12等。铁电存储器的存储原理是基于铁电材料的高介电常数和铁电极化特性，按工作模式可以分为破坏性读出（DRO）和非破坏性读出（NDRO）。DRO模式是利用铁电薄膜的电容效应，以铁电薄膜电容取代常规的存储电荷的电容，利用铁电薄膜的极化反转来实现数据的写入与读取。

磁性随机存储器是指以磁电阻性质来存储数据的随机存储器，它采用磁化的方向不同所导致的磁电阻不同来记录0和1，只要外部磁场不改变，磁化的方向就不会变化。不像DRAM为了保持数据须电流不断流动，MRAM不需要刷新的操作。从原理上来看。MRAM的次数近乎无限次，片读取和写入速度接近

SRAM。此外，穿隧式磁电阻材料有半导体材料所不具有的电阻值大的特点，使得其组件的功耗低。

自旋转移矩磁随机存储器是第二代的磁性随机存取内存技术，能解决部分传统MRAM架构所遭遇的问题。现今大多数MRAM写入数据的原理，是透过利用一道电流通过邻近穿隧磁阻（Tunneling Magneto Resistive，TMR）组件电线所产生的磁场，来改变其磁性；这种机制的运作速度快，但十分耗电。STT-RAM采用自旋极化（Spin-Polarized）电流来切换磁位，这种方法的耗电量较低，可扩展性也较大；STT-RAM写入数据的原理，是借由校准通过TMR组件的电子自旋方向，写入电流低许多、制程微缩的范围也更大，不过却需要更薄的穿隧阻障层（tunnel barrier），该种介质的厚度与一致性是关键。

阻变随机存储器被认为是电路的第四种基本元件，仅次于电阻器、电容器及电感元件。它可以在关掉电源后，仍能“记忆”通过的电荷。两组的忆阻器更能产生与晶体管相同的功能，但更为细小。最初于1971年，加州大学伯克利分校的蔡少棠教授预测忆阻器的出现，之后从2000年开始，研究人员在多种二元金属氧化物和钙钛矿结构的薄膜中发现了电场作用下的电阻变化，并应用到了下一代非挥发性存储器-阻抗存储器（RRAM）中。2008年惠普公司公布了基于TiO2的RRAM器件，并首先将RRAM和忆阻器联系起来。和现有内存相比，RRAM擦写速度提高100万倍，可反复擦写1兆次，保证产品优异的耐久性，还可以大幅降低电流量，因此在业界产生了极大的反响。

2.2 存储接口

虽然所有数据都要存放在存储介质中，但数据的读取速度则是由存储介质的连接接口决定的。存储接口负责实现CPU通过系统总线把I/O电路和外围设备联系在一起。具体是设置数据的寄存、缓冲逻辑，以适应CPU与外设之间的速度差异，接口通常由一些寄存器或RAM芯片组成，如果芯片足够大还可以实现批量数据的传输。存储接口的功能包括：进行信息格式转换、地址译码和设备选择，并协调CPU和外设两者在信息的类型、电平和时序的差异，同时设置中断和直接内存访问（Direct Memory Access，DMA）控制逻辑，以保证在中断和DMA允许的情况下产生中断和DMA请求信号，并在接收到中断和

DMA应答之后完成中断处理和DMA传输。DMA在于把CPU从大量的数据传输中解放出来，可以把数据从HDD直接传输到主存而不占用更多的CPU资源，从而在一定程度上提高了整个系统的性能。我们主要介绍几种典型的存储接口技术：IDE（Integrated Drive Electronics）、SATA（Serial Advanced Technology Attachment）、SCSI（Small Computer System Interface）、SAS（Serial Attached SCSI）、PCIE（Peripheral Component Interconnect Express）、FC（Fiber Channel）[9]。

2.2.1 IDE接口

IDE为电子集成驱动器，是把“硬盘控制器”与“盘体”集成在一起的硬盘驱动器；其也被称为ATA（Advanced Technology Attachment，高级技术附加装置）接口。ATA接口最早是在1986年由康柏、西部数据等几家公司共同开发的，在20世纪90年代初开始应用于台式机系统。它使用一个40芯电缆与主板进行连接，最初的设计只能支持两个硬盘，最大容量也被限制在504 MB之内。IDE接口把盘体与控制器集成在一起减少硬盘接口的电缆数目与长度，数据传输的可靠性得到增强，硬盘制造起来变得更容易。因此，硬盘生产厂商无须再担心自己的硬盘是否与其他厂商生产的控制器兼容。对用户而言，硬盘安装起来也更为方便。IDE接口具有价格低廉、兼容性强、性价比高的优点，存在的不足是：数据传输速度慢、线缆长度过短、连接设备少。

IDE这一接口技术从诞生至今就一直在不断发展，性能也在不断地提高，前后共推出了7个不同的版本。ATA-7是ATA接口的最后一个版本，也叫ATA133接口，支持133 MB/s数据传输速度。这种并行接口的电缆属性、连接器和信号协议都表现出了很大的技术瓶颈，而在技术上突破这些瓶颈存在相当大的难度。新型的硬盘接口标准的产生也就在所难免。

2.2.2 SATA接口

SATA是Serial ATA的缩写，即串行ATA，主要功能是用作主板和大量存储设备之间的数据传输之用。2000年11月由“Serial ATA Working Group”团体制定，SATA已经完全取代旧式ATA（或旧称IDE）接口的硬盘，因采用串行方式传输数据而得名。SATA总线使用嵌入式时钟信号，具备了更强的纠错能力，与以往相比其最大的区别在于能对传输指令进行检查，如果发现错误会自动矫正，这在很大程度上提高了数据传输的可靠性。SATA具有结构简单、数据传输速度快、支持热插拔的优点。如图2-5所示，SATA和IDE最明显的区别，是用上了较细的排线，有利机箱内部的空气流通，某种程度上增加了整个平台的稳定性。现时，SATA接口分别有SATA 1.5Gbit/s、SATA 3Gbit/s和SATA 6Gbit/s三种规格。未来将有更快速的SATA Express规格。

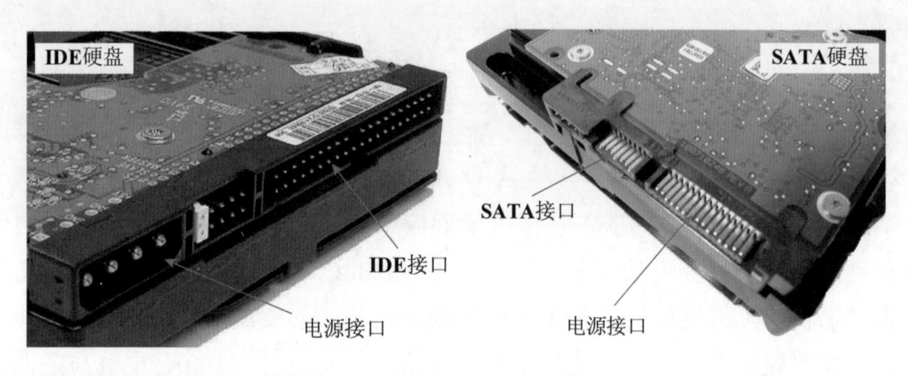

图2-5　IDE接口和SATA接口

2.2.3 SCSI接口

SCSI即小型计算机系统接口，是一种用于计算机和智能设备之间（硬盘、软驱、光驱、打印机、扫描仪等）系统级接口的独立处理器标准。这种接口是一种便于系统集成、降低成本和提高效率的接口标准，越来越多的设备将会使用SCSI接口标准。因此，带SCSI接口的硬盘和SCSI光盘驱动器也很多，但由于成本问题，SCSI接口主要用于中高端服务器与工作站上。普通计算机用户需要配置的外设不多，对速度要求也不高的情况下，选择具有性能价格比高、适用面广等特点的IDE接口更合适些。与IDE相比，SCSI的性能更稳定、耐用，可靠性也更好。由于SCSI接口及其使用该接口的外设售价过于昂贵，一般用户无法承受，这也就决定了它的实际使用范围的局限性。

最初1986年推出的SCSI标准（SCSI-1，又名Narrow SCSI）的最大同步传输速率为5MB/s，最大支持7个设备，时钟频率为5MHz。后来的SCSI II 规定了两种提高速度的选择：一种为提高数据传输的频率于1994年设计的Fast SCSI，最大支持7个设备，频率提高一倍，传输速率达10MB/s；另一种提高速度的选择是传输频率提高一倍的同时也增大数据通路的宽度，由8位增至16位，即1996年设计的Wide SCSI，其最大同步传输速度为20MB/s，时钟频率为10MHz，最大支持15个设备。此版本的SCSI使用一个50针的接口，主要应用于扫描仪、CD-ROM驱动器及老式硬盘中。此后诞生了更为高速的SCSI-3，称为Ultra SCSI，有多个版本，最新的SCSI标准为2003年的Ultra 640 SCSI，最大同步传输速度达到640MB/s，时钟频率为160MHz加双倍数据速率。此版本的SCSI使用一个68针的接口，主要应用在硬盘上。SCSI-3的典型特点是将总线频率大大地提高，并降低信号的干扰，以此来增强其稳定性。

iSCSI（互联网小型计算机系统接口）是一种基于SCSI和TCP/IP协议发展的数据块高速传输标准，实际是将SCSI命令压缩到TCP/IP包中，从而使数据块在网络上传输。它是由Cisco和IBM两家发起的，并且得到了各大存储厂商的大力支持。iSCSI可以实现在IP网络上运行SCSI协议，使其能够在诸如高速千兆以太网上进行快速的数据存取备份操作。iSCSI标准在2003年2月11日由互联网工程任务组IETF认证通过。基于iSCSI的存储系统只需要不多的投资便可实现SAN存储功能，甚至直接利用现有的TCP/IP网络。相对于以往的网络存储技术，它解决了开放性、容量、传输速度、兼容性、安全性等问题，优越的性能使其备受关注与青睐。

2.2.4 SAS接口

SAS接口（Serial Attached SCSI，串行SCSI）是通过并行SCSI物理存储接口演化而来，由ANSI INCITS T10技术委员会开发及维护的新的存储接口标准。与并行方式相比，串行方式能提供更快速的通信传输速度以及更简易的配置。因为SATA技术的飞速发展以及多方面的优势，人们考虑能否存在一种方式可以将SATA与SCSI两者相结合，这样就可以同时发挥两者的优势，由此SAS应运而生。SAS接口协议由3种类型协议组成，包括串行SCSI协议（SSP）、串行ATA通道协议（STP）和SCSI管理协议（SMP），根据连接的设备不同使用相应的协议进行数据传输。SSP协议用于和SCSI设备沟通；STP协议用于和SATA设备沟通；SMP协议用于对SAS设备的维护和管理。第一代SAS协议为每个驱动器提供 3.0 Gbps的传输速率，第二代SAS协议为每个驱动器提供 6.0 Gbps的传输速率。此外，SAS接口技术可以向下兼容SATA，且两者可以使用相类似的电缆，可以在SAS接口上安装SAS硬盘或者SATA硬盘。如图2-6所示，SAS接口与SATA接口的唯一区别是SAS磁盘还有第二个冗余端口，而SATA磁盘则只有一个端口。SAS接口比普通SCSI接口小很多，并支持2.5英寸的硬盘。

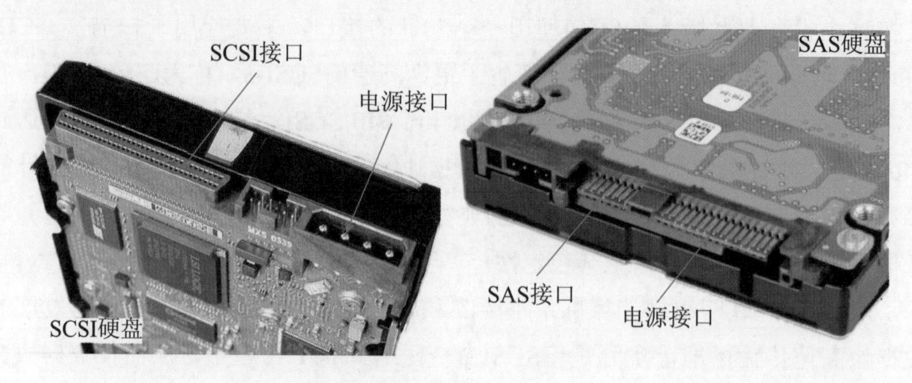

图2-6　SCSI接口和SAS接口

2.2.5　PCIE接口

PCI Express，简称PCIE或PCI-E，是新一代的高速串行计算机扩展总线标准，是从PCI标准发展而来的。PCI是一种由英特尔公司于1991年推出的用于定义局部总线的标准，随后PCI总线成为计算机的一种标准总线。它早期应用于服务器中，渐渐应用于个人计算机中。目前，主板厂商已经很少给主板配备PCI插槽，而使用PCIE插槽取而代之，如图2-7所示。PCIE由英特尔公司在2001年提出，旨在替代旧的PCI、PCI-X和AGP总线标准。PCIE比以前的标准有许多改进，包括更高的最大系统总线吞吐量，更低的I/O引脚数量和更小的物理尺寸，更好的总线设备性能缩放，更详细的错误检测和报告机制和本机热插拔功能。PCIE标准的更新版本为I/O虚拟化提供了硬件支持。

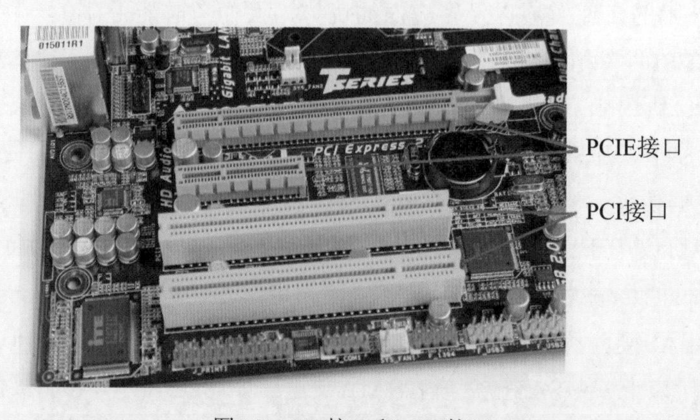

图2-7　PCI接口和PCIE接口

PCIE属于高速串行点对点双通道高带宽传输，所连接的设备分配独享通道带宽，不共享总线带宽，主要支持主动电源管理、错误报告、端对端的可靠性传输、热插拔以及服务质量等功能。它的主要优势就是数据传输速率高，目前最高的PCIE 16×2.0版本可达到10GB/s，而且还有相当大的发展潜力。PCIE也有多种规格，从PCIE 1×到PCIE 32×，能满足将来一定时间内出现的低速设备和高速设备的需求。主流主板都能支持PCIE 16×1.0版本，也有部分较高端的主板支持PCIE 16×2.0版本。PCIE接口的应用十分广泛，除应用在视频采集卡上，许多固态硬盘、网卡、显卡、声卡都采用这种接口。

2.2.6 FC接口

FC接口（Fiber Channel，光纤通道接口）是用来连接光纤线缆的一种高速物理接口标准。光纤通信的原理是利用光从光密介质进入光疏介质从而发生全反射。根据光纤从内部可传导光波的不同，分为单模和多模两种，分别传导长波长和短波长的激光。单模光缆的连接距离可达10千米，多模光缆的连接距离要短得多，是300米或500米，主要看产生短波长激光光源的不同。FC接口开发于1988年，最早是用来提高硬盘协议的传输带宽，侧重于数据的快速、高效、可靠传输。最早应用于存储局域网络SAN，到20世纪90年代末，FC SAN开始得到大规模的广泛应用。基于光纤通道的特点人们设计了相适应的协议，FC协议有很多版本，当前最快的传输速率可达128Gb/s。根据美国国家标准协会ANSI的规定，FC作为某些上层协议ULP专用的传输通道，应该支持IP、SCSI、HIPPI及其他高层协议等等。FC接口不但在速度、距离和成本方面都有明显的优势，而且只需要添加一个光纤通道适配器HBA就可使用现有操作系统和很多软件。

如图2-8所示，光纤通道接口通常有SC（Square Connector）、ST（Stab & Twist）、FC（Ferrule Connector）等几种类型，它们由日本NTT公司开发。ST和SC接口是光纤连接器的两种类型，对于10Base-F连接来说，连接器通常是ST类型的，对于100Base-FX来说，连接器大部分情况下为SC类型。ST连接器的芯外露，SC连接器的芯在接头里面。ST连接器和SC连接器的接头常用于一般网络。ST连接器接头插入后旋转半周有一卡口固定，缺点是容易折断；SC连接器接头直接插拔，使用很方便，缺点是容易掉出来。FC接口外部加强方式是采用金属套，紧固方式为螺丝扣。FC连接器接头一般电信网络采用，有一螺帽拧到适配器上，优点是牢靠、防灰尘，缺点是安装时间稍长。

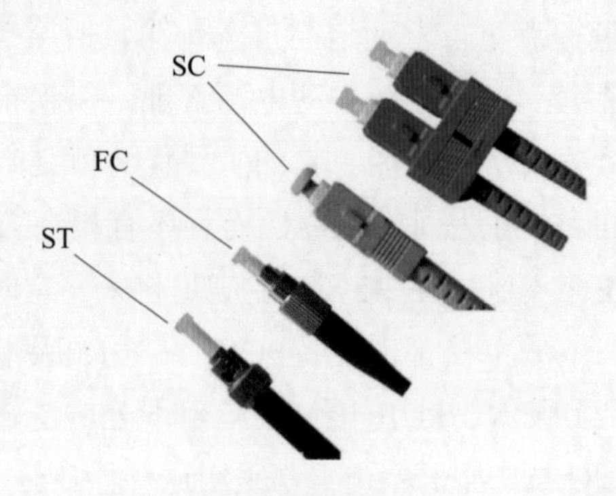

图2-8　光纤接口

光纤通道FC是为服务器这样的多硬盘系统环境设计的，能满足高性能服务器、高端工作站、海量存储区域网络、外设间通过集线器、交换机和点对点连接进行双向、串行数据通信等系统对高数据传输率的要求。光纤通道接口的主要特性是：支持热插拔、高速带宽、远程连接、连接设备数量大等优点，但成本比较高。

2.3 存储系统架构

存储系统是指计算机中由存放程序和数据的各种存储设备、控制部件及管理信息调度的设备和算法所组成的系统。计算机的主存储器不能同时满足存取速度快、存储容量大和成本低的要求，在计算机中必须有速度由慢到快、容量由大到小的多级层次存储器，以最优的控制调度算法和合理的成本，构成具有性能可接受的存储系统。存储系统性能在计算机中的地位日趋重要[7]，主要原因是：

- 冯诺伊曼体系结构是建立在存储程序概念基础上，访存操作占中央处理器CPU时间的70%左右。
- 存储管理与组织的好坏影响到整机效率。
- 现代的信息处理，如图像处理、数据库、知识库、语音识别、多媒体等对存储系统的要求很高。

2.3.1 存储器分层结构

目前，计算机系统均采用分层结构的存储子系统，以便在容量大小、速度快慢、价格高低诸因素中取得平衡点，获得较好的性能价格比。计算机系统的存储器可以分为寄存器、高速缓存、主存储器、外存储器、本地二级存储及远程二级存储6个层次。如图2-9所示，在存储器层次结构中越往上存储介质体积越小、访问速度越快、单位容量价格也越贵，越往下则设备体积越大、访问速度越慢、单位容量价格越便宜。随着各层级存储设备性能的降低，距离CPU的距离也越来越远。寄存器和L1级高速缓存处于CPU芯片内，而L2级高速缓存处于CPU芯片外，跟主存储器（内存DRAM）一样和CPU在同一主板上。而外存储器则是作为外部设备通过连接线挂接在主板的接口上。本地二级存储往往为离线或近线管理，需要时才加载存储设备。远程二级存储处于通过网络连接的远程数据中心服务器和存储设备上。寄存器、高速缓存和主存储器均属于操作系统存储管理的管辖范畴，断电后它们存储的信息不再存在。外存储器和本地二级存储属于设备管理的管辖范畴，远程二级存储属于网络服务管辖范围，它们存储的信息都将被长期保存。

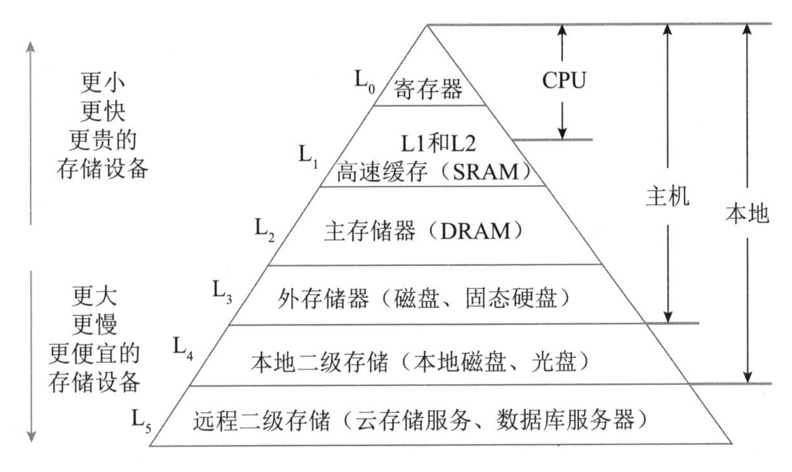

图2-9　存储器分层结构

在存储器层次结构中，每一层都作为其下一层的缓存。比如说，当我们想要从L1高速缓存中读取数据的时候，先检查寄存器中有没有我们需要的数据，如果有，直接从寄存器中读取，如果没有，再从L1高速缓存中读取。当我们想要从磁盘中读取数据的时候，先检查内存中有没有我们需要的数据，如果有，直接从内存中读取；如果没有，再从硬盘中读取。存储器层次结构的优点在于，作为一个整体，它的容量相当于最底层的存储设备的容量，而它的速度却相当于最顶层存储设备的速度。也就是说，它可以在速度和容量这两个看似矛盾的方面同时达到极限，达到如此神奇效果是本质原因是程序具有局部性。

理解局部性对程序开发人员有极大的帮助。一个编写良好的计算机程序常常具有良好的局部性（Locality），它们倾向于引用其他最近引用过的数据项，或者最近引用过的数据项本身。这种倾向性，被称为局部性原理（Principle of Locality），是一个持久的概念，对硬件和软件系统的设计和性能都有着极大的影响。局部性通常有两种不同的形式：时间局部性（Temporal Locality）和空间局部性（Spatial Locality）。在一个具有良好时间局部性的程序中，被引用过一次的存储器位置很可能在不远的将来再被多次引用。而在一个具有良好空间局部性的程序中，如果一个存储器位置被引用了一次，那么程序很可能在不远的将来引用附近的一个存储器位置。一般来讲，有良好局部性的程序比局部性差的程序运行得更快。

2.3.2 RAID技术

RAID（Redundant Array of Independent Disk，独立冗余磁盘阵列）是加州大学伯克利分校David Patterson等人于1987年提出[1]，最初是为了组合小的廉价磁盘来代替大的昂贵磁盘，同时希望磁盘失效时不会使对数据的访问受损失而开发出一种水平的数据保护技术。RAID就是一种由多块廉价磁盘构成的冗余阵列，在操作系统下是作为一个独立的大型存储设备出现。RAID可以充分发挥出多块硬盘的优势，可以提升硬盘速度，增大容量，提供容错功能确保数据安全性，易于管理的优点，在任何一块硬盘出现问题的情况下都可以继续工作，不会受到损坏硬盘的影响。

RAID技术主要包含RAID 0～RAID 7等数个规范[17]，它们的侧重点各不相同，常见的规范有如下几种：

RAID 0是最早出现的RAID模式，即数据分条（Data Stripping）技术。RAID 0是组建磁盘阵列中最简单的一种形式，只需要两块以上同样的硬盘通过智能磁盘控制器或操作系统中的磁盘驱动程序串联在一起创建一个大的卷集，将数据依次写入各块硬盘中；因此，RAID 0可以整倍地提高硬盘的容量。在速度方面，将原先顺序写入的数据被分散到所有的硬盘中同时进行读写，可以提高整个存储系统的性能和吞吐量。最大的缺点在于任何一块硬盘出现故障，整个系统将会受到破坏，可靠性仅为单独一块硬盘的1/*N*。RAID 0实现成本最低，但没有提供冗余或错误修复能力，不能应用于数据安全性要求高的场合。

RAID 1称为磁盘镜像（Disk Mirroring），原理是数据在写入一块磁盘的同时，会在另一块闲置的磁盘上生成镜像文件，在不影响性能的情况下最大限度地保证系统的可靠性和可修复性，只要系统中任何一对镜像盘中至少有一块磁盘可以使用，甚至可以在一半数量的硬盘出现问题时系统都可以正常运行。当一块硬盘失效时，系统会忽略该硬盘，转而使用剩余的镜像盘读写数据，具备很好的磁盘冗余能力。虽然这样对数据来讲绝对安全，但是成本也会明显增加，磁盘利用率为50%。当原始数据繁忙时，可直接从镜像拷贝中读取数据，因此RAID 1可以提高读取性能。当一个磁盘失效时，系统可以自动切换到镜像磁盘上读写，而不需要重组失效的数据。另外，出现硬盘故障的RAID系统不再可靠，应当及时更换损坏的硬盘，否则剩余的镜像盘也会出现问题，那么整个系统就会崩溃。更换新盘后原有数据会需要很长时间同步镜像，外界对数据的访问不会受到影响，只是这时整个系统的性能有所下降。因此，RAID 1多用在保存关键性的重要数据的场合。

RAID 1+0实际是将RAID 0和RAID 1标准结合的产物，如图2-10所示，在连续地以位或字节为单位分割数据并且并行读/写多个磁盘的同时，为每一块磁盘作磁盘镜像进行冗余。数据除分布在多个盘上外，每个盘都有其物理镜像盘，提供全冗余能力，允许至少一个、最多一半磁盘故障，而不影响数据可用性，并具有快速读写能力。它的优点是同时拥有RAID 0的超凡速度和RAID 1的数据高可靠性，但是CPU占用率同样也更高，而且磁盘的利用率比较低。

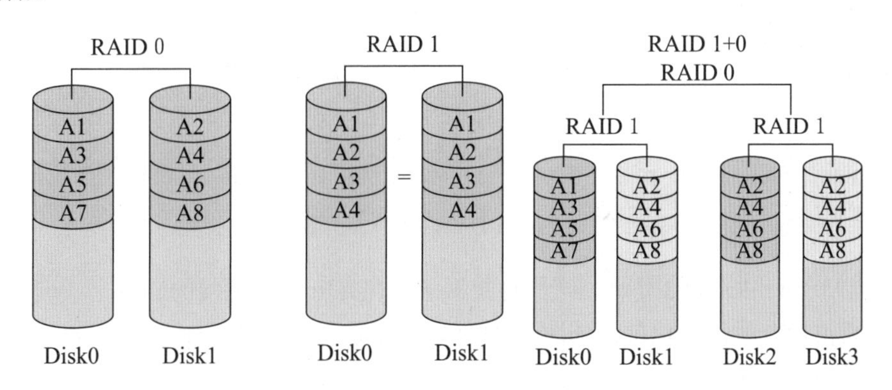

图2-10 RAID 0、RAID 1和RAID 1+0示意图

RAID 2是RAID 0的改良版，将数据条块化地分布于不同的硬盘上，条块单位为位或字节，并使用“加重平均纠错码（又叫汉明码Hamming Code）”进行编码后分割为独立的位元，并将数据分别写入硬盘中来提供错误检查及恢复。

在写入时，RAID 2在写入数据位的同时还要计算出它们的汉明码并写入校验阵列，读取时也要对数据即时进行校验，最后再发向系统。汉明码只能纠正一个位的错误，所以RAID 2只允许一个硬盘出问题，如果两个或以上的硬盘出问题，RAID 2的数据就将受到破坏。由于数据是以位为单位并行传输，所以传输率相当快。这种编码技术需要多个磁盘存放检查及恢复信息，使得RAID 2技术实施更复杂，数据整体的容量会比原始数据大一些。RAID 2早期用于对数据即时安全性非常敏感的领域，目前在商业环境中已经很少使用。

RAID 3是在RAID 2基础上发展而来的，如图2-11所示，都是将数据按位或字节条块化分布于不同的硬盘上，区别在于用简单的异或逻辑运算校验代替复杂的汉明码校验，只需要单块磁盘存放奇偶校验信息，从而也大幅降低了存储成本。RAID 3也可以容忍一块硬盘出错：如果一块磁盘失效，奇偶盘及其他数据盘可以重新产生数据；如果奇偶盘失效则不影响数据使用。RAID 3对于大量的连续数据可提供很好的传输率，但奇偶盘很容易成为整个系统的写操作瓶颈，也是导致RAID 3很少被人们采用的原因。RAID 3会把数据写入操作分散到多个硬盘上进行，然而不管是向哪一个数据盘写入数据，都需要同时重写校验盘中的相关信息。因此，对于那些经常需要执行大量写入操作的应用来说，校验盘的负载将会很大，无法满足程序的运行速度，从而导致整个RAID系统性能的下降。

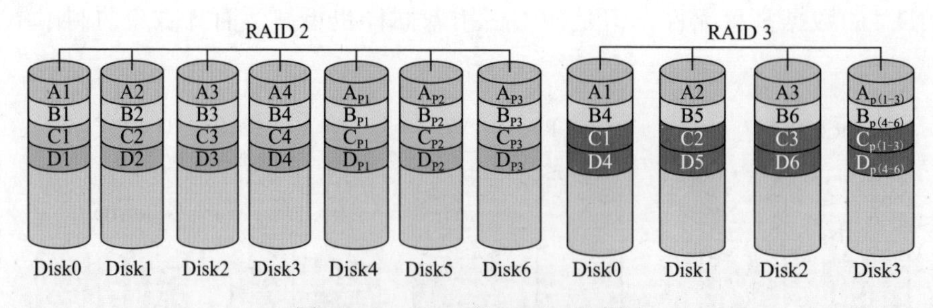

图2-11　RAID 2和RAID 3示意图

RAID 4和RAID 3类似，同样将数据条块化并分布于不同的磁盘上，但条块单位为粗粒度的块或扇区，而不是细粒度的位或字节。无须像RAID 3那样，哪怕每一次小I/O操作也要涉及全组，只需涉及组中两块硬盘（一块数据盘，一块校验盘）即可，从而提高了小量数据的I/O速度。RAID 4使用一块磁盘作为奇偶校验盘，每次写操作都需要访问奇偶盘，跟RAID 3一样，奇偶校验盘容易成为写操作的瓶颈，因此RAID 4在商业环境中也很少使用。

RAID 5是对RAID 4的改进，为避免校验盘成为写瓶颈，不单独指定奇偶盘，而是在所有磁盘上交叉地存取数据及奇偶校验信息，如图2-12所示。在RAID 5上，读/写指针可同时对阵列设备进行操作，提供更高的数据流量。RAID 5更适合小数据块和随机读写的数据。RAID 5 是一种存储性能、数据安全和存储成本兼顾的存储解决方案。RAID 5也可以理解为是RAID 0和RAID 1的折中方案。RAID 5可以为系统提供数据安全保障，但保障程度要比RAID 1低而磁盘空间利用率要比RAID 1高；它具有和RAID 0相近似的数据读取速度，只是多一个奇偶校验信息，写入数据的速度比对单个磁盘进行写入操作稍慢。同时由于多个数据对应一个奇偶校验信息，RAID 5的磁盘空间利用率要比RAID 1高，存储成本相对较低，是目前运用较多的一种解决方案。

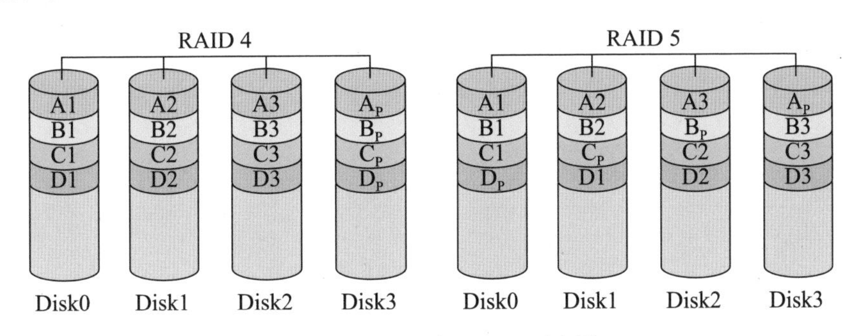

图2-12 RAID 4和RAID 5示意图

RAID 6是RAID 5基础上的扩展，在原有同级数据奇偶校验码的基础上增加第二个独立的奇偶校验码，都是交错存储的，具体如图2-13所示。两个独立的奇偶系统使用不同的算法，数据的可靠性非常高，即使两块磁盘同时失效也不会影响数据的使用。但是，由于增加了一个校验码，需要分配给奇偶校验信息更大的磁盘空间，相对于RAID 5有更多的写损失，写性能非常差，而且控制系统的设计也更为复杂，第二块的校验区也减少了有效存储空间。较差的性能和复杂的实施方式使得RAID 6很少得到实际应用。

RAID 7是一种全新的RAID架构，由于其自身就带有实时操作系统和用于存储管理的软件工具，可完全独立于主机运行，且不占用主机CPU资源。如图2-13所示，RAID 7可以看作是一种小型存储计算机（Storage Computer），使得它与其他RAID标准有明显区别。RAID 7是非同步访问的，每个I/O接口都有一条专用的高速通道，作为数据或控制信息的流通路径，可独立地控制自身系统中每个磁盘的数据存取。如果一个磁盘出现故障，还可自动执行恢复操作，并可管理备份磁盘的重建过程。RAID 7系统内置实时操作系统还可自动对主机发送过来的读/写指令进行优化处理，以智能化方式将可能被读取的数据预先读入快速缓存中，提高I/O速度。RAID7 可帮助用户有效地管理日益庞大的数据存储系统，并使系统的运行效率提高至少一倍以上，满足各类用户的不同需求。

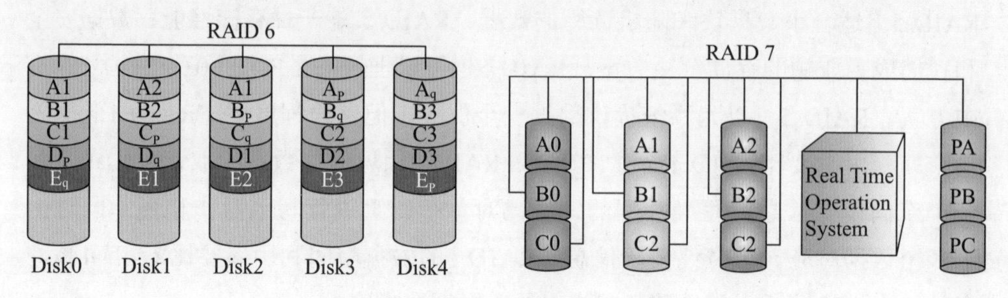

图2-13　RAID 6和RAID 7示意图

2.4 网络存储系统

不同的应用根据具体需求选择不同的存储结构。目前使用的存储结构主要有直接连接存储（Direct Attached Storage，DAS）、网络附加存储（Network Attached Storage，NAS）、存储区域网络（Storage Area Network，SAN）和基于对象存储（Object-Based Storage，OBS）。下面分别介绍这四种当前主要的网络存储结构。

2.4.1 直接连接存储

直接连接存储是指外部数据存储设备（如磁盘阵列、磁带机等）直接连接在服务器内部总线上，数据存储设备是整个服务器结构的一部分，同样服务器也担负着整个网络的数据存储任务。DAS是最简单和最常见的存储结构，如图2-14所示。它以主机为中心，各种块存储设备通过SCSI、IDE、ATA等I/O总线直接与主机连接。DAS将存储设备通过SCSI接口或光纤通道直接连接到一台服务器上。存储设备可以与多个服务器连接，如果一台服务器出现故障，仍可以通过其他服务器来存取数据。但这种存储方案中的存储设备都直接连接到服务器，随着存储设备和服务器数量的增加，DAS存储方式将导致网络中存储孤岛数量激增，存储资源利用率低，不利于对其进行集中管理。在DAS存储方式下数据共享和存储设备的扩展能力受到了很大的限制。同时，数据存储都由与存储设备相连的服务器来完成，对服务器的性能也造成了一定的影响。

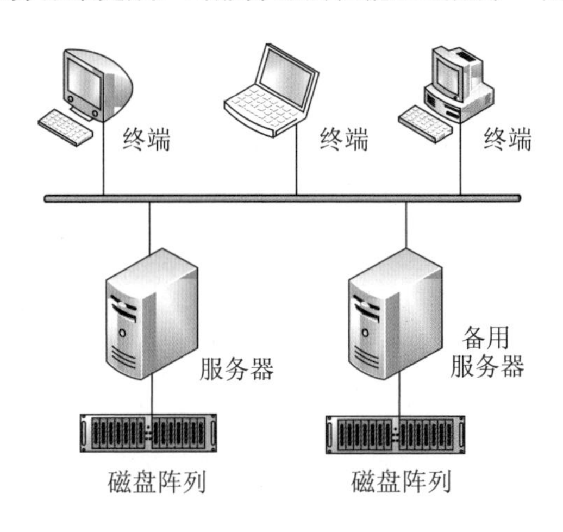

图2-14 DAS存储结构

DAS数据存储方式主要应用于服务器在地理位置上比较分散，很难通过远程连接进行互联时，DAS数据存储是比较好的解决方案，甚至可能是唯一的解决方案。对于小型网络，由于网络规模较小，数据存储量小，数据访问频率不是太高，对服务器造成的性能下降不明显，DAS数据存储将是一种比较经济的解决方案。在一些特殊的数据库应用和应用服务器上，它们需要直接连接到存储器上，因此需要使用DAS数据存储解决方案。

DAS具有简单、可靠、易安装、成本低等特点，主要用于小规模的网络存储应用。DAS的一个重要特征是将存储设备与主机捆绑在一起，这种连接上的限制带来诸多弊端，如：存储容量受限于主机I/O总线支持的设备数量，存储资源的利用率低，维护困难、管理难度大，存储数据的可用性差。DAS依赖服务器主机操作系统进行数据的I/O读写和存储维护管理，数据存取要求占用服务器主机资源的20%～30%。DAS的数据量越大，存取时间就越长，对服务器硬件的依赖性和影响就越大。DAS与服务器主机之间的连接通道通常采用SCSI连接，SCSI通道将会成为I/O瓶颈；服务器主机SCSI ID资源有限，能够建立的SCSI通道连接有限。无论DAS还是服务器主机的扩展，从一台服务器扩展为多台服务器组成的集群，或存储阵列容量的扩展，都会造成业务系统的停机，从而给企业带来经济损失，对很多行业的关键业务系统是不可接受的。

2.4.2 网络附加存储

网络附加存储NAS是采用网络（TCP/IP、ATM、FDDI）技术，通过网络交换机连接存储系统和服务器主机，建立专用于数据存储的存储私网。也就是说，NAS是部门级的存储方法，将存储设备通过标准的网络拓扑结构（比如以太网），连接到一群计算机上，从而帮助工作组或者部门级机构解决迅速增加存储容量的需求。为了实现跨平台的数据共享，出现了NAS存储结构。NAS通过局域网与应用系统相连，应用系统按照标准的文件系统访问协议CIFS（Common Internet File System）或NFS（Network File System）方便地访问NAS服务器。以文件为传输协议，通过TCP/IP协议实现网络化存储。客户通过文件I/O方式发送文件存取请求，NAS通过操作系统将文件I/O转换成块I/O，发送到内部磁盘。这种间接的方式实现了跨平台的数据共享，但是以牺牲直接I/O访问的高性能为代价。NAS具有安装简单、易于管理、文件共享、高扩展性等优点。

随着IP网络技术的发展，NAS技术发生质的飞跃。由于网络附加存储采用TCP/IP网络协议进行数据交换，TCP/IP是IT业界的标准协议，不同厂商的产品只要满足协议标准就能够实现互联互通，无兼容性的要求，NAS的体系结构如图2-15所示。一个NAS包括网络管理模块（如LAN）、文件服务管理模块和由多个硬盘驱动器构成的存储模块。NAS可以应用在任何网络环境中。主服务器和客户端可以非常方便地在NAS上存储任意格式的文件，包括SMB格式（Windows）、NFS格式（UNIX、Linux）和CIFS格式等。NAS系统可以根据服务器或者客户端计算机发出的指令完成对内在文件的管理。其特性包括：独立于操作系统，不同类的文件共享，交叉协议用户认证，浏览器界面的操作，管理，增加和移出服务器不会中断网络服务等。NAS在RAID的基础上增加了存储操作系统，因此，NAS的数据能由异类平台共享。NAS的一个缺点是它将存储事务由并行SCSI连接转移到了网络上，没有解决与文件服务器相关的一个关键性问题，即存储带宽瓶颈问题。NAS直接和以太网相连，其安全性也存在着一定的问题。通常为了保障安全性，需要通过防火墙设置保护NAS安全的规则。大量数据存储都通过网络完成，增加了网络的负载，特别不适合音频、视频数据的存储。灾难恢复比较困难，通常需要一个专门定制方案。

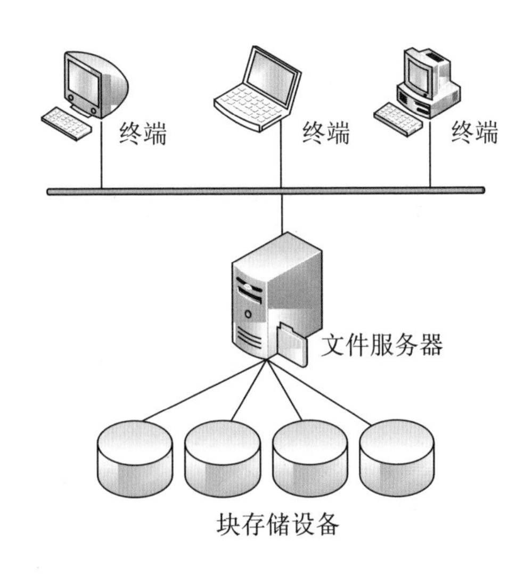

图2-15 NAS的体系结构

2.4.3 存储区域网络

存储区域网络是一种面向网络的存储结构，是以数据存储为中心的。SAN采用可扩展的网络拓扑结构连接服务器和存储设备，并将数据的存储和管理集中在相对独立的专用网络中，面向服务器提供数据存储服务。服务器和存储设备之间的多路、可选择的数据交换消除了以往存储结构在可扩展性和数据共享方面的局限性。如图2-16所示，SAN将存储系统从主机系统分离，利用主机之外的一个专用存储网络代替I/O总线，使得存储设备得以合并与共享。SAN是一种利用光纤通道等高速互联协议连接起来的、可以在主机和存储设备之间直接传送数据的专用高速存储网络。由于SAN采用可扩展的交换网络结构替代传统的总线结构，使所有的主机系统和存储设备之间都是通过高速的网络相连，提供几乎不受限制的设备数量以及内部任意节点之间的多路可选择的数据交换。通过协议映射，SAN中存储设备的磁盘或磁带表现为服务器节点上的“网络磁盘”。在服务器操作系统看来，这些网络盘与本地盘一样，服务器节点就像操作本地SCSI硬盘一样对其发送SCSI命令。SCSI命令通过FCP、iSCSI、SEP等协议的封装后，由服务器发送到SAN网络，然后由存储设备接收并执行。服务器节点可以对“网络磁盘”进行各种块操作，包括FDISK、FORMAT等，也可以进行文件操作，如复制文件、创建目录等。

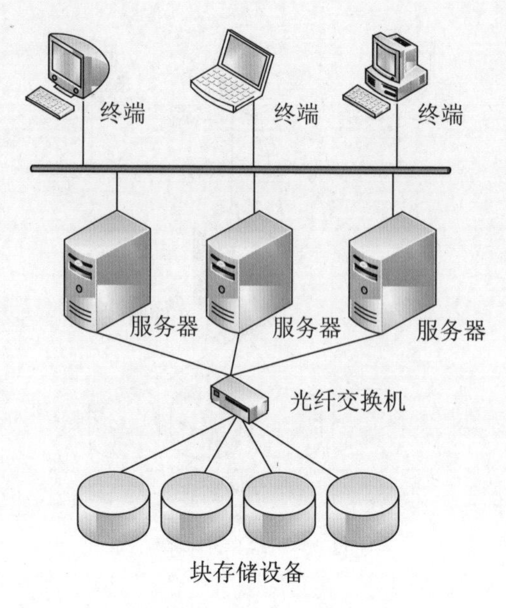

图2-16　SAN存储结构

SAN主要面向企业级存储。当前企业存储方案所遇到的问题是：数据与应用系统紧密结合所产生的结构性限制，以及目前小型计算机系统接口（SCSI）标准的限制。SAN之所以被认为是适合企业级存储的方案，是由于SAN便于集成，并且能够改善数据可用性及网络性能，而且还可以减轻管理作业。因为采用了光纤接口，SAN还具有更高的带宽。因为SAN解决方案是从基本功能剥离出存储功能的，所以运行读写操作就无须考虑它们对网络总体性能的影响。SAN方案也使得管理及集中控制实现简化，特别是对全部存储设备都集成在一起的时候。

SAN具有高容量、高带宽、低延迟、高可靠性、高容错能力的优点，缺点是SAN系统的价格较高，互操作性较差，共享的是存储设备而不是数据，并且SAN中主机系统对存储设备的共享访问带来数据的完整性与安全问题。

2.4.4　基于对象存储

基于对象存储结构（见图2-17）有效地合并了NAS和SAN存储结构优势，通过高层次的抽象具有NAS的跨平台共享数据和基于策略的安全访问优点，支持直接访问具有SAN的高性能和交换网络结构的可扩展性。它不同于传统的存储设备为上层提供块接口方式，而是提供对象接口方式。这种对象就是带属性的文件分片。正是这种对象接口使得客户端只要访问元数据服务器（MDS）做相应的安全认证，并获得文件的元数据信息之后，就可直接与底层的基于对象的存储设备（OSD）进行I/O操作。通过访问对象接口，基于对象的文件系统具有更好的安全性和文件级的共享。由于底层对象存储设备具有一定的智能，能自主计算，从而可以将元数据服务器的一部分管理任务下放到各个OSD上去，这样就减少了元数据服务器的瓶颈，并使文件系统管理起来更方便。正因为基于对象的文件系统在诸多方面的优势，近年来，在PB级存储系统中基于对象的文件系统应用越来越广泛。以Panasas公司开发的PanFS文件系统[14]和Cluster File System公司开发的Lustre文件系统[13]以及加州大学Santa Cruz分校发起的Ceph开源文件系统最为突出。

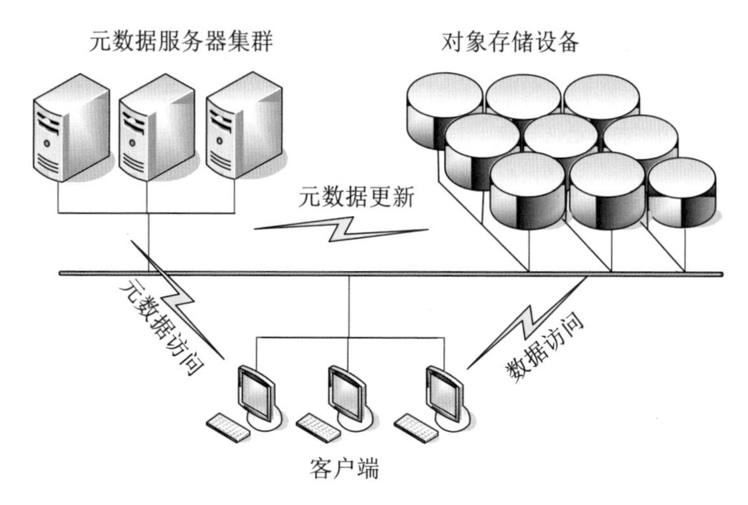

图2-17　基于对象存储架构[16]

2.4.5　几种存储结构的比较

从四类存储系统存储功能主机到存储控制器的迁移过程可知，SAN文件系统和基于对象的文件系统在对性能要求较高的应用中，从结构上相比于传统C/S架构的网络文件系统具有明显优势。

如图2-18所示，在SAN 或DAS 中，应用程序首先进行定位，指出要访问的文件名，由文件系统将文件请求转换为扇区块请求，再向存储系统发出存取扇区块的请求。这种方式定位逻辑和文件系统都位于主机中，通过SAN网络或者总线与主机互联的存储设备可以由主机并发访问，存储设备的I/O 吞吐率能达到较高水平。在NAS 中，存储系统中带有文件系统，其中的文件通过网络共享的形式提供给主机，与SAN 相比，文件系统部分从主机迁移到存储系统，而定位逻辑仍然保留在应用程序中，由应用程序指出文件名，在文件中包含有该应用程序需要的数据。但是，NAS 事实上并没有从根本上改变C/S 模式，导致文件服务器的机器性能、I/O 瓶颈、客户端与服务器间的网络带宽都成为其性能瓶颈。在基于对象的存储OBS中，存储空间不再需要由运行在主机上的文件系统来管理，而由存储系统自己管理和分配；主机中原先由应用程序执行的定位逻辑和由文件系统执行的存储空间管理功能迁移到存储系统中，应用程序只需要指出待访问的对象既可。

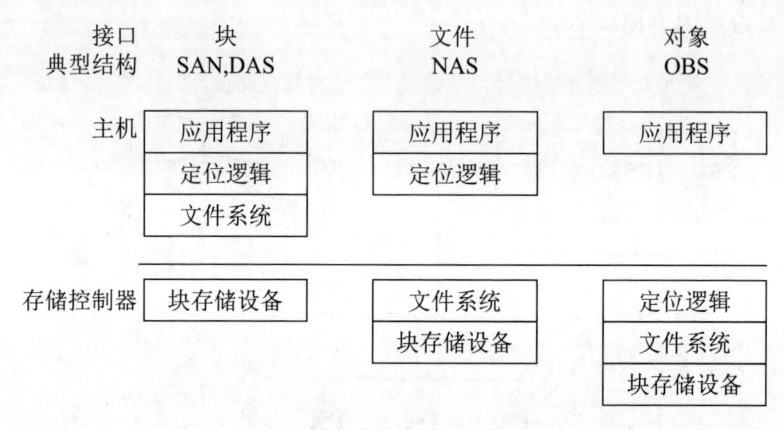

图2-18　存储功能从主机到存储控制器的迁移[15]

传统的DAS最适合用于单独的服务器和要求低初始成本的场合，但它是一种存储资源不可共享的解决方案，管理性和灵活性差。NAS的优势是易于管理和文件共享，提供各种应用领域的文件共享和文件服务功能，包括内容传送和分发、统一的存储管理、科学计算、Web服务等，允许在不使服务器停机的前提下进行扩展。由于NAS使用的互联网络是低成本的以太网，因此它的购买成本和运行成本都要比SAN低，十分经济。但是，NAS的文件服务器容易成为性能瓶颈。SAN具有高性能，即高存储吞吐量，还有良好的可扩展性，通过单一控制点管理多个磁带和磁盘设备，另外，通过专用备份工具可以提高系统的可靠性。但其安全性和可共享性较差。OBS的优势在于其智能的数据管理能提供高可扩展性、高吞吐率和高可靠性的共享数据访问，管理起来简单方便，价格经济合理。四种技术的详细比较见表2-2。

表2-2　DAS、NAS、SAN和OBS四种存储技术的比较

特征	DAS	NAS	SAN	OBS
安装	简单	即插即用	复杂	简单
管理	不易	容易	集中化	容易

续表

特征	DAS	NAS	SAN	OBS
兼容性	较好	好	差	好
性能	低	较低	高	高
可扩展性	差	较好	好	好
共享级别	块级	文件级	块级	对象级
安全性	低	高	较低	高
维护成本	高	低	较高	较低
容错性	差	中等	好	高
连接错误	中等	低	高	低
通用性	中等	好	差	好
价格	低	较高	高	较高

2.5 本章小结

本章主要总结当前主流的存储介质、存储接口及存储系统架构。首先，介绍主流的三种存储介质：磁性材料、光学材料和半导体电子器件，以及这些介质在计算机系统中的主要设备存在形态。其次，介绍实现存储设备与主机系统连接的存储接口技术，包括几种典型的存储接口技术：IDE、SATA、SCSI、SAS、PCI、PCIE、FC等。再次，介绍基于时间局部性与空间局部性阐述层次存储系统架构的必要性，以便在容量大小、速度快慢、价格高低诸因素中取得平衡点，获得较好的性能价格比；还介绍支持大容量高可靠存储的RAID技术及相应的RAID 0～RAID 7等技术规范。最后，针对大数据存储管理需求，分析和对比四种当前主要的网络存储结构：直接连接存储（DAS）、网络附加存储（NAS）、存储区域网络（SAN）和基于对象存储（OBS），不同的在线存储应用可根据具体需求选择不同的网络存储结构。

参考文献

第3章

大数据管理技术

当今社会，数据量呈爆炸性增长趋势，我们已经步入大数据时代。数据中蕴含着事物的走势和规律，能否对大数据进行充分分析和利用，已经成为企业之间竞争的关键因素。然而，大数据普遍存在数据量大、价值密度低的特点，给大数据分析工作带来极大挑战。大数据要求新一代的计算机技术与体系结构能够实现对海量多元数据进行实时存储处理。当前大数据管理的关键技术包括：以MapReduce为代表的分布式计算框架、分布式文件系统为代表的大规模网络存储储技术、NoSQL数据库为代表的海量数据管理技术以及Hive为代表的类关系型大数据仓库等[3]，其研究目标为：构建一种能抓取、验证和分析海量数据的高效计算框架，评估来自多个数据源的结构与非结构混合数据，处理无显示模式与结构的不可预知内容，实现实时或近似实时的数据采集、分析和响应。然而，针对这些大数据管理技术的读写模式、处理能力、适用场景等特征，用户往往缺乏系统、全面的认识，导致在解决具体大数据问题时，往往根据经验选择管理技术，进而导致选取的管理技术与需求不匹配，不能发挥该管理技术及所依赖平台的最优处理性能。

本章从分布式计算框架、分布式文件系统、NoSQL数据库、大数据仓库四个层面，对大数据生态系统中几种主流大数据管理工具进行简要分析，重点对每一层面的技术进行较全面的对比，探讨各自的优势与不足，并分析其适用场景。

3.1 分布式计算框架

大数据管理目前面临的挑战主要来自数据规模庞大、数据类型多样以及处理及时性三个方面。为应对这些挑战，面向特定应用的分布式计算框架不断被提出。根据不同的使用场景，大致分为四大类：离线批量数据处理系统、在线流式计算系统、交互式数据处理系统和图计算系统。目前，比较典型的分布式计算框架有批量数据处理系统MapReduce[9]和Dryad[14]、流式计算系统Storm[11]、交互式数据处理系统Spark[12]及图计算系统Pregel[13]等。

MapReduce最早是2004年由Google公司研究提出的一种面向大规模数据处理的并行计算模型和方法。Google公司设计MapReduce的初衷主要是为了解决其搜索引擎中大规模网页数据的并行化处理。Google公司发明了MapReduce之后最初用其重新改写了搜索引擎中的Web文档索引处理系统，到目前为止，Google公司内有上万个各种不同的算法问题和程序都使用MapReduce进行处理。开源项目Lucene（搜索索引程序库）和Nutch（搜索引擎）的创始人Doug Cutting发现MapReduce正是其所需要的解决大规模Web数据处理的重要技术，因而模仿Google MapReduce，基于Java设计开发了一个称为Hadoop[10]的开源MapReduce并行计算框架和系统。自此，Hadoop成为Apache开源组织最重要的项目，很快得到了全球学术界和工业界的普遍关注，并得到推广和普及。MapReduce采用Master/Slave主从结构，将数据处理分成两个阶段：Map和Reduce计算函数的具体实现。通过Map函数把一个大的计算任务划分为多个小的计算任务，并分配给集群的各个计算节点执行，然后Reduce函数收集每个节点上的计算结果并输出。由于架构和实现方式等原因，MapReduce仍存在性能瓶颈、作业延迟高等局限性。

Storm是由Twitter公司提出基于类Lisp语言开发的一款实时处理大数据的开源流式计算分布式框架，弥补了MapReduce对流式大数据处理的功能欠缺，被广泛用于信息流处理、实时搜索、连续计算等实时数据流计算场景。数据流（Stream）是Storm的核心概念，一个数据流就是一个时间上无界的元组（Tuple）序列。任务拓扑（Topology）是Storm的逻辑单元。Storm集群中，实时应用的计算任务被打包为Topology发布。Topology任务提交之后，除非显示停止，否则该任务一直运行不会结束。Storm采取Master/Slave主从架构，集群中存在主节点Nimbus和从节点Supervisor。主节点仅有一个，负责系统资源分配、任务调度、状态监控和故障检测。从节点有多个，负责接收和执行主节点Nimbus分配的任务。为简化系统设计，Storm引入Zookeeper进行系统状态监控，提高了系统可靠性。Storm有很多优点，例如简化了编程模型、快速计算、支持多种编程语言等，但同时也存在资源分配的盲目性、容错机制的局限性等不足。

Spark是由UC Berkeley AMP Lab开源的交互式数据处理系统。Spark使用弹性分布数据集（Resilient Distributed Dataset，RDD）概念，用于表示已划分的只读数据集合。RDD可以缓存在内存中，进行并行操作。RDD主要特征有：在集群节点上不可变，节点失效自动恢复，可序列化，静态类型等。与分布式共享内存（Distributed Shared Memory，DSM）相比，RDD移动计算而非数据，避免了任意节点访问全局地址空间，并且RDD提供的编程模型更加严格，从而使得节点失效后无须通过检查点进行容错，恢复效率更高。Spark通过将中间数据存储于内存中，节省了读写磁盘开销，有效提升了迭代运算能力和内存计算效率，同时保持了MapReduce的可扩展性和容错性，是MapReduce在执行机器学习算法、数据挖掘等迭代运算场景下的优化。但是，Spark并不适用于增量修改的应用模型，如Web服务存储等。

Pregel是Google公司针对大规模图计算处理开发的分布式计算模型，弥补了MapReduce计算框架处理图数据应用的不足。受BSP（Bulk Synchronous Parallel）模型的启发，Pregel定义计算中一系列的迭代操作为超步（Superstep）。典型Pregel计算输入为有向图，在每个超步中节点进行并行运算，超步与超步之间设置整体同步点（Global Synchronization Points），确保所有节点都完成后再进行下个超步运算。Pregel在进行运算前，所有节点都处于活跃状态并参与运算。完成计算任务后节点对自身进行“投票停止”，当进入停止状态时，如果有新的计算任务到达，节点放弃等待状态再次进入活跃状态。当所有节点都进入停止状态时，表示整个计算任务完成，算法结束。Pregel在整体架构上仍然采用主从模型，主节点Master对图进行划分，并分配给工作节点Worker执行；工作节点维护本节点上划分的状态，执行用户的计算任务并管理与其他工作节点之间传递的消息，计算完成后，将结果返回给主节点。目前，Pregel的应用主要有网页排序、最短路径、偶匹配和半聚类算法。

Dryad是微软公司设计的通用粗粒度分布式计算引擎，核心概念是计算节点Vertices和数据通道Channel。Dryad中每个任务都作为有向无环图，节点代表程序段，边代表数据通道。计算节点Vertices上的运算由用户定义实现，计算节点之间通过数据通道传输数据。Dryad框架对作业的处理只在计算节点Vertices上发生，并且不区分计算阶段，这是与MapReduce最大的区别。鉴于这一特点，Dryad具有更大的通用性和灵活性，但也在一定程度上增加了用户使用的难度。

表3-1对比了上述五种分布式计算框架，它们代表了大数据管理技术在批量处理、流式处理、交互式处理以及图数据处理等特定应用场景下较为典型的解决方案。由于MapReduce编程模型简单，且自动实现副本备份、集群容灾、负载均衡等技术细节，以MapReduce分布式计算框架为基础的Hadoop计算平台，在大数据管理领域十分流行，因为其开源的特点，基于该平台的二次开发也较为容易。

表3-1 几种典型分布式计算框架对比

特征	MapReduce	Storm	Spark	Pregel	Dryad
体系结构	主从模型	主从模型	主从模型	主从模型	主从模型
设计目标	分布并行计算	流式数据处理	分布并行内存计算	分布并行图计算	分布并行计算
分类	批量数据处理系统	流式数据处理系统	交互数据处理系统	图数据处理系统	批量数据处理系统
核心概念	映射Map；化简Reduce	数据流Stream；任务拓扑Topology	弹性分布数据集RDD	超步Superstep	计算节点Vertices；数据通道Channel
优势	编程模型简单、功能完善、通用性	简化编程模型、快速计算、支持多种编程语言	节省磁盘读写开销，迭代计算、内存计算高效	灵活、可扩展、具有容错性、处理图数据高效	数据流程与交互更加灵活
劣势	作业延迟高	资源分配的盲目性、容错机制的局限性等	不适用于增量修改的应用模型，如Web	不适用于幂律分布的自然图	一定程度上增加了用户使用难度
应用场景	集群计算、网络数据统计分析、网页搜索等	信息流处理、实时搜索、连续计算等实时数据流计算	内存计算；机器学习、数据挖掘等迭代运算	网页排序、最短路径、偶匹配、半聚类算法	基于Windows Server平台的分布式计算应用

3.2 分布式文件系统

面向海量数据管理的分布式存储系统研究，始于20世纪80年代，后来逐渐发展成为国内外研究的热点。分布式存储系统的核心技术是分布式文件系统，包括网络文件系统、SAN集群文件系统和面向对象并行文件系统三种主要类型支持海量数据分布存储管理。

- 网络文件系统研究重点在于实现网络环境下的文件共享，主要解决客户端和文件存储服务器的交互问题；而服务器端的结构基本为对称结构，以每个服务器存储不同目录子树的方式实现扩展。服务器对外提供统一的命名空间，但存储服务器节点之间不共享存储空间，服务器之间缺乏负载均衡和容错机制。代表性网络文件系统有卡内基梅隆大学的AFS[15]和Sun公司的NFS[16]等。

- 存储区域网（Storage Area Network，SAN）用网络取代SCSI总线，可采用条带化技术将一个文件的数据并行写入多个存储节点中，从而显著提高I/O吞吐量。计算节点之间共享存储空间，共同维护统一命名空间和文件数据。但由于共享临界资源的紧耦合特性，计算节点间需要分布式锁进行复杂的协同和互斥操作，使得计算节点规模难以大规模扩展。典型的SAN集群文件系统包括IBM研制的GPFS[17]和VMware公司开发的VMFS[18]等。
- 面向对象并行文件系统利用具有智能处理能力的对象存储设备，并将文件分割为多个对象，分别存储到不同的对象存储设备上，使得文件的元数据得以显著减少；对象存储设备之间完全独立，从而使得其规模可以极大地进行扩展，有效解决了存储系统的容量扩展能力。当前广泛应用的面向对象并行文件系统有：卡内基梅隆大学的Panasas[19]、Oracle公司的Lustre[20]、加州大学Santa Cruz分校的Ceph[21]、Google公司的GoogleFS[22]和Yahoo发起的开源项目HDFS[23]等。

随着通用服务器性能、网络技术以及存储介质的发展和进步，分布式存储系统软件的功能的不断扩展，相对采用专用硬件的传统存储系统而言，在通用标准的开放式硬件平台使用软件也能实现所有的存储功能，这使得软件定义存储（Software Defined Storage，SDS）概念被提出来。相比于传统的分布式文件系统，除了实现存储功能，SDS在扩展性、可用性、灵活性、简化管理、降低总成本等方面具有明显优势。SDS典型的代表有VMware公司的VSAN[24]、EMC公司的ScaleIO[25]、Nutanix公司的NDFS[26]以及华为公司的FusionStorage[26]等产品。

近年来，基于SDS又扩展出支持计算、存储和网络资源三位一体虚拟化共享的超融合架构（Hyper Converged Infrastructure，HCI）概念，它使得多套单元设备可以通过网络聚合起来，实现模块化的无缝横向扩展，形成统一的资源池。由于超融合架构相对于传统分布式架构具有无单点失效、高性能、高可用、易扩展、性价比高、部署和维护简便的优点，传统的服务器厂商结合软件定义存储技术开发出一系列HCI产品。

针对大数据的存储管理挑战要求，当前被学术界和产业界广泛研究的高可扩展分布式文件系统有三种典型开源面向对象并行文件系统：HDFS、Ceph、Lustre。

3.2.1 HDFS

Hadoop分布式文件系统HDFS，设计思想源于Google文件系统，是Hadoop核心子项目之一。HDFS是一个高度容错的系统，适合部署在廉价的机器上，能提供高吞吐量的数据访问，非常适合大规模数据集上的应用。

❶ 体系结构

HDFS体系结构如图3-1所示，采用主从架构，包含一个主节点NameNode和多个从节点DataNode。NameNode负责维护元数据信息、文件目录树和管理文件系统命名空间，协调从节点数据块存储。从节点DataNode负责对该节点存储的数据块进行管理。NameNode与DataNode通过基于TCP协议的心跳检测机制实现通信。每隔一定时间（默认为3s），DataNode会向NameNode报告本节点存储能力以及资源使用信息，NameNode利用这些统计信息进行存储空间分配以及负载均衡，并使用心跳检测返回值封装发送给DataNode的指令。如果一定时间内DataNode未发送心跳，NameNode则判定该DataNode为“Deadnode”。

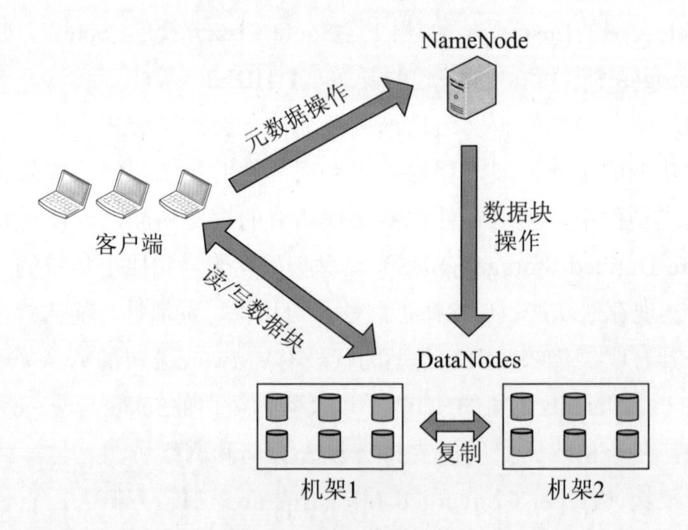

图3-1　HDFS体系结构

❷ 读写操作

HDFS读写模式为“一次写入，多次读取”。当客户端需要向HDFS写入数据时，首先向NameNode发送请求，NameNode检查请求客户端的权限以及需要创建的文件是否存在。验证通过后，NameNode在命名空间中为新文件创建记录，为客户端提供数据流对象和分配新的块（block）用于数据写入，并确定用于存储备份块的DataNode节点。为减小网络开销，存储备份数据块的DataNode节点会构成流水线（Pipeline）。这种流水线形式的写入模式极大节省了副本写入时间。

当客户端需要从HDFS中读取指定数据时，客户端同样先向NameNode发起请求，NameNode根据客户端需求返回其所需的数据块列表和数据块所在的DataNode地址。客户端获取到数据块物理地址后，从多个副本存储地址中就近读取。每读取完一个数据块，都要进行校验和验证，如果出错，则从剩下可选的该数据块副本中就近读取。

③ 系统特征

HDFS提供的大数据管理机制为用户级别的文件系统管理，主要特征有：超大数据块存储、流式数据访问、高可靠性等。多数文件系统中数据块大小通常为4～32KB，而HDFS中数据块大小默认为64MB，非常适合大数据应用场景。HDFS放松了可移植性操作系统接口（POSIX），虽然牺牲了移植性，但实现了数据的流式访问。由于通常部署在低廉的硬件上，HDFS被设计成具备高容错性的文件系统，对每个数据块都设置副本（默认为3份），通过机架感知（Raw-aware）策略存储在集群的多个节点，提高了数据的可靠性，同时改善了读取性能。

④ 存在的不足

HDFS存在的不足主要有：单点故障、访问延迟、单一进程写入等。主节点存在工作负载与单点故障问题。虽然HDFS设置二级NameNode（Secondary NameNode）替补，但由于备份的滞后性，仍会造成部分数据损失。HDFS以延迟为代价达到较高数据吞吐量，因此，HDFS不适合低延迟应用。HDFS写入机制目前只允许单一进程，对文件的修改也只支持追加方式，在一定程度上降低了HDFS文件写入效率。

3.2.2 Ceph

Ceph是主线Linux内核中可扩展高性能分布式文件系统，设计目的是在普通商用服务器集群上构建通用并行文件系统，主要应用于云计算领域。

① 体系结构

Ceph提供了一种分布式元数据存储体系结构，由客户端、对象存储集群、元数据服务器集群构成（见图3-2）。对象存储集群（Object Storage Devices，

OSDs）提供存储资源，以对象形式存储所有数据和元数据。对象存储设备具备一定智能，可以自动管理自身数据分布。元数据服务器（MetaData Server，MDS）管理命名空间，存储文件和目录相关信息，为集群提供元数据服务。MDS集群基于动态子树划分策略，自适应分配缓存元数据。另外，为保证文件系统的可靠运行，Ceph通过集群监视器（Monitor）与集群中所有节点保持心跳，监控各节点状态。集群监视器使用Paxos算法实现自身高可用性，避免了单点故障。

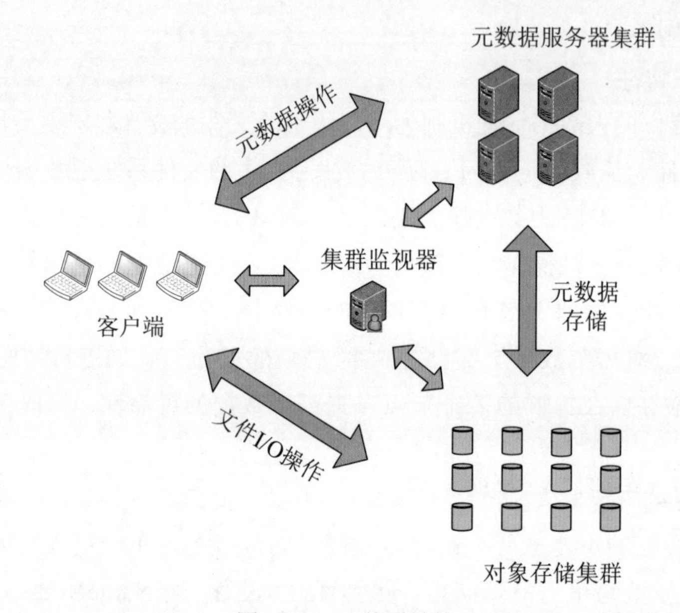

图3-2　Ceph体系结构

❷ 读写操作

当客户端需要读写某文件时，首先向元数据服务器发送请求。验证通过后进行文件名转换，得到文件inode号、所有者、大小等元数据信息。如果文件存在且客户端具有访问权限，则返回这些元数据。由于对象副本都是采用CRUSH分发到各个存储设备，因此，当客户端拥有这些元数据信息后，根据CRUSH算法，同样可以计算出包含该文件的所有对象名字和位置信息。这种基于计算的寻址方式，相对于传统分布式文件系统，去除了元数据服务器分配表查找所带来的单点故障，有效解决了系统扩展时元数据服务器产生的性能瓶颈问题。

为保证数据的强一致性，Ceph读写操作采用Primary-Replica模式，共存储三个副本：一个主副本（Primary）和两个从副本（Replica）。客户端只与主副本交互，将数据写入主副本的缓存中。之后主副本负责将数据同步到两个从副本。当三个副本的磁盘写入都完成后，由主副本向客户端发送Commit信号，说明写入操作完成。

③ 系统特征

Ceph文件系统主要特征有：数据与元数据解耦，最大化分离元数据操作与文件读写操作。通过CRUSH算法分配数据，完全摆脱分配列表。动态分布式元数据管理，基于动态子树划分，达到近似线性的元数据服务器扩展能力。可靠的自主分布式对象存储，充分利用每个对象存储设备的智能性，达到可靠的对象存储线性扩展。Ceph在很多方面考虑到了系统可用性，主要体现在：数据存储多副本冗余，节点失效时数据自动迁移和重新复制副本，元数据服务器的冗余设计，集群监视器自身的高可用性（不存在单点故障）。

④ 存在的不足

目前，Ceph文件系统不支持多个OSD并行读取操作。当有读请求时，都是主OSD向外提供数据。但系统中往往存储两个或多个副本，实现并行读取无疑会进一步提升系统性能。

3.2.3 Lustre

Lustre是第一个开源的基于对象存储的高性能分布式并行文件系统，最初由Cluster File Systems公司开发，目前由Oracle公司维护。通常用于科学计算和集群存储等大规模高性能领域，是目前高性能计算领域扩展性最好的文件系统。

① 体系结构

如图3-3所示，Lustre包含三个主要部分：客户端、对象存储服务器（Object Storage Server，OSS）和元数据服务器（Meta Data Server，MDS）。Lustre遵循POSIX标准，客户端使用虚拟文件系统层（VFS）向用户提供统一的文件系统操作接口。OSS负责文件数据分发和存储，每个OSS管理一个或多个对象存储设备（Object Storage Target，OST）。文件采用类似RAID0的分片方式存储在多个OST中。MDS提供元数据服务，提供全局命名空间，并维护元数据的一致性。每个MDS管理一个元数据目标（Meta Data Target，MDT），存储文件元数据信息。通常在集群中会部署两个元数据服务器，采用Active-Standby机制进行容错。

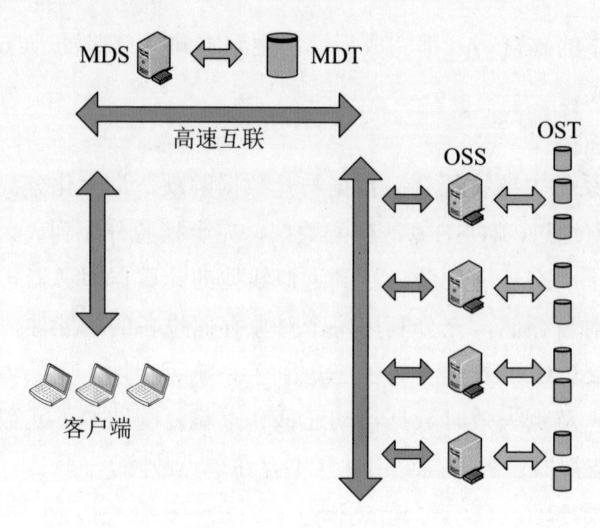

图3-3 Lustre体系结构

② 读写操作

在Lustre文件系统中，OST提供实际的文件读写服务。当客户端需要读写数据时，首先向元数据服务器发送元数据请求，当验证具有读写权限时，元数据服务器提供文件的分片布局（Stripe Layout）信息。之后，客户端直接与拥有文件分片的多个OST交互，进行并发读写操作。这种分片策略，提高了多用户访问的并发度和聚合I/O带宽，是Lustre获得高性能的主要因素；同时，采用分片便于Lustre存储超大文件，突破单一OST对文件大小的限制[28]。

为提高系统可靠性，Lustre对MDS和OST均设置了冗余。当客户端发现主MDS不可用时，会查询轻量目录访问协议（Lightweight Directory Access Protocol，LDAP）服务器获取备份MDS信息。备份MDS将替代主MDS完成客户端请求。客户端与OST交互时，若发现OST失效或超时，备用OST立即取代原OST，访问对象存储设备。如果未找到可用的备用OST，Lustre会阻止该OST的写入操作，并将写入操作定向到其他OST[29]。

③ 系统特征

由于采用Stripe分片在多个OST上存储文件，Lustre十分适用于并发的大文件读写应用，但在处理海量小文件读写请求时效果不佳。Lustre文件系统的写性能优于读性能，且对于相同环境下的读写操作，大文件性能优于小文件。Lustre采用分布式锁管理机制实现并发控制，能提供大量用户的并发访问。另外，Lustre还具有线性扩展能力、稳定性高、数据共享和并行访问、以及多种网络协议访问等特点。

4 存在不足

Lustre文件系统存在的不足有：通过对每个对象存储服务器采用RAID方法容错，成本开销较大；只能部署在特定内核的Linux平台，与Linux系统捆绑过于紧密；节点间故障切换依赖第三方心跳技术，无法实现数据镜像功能；OST无法自动达到负载均衡，需要手工进行数据迁移等。

表3-2对比了以上三种分布式文件系统。其中，Ceph提供了三种存储方式：块存储、文件存储以及对象存储。在采用块存储时，默认块大小为64KB，远远小于HDFS的64MB。因此，Ceph更加适合小文件存储。

表3-2 三种分布式文件系统对比

特征	HDFS	Ceph	Lustre
体系结构	主从块存储结构	基于对象存储	基于对象存储
元数据服务器数量	1.0版本为1个，2.0版本为多个	多个	1.0版本为2个且互为备份，2.0版本为多个
I/O接口标准	松弛POSIX	类似POSIX	POSIX
读写特点	一次写入，多次读取	主备模式	聚合写，无OST预读
可靠性	多副本提供可靠性	多副本提供可靠性	存储节点的RAID阵列提供可靠性
扩展性	1.0版本仅存储节点可扩展；2.0版本元数据节点与存储节点均可扩展	元数据节点与存储节点均可扩展	1.0版本存储节点可扩展，2.0元数据节点与存储节点均可扩展
适合场景	大文件读写	小文件读写	大文件读写
存在的不足	数据访问延迟高 不支持多进程写入和任意修改	不支持并行读	（1）RAID方法容错成本开销大； （2）与Linux内核捆绑过于紧密； （3）无法自动达到负载均衡

3.3 NoSQL数据库

在大数据时代，管理海量数据的数据库管理系统可分为关系型数据库（SQL）和非关系型数据库（NoSQL）。SQL数据库从20世纪70年代发展至今，技术已经十分成熟，对于很多给定问题都能提出很好的解决方案。典型的SQL数据库系统有Oracle公司的Oracle DB、IBM的DB2、微软的SQL Server和开源MySQL等国外数据库以及达梦公司的DM、人大金仓的KingbaseES等国内数据库。但随着数据规模和数据生产率急剧增加，在一些特殊场景下，尤其是面对海量数据处理时，关系数据模型可能并不是最好的解决方案，主要表现在以下几个方面：

扩展性：当数据量增长超过关系型数据库的承受能力时，SQL数据库就需要扩展。但这种扩展只能采取向上扩展（Scale-up）模式，即移植到更高配置、更快处理能力的服务器上运行。这种扩展模式成本较大，不是根本解决方案。

复杂性：SQL数据库中对数据存储形式的要求十分严格，所有数据都以表的形式存储。对结构化数据存储来说，这种限制并不存在，并且还能便于数据管理。但如果存储半结构化或非结构化数据，由于这类数据不完全符合数据表结构，需要用户定义复杂的数据库结构，会大大降低查询效率。

完备的SQL特性支持：对SQL数据库来说这是一大优点，但同时也是其性能瓶颈。在数据量很大的情况下，并不能严格满足SQL特性。放松其中的一些要求，反而会带来性能提升，这是在大数据场景下NoSQL数据库优于SQL数据库一个重要原因。

NoSQL数据库很好地解决了以上几种局限性。NoSQL数据库主要有三种类型：键值对（Key-Value）存储、列式存储和文档结构存储。

Key-Value存储以键值Key作为数据索引，可以存储结构化或非结构化数据，这类数据库有SimpleDB、Scalaris等。

列式存储以可扩展的列为单位将数据存入磁盘，便于扩展和压缩，Cassandra、HBase都是列式存储数据库。文档结构存储将数据组织为文档集合，而不是数据表形式，集合中可以包含任意数目文档，适合存储对象类型的数据，且模式自由。

文档结构存储较为典型的数据库有CouchDB、MongoDB。此外，图数据库如InfoGrid等，也是新兴的非关系型数据库。本文选择较典型、应用较广泛的HBase和MongoDB两种NoSQL数据库进行详细介绍。

3.3.1 HBase

HBase属于列式存储的NoSQL数据库，用于大规模数据存储和快速查询，是Hadoop项目中应用最广泛的NoSQL数据库。HBase起源于Google的BigTable，是分布式开源数据库。

❶ 体系结构

HBase采用主从结构模型，由一个HBase Master主服务器和多个HRegion

服务器构成（见图3-4）。HBase对数据表大小有个预设值，当数据表大小超过该预设值时，HBase会对表进行自动划分，分成不同的块，每一块成为一个HRegion。HRegion服务器对HRegion进行维护和管理，并负责具体数据的存储。HMaster服务器负责管理所有的HRegion服务器，包括负载均衡、HRegion分配和失效后的HRegion迁移等。为避免HMaster出现单点故障，HBase必须依赖ZooKeeper协调服务，保证任意时刻集群中有且仅有一个HBase Master在运行。

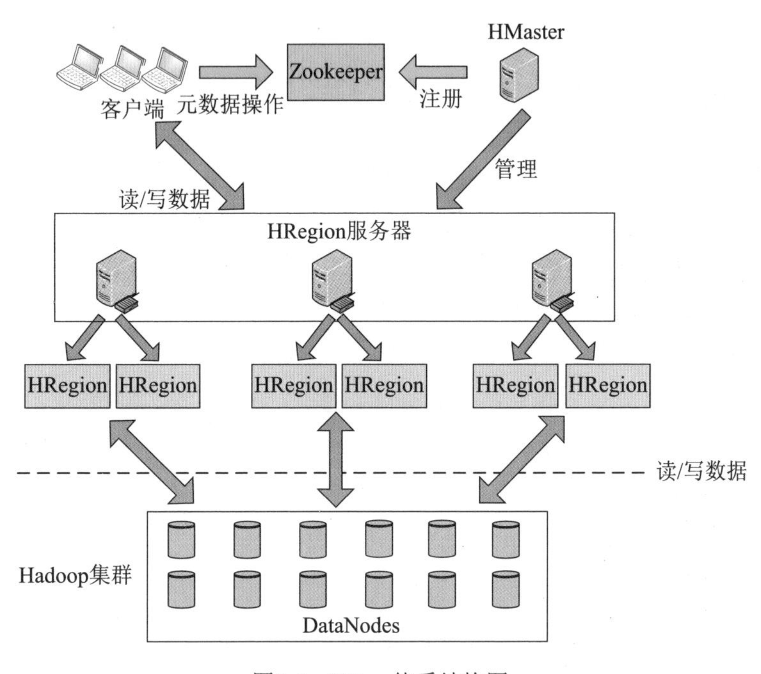

图3-4　HBase体系结构图

② 系统特征

HBase有以下几个特点：列式存储、随机读写、负载均衡等。HBase将用户数据存储在一个大表中。表中每一列都属于某个列族，列族包含一列或多列，支持动态添加。由于采用列式存储，HBase非常适合稀疏的非结构化或半结构化数据存储。HBase的运行需要底层HDFS支持，但HDFS不支持随机读写，HBase弥补了这一缺陷，因此比HDFS效率高。在系统伸缩过程中，HBase可以透明地进行数据重分区和迁移，实现负载均衡。除此之外，严格的一致性读写、实时查询的块缓存、布隆过滤器（Bloom Filter）以及完备的故障恢复机制等也都是其不可或缺的重要特点。

③ 应用场景

HBase的适用场景有：大规模非结构化数据存储、半结构化数据存储和随机访问，需要较高写吞吐量，以及需要进行动态扩展的应用。其中，典型应用场景为网络数据存储与Web搜索。爬虫抓取到网页信息后，按行存储到HBase表中，通过运行MapReduce作业，对存储的网页建立索引，从而提高搜索速度。

3.3.2 MongoDB

MongoDB属于文档存储类型的NoSQL数据库，采用面向对象思想，具有跨平台特性。MongoDB可以单独运行，也可以同Hadoop平台结合使用。

❶ 体系结构

为支持水平扩展，通常将MongoDB集群部署为分片集群（Shard Cluster），主要包括三种角色：分片服务器（Shard Server）、配置服务器（Config Server）、路由服务器（Route Server）。如图3-5所示，MongoDB支持自动分片，并分散存在不同的机器上，分片服务器的实例称为Mongod，用于存储数据块。为避免单点故障，分片服务器往往由一组Mongod组成，同组的Mongod存储的数据相同，构成复制集（Replic Set）。配置服务器的实例也称为Mongod，存储整个集群的元数据信息。集群一般包含一组配置服务器，每个配置服务器都存储集群元数据的完整拷贝，以提高集群可靠性。路由服务器的实例称为Mongos，负责数据分片、路由和协调。集群还包括仲裁节点（Arbiter），若分片服务器主节点失效，仲裁节点负责在存活的分片服务器中选举新的主节点。

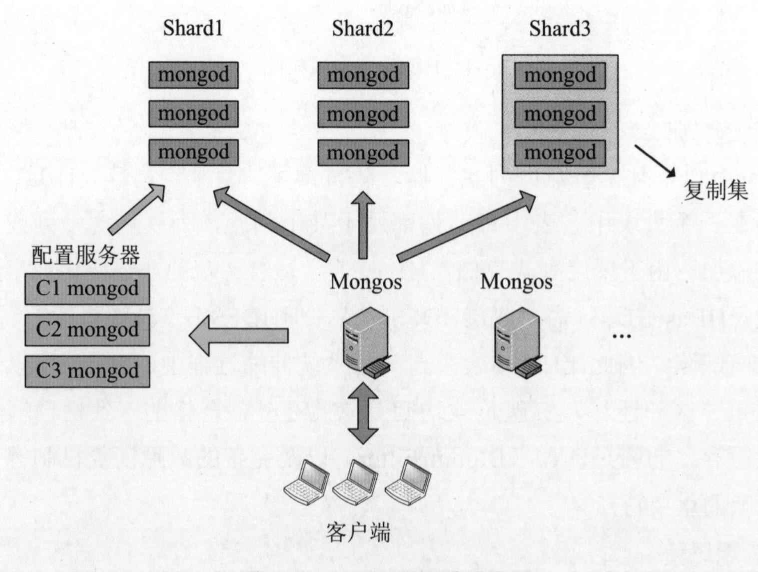

图3-5　MongoDB体系结构图

② 系统特征

MongoDB数据库主要特征有：面向集合存储、模式自由、二进制存储以及强大的SQL数据库功能等。MongoDB摒弃了SQL数据库中表（Table）和模式（Schema）的概念，采用面向集合（Collection）存储方式，可以存储任何结构的文件。文件均采用二进制存储，可以高效存储任何类型的数据。MongoDB支持建立完全索引，可以在存储对象的任意属性包括内部对象上建立索引。

③ 应用场景

MongoDB的适用场景有：Web应用、敏捷开发、分析与日志应用、缓存以及可变模式的应用[45]。Web应用通常需要定义大量的数据模型，MongoDB的文档（Document）提供了丰富的数据结构。MongoDB的无模式及模式自由特征，能够极大缩短开发时间，适用于敏捷开发和模式可变的应用。MongoDB的定向原子更新和限定集合数量两个特点十分适合分析与日志应用使用场景。表3-3对比了两种NoSQL数据库。在NoSQL数据库中，MongoDB与SQL数据库最相似。相比于HBase来说，MongoDB支持SQL数据库中的大部分查询和聚合功能。

表3-3　HBase与MongoDB对比

特征	HBase	MongoDB
类型	列式存储数据库	文档存储数据库
体系结构	主从结构	三种模式可选：主从、副本集、分片
存储位置	依赖HDFS	直接存储在本地磁盘，也可以使用HDFS
存储方式	按列族将数据存储在不同HFile中	整个文档存储在一个文件
分区	根据文件大小划分Region	根据负载分裂Shards
数据模式	模式自由（Schema-Free）	模式自由（Schema-Free）
查询方式	仅支持Row Key查询	支持集合查询、正则查询、范围查询、数据查询等多种查询方式
二级索引	不支持	支持
一致性	即时一致性	最终一致性，即时一致性
使用场景	网络存储、Web搜索等	Web应用、日志分析等

3.4 大数据仓库

虽然分布式文件系统HDFS和NoSQL数据库能够基本实现大数据的高效处理，但仍然存在使用上的困难，特别是对编程经验较少的用户。这对习惯使用

SQL语句查询SQL数据库的用户来说，必然会浪费一定时间和精力熟悉编程。针对使用中存在的这些问题，出现了一些支持大规模数据分析的类SQL数据仓库组件，比较常用的有Hive、Pig和Phoenix等。这些组件在编程接口层采用用户熟悉的SQL或类SQL语言，自动实现复杂的数据查询过程，用户无须关心底层实现，可以专心处理应用层工作，符合用户使用习惯，缩短任务周期，提高处理效率。

3.4.1 Hive

Hive是建立在Hadoop平台上的数据仓库[3]，是Hadoop平台中使用最广泛的数据处理组件之一。面向结构化数据，可以达到PB级数据处理规模。Hive底层基于HDFS和MapReduce，允许用户通过查询语句进行MapReduce操作。将用户熟悉的SQL数据库概念引入非结构化数据领域，提高数据分析效率，这也是Hive开发的最初目的。

① 体系结构

Hive体系结构如图3-6所示，主要构成模块有：元数据存储（MetaStore）、驱动（Driver）、查询编译器（Query Compiler）、Hive服务器（HiveServer）以及用户接口。元数据存储模块主要存储系统目录和元数据信息；驱动模块包括编译器、优化器和执行器；查询编译器负责将HQL（Hive Query Language）查询语句编译成MapReduce执行任务；Hive服务器提供集成其他应用的接口；用户接口包括CLI（Command Line Interface，命令行接口）、web UI和JDBC/ODBC驱动，其中最常用的是CLI。

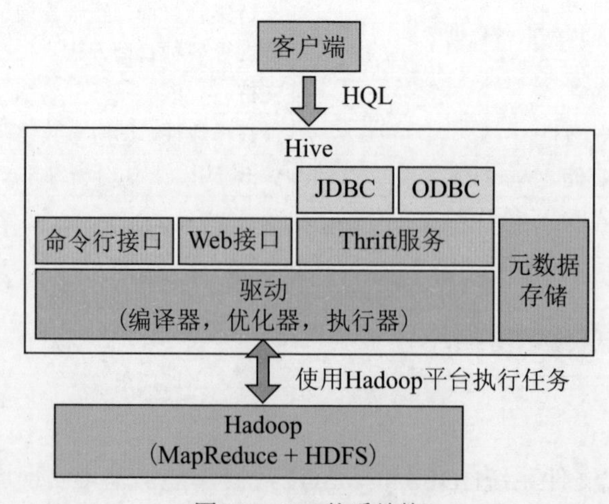

图3-6 Hive体系结构

② HQL与处理流程

Hive查询采用类SQL语言HiveQL（简写为HQL）。通过HQL语句，用户可以执行类似SQL语言的操作。Hive的数据模型有：表（Tables）、分区（Partitions）和桶（Buckets）。Hive中的表存储在HDFS的目录中，与数据库中表的概念相同。表的分区对应表下的相应目录，分区中的数据存储在对应的目录中。将表或分区中的指定列进行hash（哈希）运算，根据hash值进行数据的切分并分散到一定数量的文件中，每个文件就成为一个桶。这种处理可以将数据分散，支持高效采样。

Hive任务处理流程一般为：HQL查询语句通过用户接口被提交给Hive，驱动首先将查询交给编译器，编译器进行语法、类型检查和语义分析后生成逻辑上的可执行计划，优化器按照既定规则对此执行计划进行优化，形成以有向无环图形式呈现的若干个MapReduce任务，执行引擎根据任务之间的依赖关系，在Hadoop集群上执行。

③ 特点

Hive还有可延展性、较好的容错性及数据输入的低约束性等特点。由于建立在Hadoop集群上，Hive具备很好的可扩展性。但由于Hadoop集群采用批处理方式，导致任务执行的高延迟，因此，Hive不适合于实时在线处理。

3.4.2 Pig

Pig是Apache Hadoop的大规模数据分析平台[4]，与Hive技术互补，是Hadoop平台上另一个十分流行的大数据处理工具。在实际应用中，MapReduce暴露出很多问题：不能直接支持复杂的N步数据流操作，缺乏对多个数据流合并处理的支持，对频繁使用的数据操作需要手工编码实现等[51]。Pig的设计和实现，有效弥补了MapReduce的这些不足。

① 体系结构

Pig体系结构如图3-7所示。Pig需要在Hadoop集群上运行，底层使用HDFS进行数据存储，文件系统之上是Pig与HDFS的中间层Zebra库。Zebra为上层应用程序提供列式数据读写的路径访问库，库中两个核心类TableStore/TableLoad实现对HDFS的数据操作。最上层分别是Pig框架、MapReduce和Streaming。Pig框架通过Pig编程语言完成用户与系统的交互，MapReduce负责进行分布式计算，Streaming可以创建MapReduce作业，并监控作业执行。

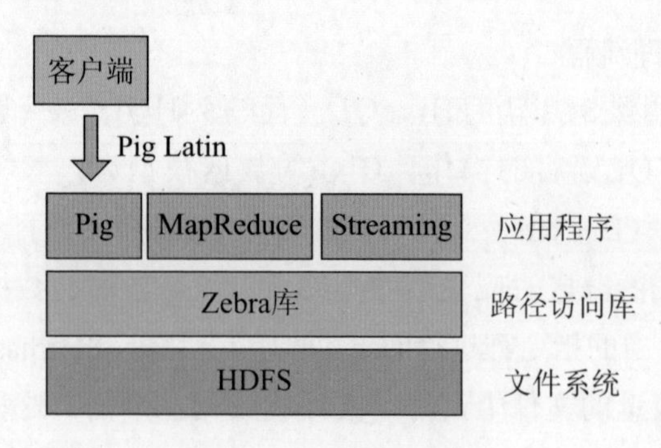

图3-7 Pig体系结构

❷ Pig Latin与处理流程

Pig编程语言为Pig Latin[4]，是一种序列化的类SQL命令式编程语言。传统数据库语言侧重于数据的修改与删除等操作，而Pig Latin侧重于数据查询和分析。使用Pig Latin文本语言实现高度并行的任务更加容易，并且系统的自动优化功能使得程序执行更加高效。Pig Latin对执行步骤的划分更加细致，逐步编程模式更加适合具有编程经验的开发人员。Pig Latin提供用户定义函数（User-Defined Functions，UDFs）。UDFs仍然保持了Pig Latin数据模型的灵活、可嵌套等特性，很好地扩充和完善了Pig Latin语言的功能，可作为Pig操作符使用。

Pig任务处理一般流程为：用户程序提交给Pig后，解析器验证程序语法、变量定义，生成与用户程序完全对应的逻辑上可执行计划，并组织成有向无环图。可执行计划的优化分为两个步骤：第一步在逻辑优化器中优化，优化后的可执行计划被编译成一系列MapReduce任务；第二步是MapReduce任务在MapReduce优化器中优化。最后，程序进入Hadoop平台执行。

❸ 特点

Pig对Hadoop平台上的MapReduce编程进行了更高一层的抽象，避免编写大量Map-Reduce程序，多用于数据采集之后的加工。在对数据流的处理中，Pig Latin语言赋予了开发人员更多的灵活性，可以大幅度缩减代码量。

3.4.3 Phoenix

Phoenix[5]是HBase为低延迟应用提供的高性能关系数据库层，实现了利用SQL语句操作HBase数据库的功能，在2014年开源。目前使用Phoenix的公司有PubMatic、阿里巴巴、Hortonworks、ebay、salesforce等。Phoenix主要开发者James Taylor认为现有的Non-SQL数据存储提供的SQL解决方案都不能水平压缩，当数据量变大时会遇到障碍。因此，开发了可伸缩性更好、响应时间更快的Phoenix。

① 体系结构

Phoenix体系结构如图3-8所示。Phoenix在HBase基础上，在客户端内嵌JDBC驱动，并在HRegionServer安装路径增加Phoenix引擎，将SQL查询编译为一系列的HBase scan，在多个节点上并行地进行scan操作，产生常规JDBC结果集。

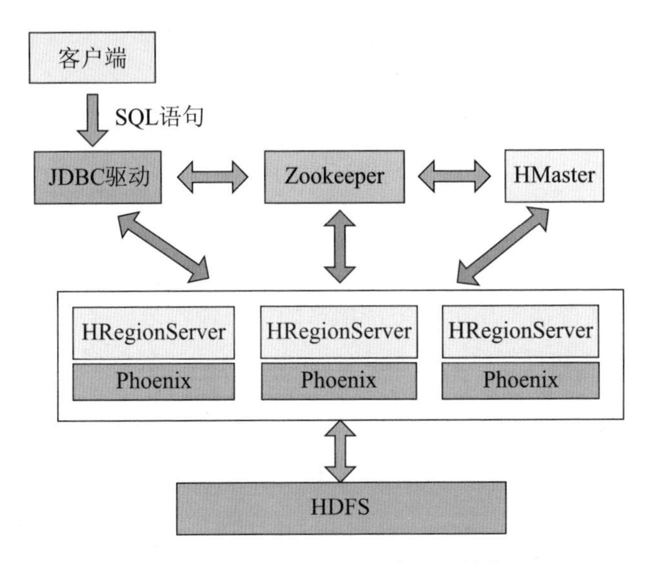

图3-8 Phoenix对HBase的SQL封装

② Phoenix特性

Phoenix具有一些值得关注的特性：实现了大部分java.sql接口、完善的查询支持、DDL支持、DML支持、版本化的模式仓库等。近期发布的Phoenix版本中，又增加了一些新的特性：

- 统计数据收集：通过收集操作数据表的统计数据来提高查询的并行性。
- 连接查询改进：低版本的Phoenix不支持连接（join）查询，在后续发布的版本中，这一功能正在逐渐改进，目前最新版本可以支持的连接查询操作有多对多连接（many-to-many joins）、外键优化连接（optimize foreign key joins）以及半连接/反连接（semi/anti joins）。
- 子查询：支持独立的子查询（在主要查询中嵌套的Select查询语句）和相关子查询（在Where或From语句中的Select查询语句）。
- 可追踪：对Upsert或Select查询的每一步执行以及执行时间都进行可视化展现。

- 本地索引：这是针对大量写操作且具有空间约束的一种索引策略，将索引和表数据放在同一服务器上，写操作不带来任何网络开销；另外，其他特性如增加Array类型、二级索引、CSV批量导入等也是在较高版本的Phoenix中实现的。

③ 优势

在HBase数据访问与操作执行之间增加SQL层抽象Phoenix，降低了HBase的使用难度，减少了代码量的编写，优化了查询操作的执行。例如对于GROUP BY查询，Phoenix可以利用HBase中协处理器（Coprocessor）执行，允许在HBase服务器上执行Phoenix代码，因此在服务器端可以进行聚合操作，减少服务器端和客户端的数据交换量，同时Phoenix可以对GROUP BY进行并行化处理，有效缩短执行时间。

表3-4对比了Hive、Pig和Phoenix。其中，Pig与Hive作为互补的两种技术，两者之间不可相互替代。在企业中，通常的任务流程是：采集原始数据、使用Pig进行数据加工（如进行格式转换）、将相应格式的数据后导入数据仓库Hive中，继而进行后续的查询与分析。

表3-4 Hive、Pig和Phoenix对比

特征	Hive	Pig	Phoenix
语言	HQL	Pig Latin	SQL
语言类型	类SQL语言	流处理语言，脚本语言	SQL语言
处理方式	转换成Map-Reduce任务	转换成Map-Reduce任务	转换成HBase的多个scan操作
是否支持直接访问HDFS	支持	支持	不支持，必须通过HBase访问HDFS
Join操作	支持	支持	仅高版本支持
JDBC/ODBC	支持（有限）	不支持	支持
Shell命令	支持	支持	支持
用户定义函数（UDF，User Defined Function）	支持	支持	支持
数据表元数据存储位置	RDBMS，默认采用内存数据库derby	无数据表概念	HBase
特点	可伸缩、可扩展、容错、输入格式松耦合	可扩展、易编程、自优化、可迭代	低延迟、高并行、自优化、移动计算到数据节点
功能定位	数据仓库； 用于数据分析，生成日常报表	数据加工：解析-转换-加载（ELT，Extract-Transform- Load）； 实现复杂数据管道	HBase的SQL层封装； 简化HBase使用难度，优化查询

除了以上介绍的类SQL处理组件外，其他一些SQL引擎也实现了SQL或类SQL语句查询到MapReduce任务的转换，可用于Hadoop平台中的SQL查询，如Cloudera Impala、Presto、Oracle Big Data SQL、IBM Big SQL等。另外还有用于研究领域的原型系统，如HadoopDB[6]（2009年提出，后来商业化为Hadapt）、YSmart[7]、JackHare[8]等。

3.5 本章小结

本章针对大数据管理面临的挑战，从不同层面选取典型的管理技术，从体系结构、读写特征、技术细节等方面分别进行简要分析。首先，分析和比较当前典型的分布式计算框架有批量数据处理系统MapReduce和Dryad、流式计算系统Storm、交互式数据处理系统Spark及图计算系统Pregel等。其次，比对分析面向海量数据管理的三种分布式文件系统：网络文件系统、SAN集群文件系统和面向对象并行文件系统。再次，针对关系数据模型在大数据管理扩展能力、复杂性和性能等方面的不足，详细介绍应用广泛的HBase和MongoDB两种NoSQL数据库。最后，针对分布式NoSQL数据库在SQL语句查询方面的不足，比较分析流行的Hive、Pig和Phoenix三种支持大规模数据分析的类SQL数据仓库组件，以提高大数据平台处理效率。

参考文献

第4章

重复数据删除存储系统

随着社会信息化的不断发展，信息存储的需求越来越广泛，企业数据中心的存储需求量越来越大，已从之前的TB级上升到PB级，甚至EB级。IDC估计在过去的五年内全球数字化信息量增长了近十倍[1]。在数据呈现指数级增长的同时，人们对信息化数据的依赖程度不断提高，这使得数据变得越来越重要。为提高数据的可用性，企业通过数据备份和容灾来实现数据保护，进一步加快了数据的增长。研究机构ESG的分析显示，企业每年需要管理的主存储量以50%～100%的速度增长，而二级数据副本也以12倍的惊人速度在增加[2]。然而，由于企业数据量的迅猛增长和数据快速存取的需求在不断提高，数据中心的海量存储容量和高带宽网络传输需求成为当前网络存储领域面临的严峻挑战。近十年来，重复数据删除技术的诞生和发展，为缓解这些问题提供了有效的技术支撑。

本章介绍重复数据删除技术的基本概念和分类，重点分析和总结当前重复数据删除存储系统的架构、技术原理、应用场景以及产业发展，为今后的研究方向提供指导。第4.1节介绍重复数据删除的概念和分类；第4.2节阐述重复数据删除存储系统的体系结构和基本原理，并与传统存储系统进行了对比；第4.3节概括重复数据删除技术的各种应用场景；第4.4节介绍重复数据删除技术相关的产品及开源项目。

4.1 重复数据删除的概念及分类

在2007年左右，研究者们在已有存储技术的基础上提出了重复数据删除技术，它能够极大地降低网络存储系统的存储开销，节省网络带宽。通过研究发现，在企业应用系统所保存的数据中，高达80%～90%的备份数据和归档数据是冗余的，这使得人们可能要花费超过管理不重复数据10倍的存储空间和管理成本[2]。另外，相对顺序存储访问的磁带，I/O性能更高、随机存储访问的磁盘已成为一种高存储密度、大容量的廉价存储设备，这使得磁盘取代磁带成为进行备份和归档的二级存储设备变得可行。正是数据内部高度冗余的特性和磁盘技术的迅猛发展，为重复数据删除技术的兴起提供了前提。重复数据删除技术通过消除磁盘上冗余数据来优化存储空间的利用率。在网络环境下，通过在数据发送端删除重复的数据来减少数据的传输量以节省网络带宽。此外，重复数据删除技术通过最大限度地利用已有的存储和网络资源，进一步降低数据中心的管理成本、能耗以及空间占用量。

4.1.1 基本概念

重复数据删除技术是一种当前热门的数据缩减技术，可以有效缩减存储系统的容量。它是基于数据自身的冗余度来检测数据流中的相同数据对象，只传输和存储唯一的一个数据对象，并使用指向唯一数据对象的指针替换其他重复副本，以达到减少网络传输和存储容量需求的过程。如图4-1所示，原始数据经过重复数据删除处理后，生成的数据仅剩不重复的唯一数据对象；又因为需有效管理唯一数据对象指针对重复数据对象的替换处理，需要增加额外的元数据来建立相应的映射关系。重复数据删除技术可以很大程度上满足日益增长的数据存储需求，主要带来以下几方面的优势：

- 满足企业投资回报率ROI（Return On Investment）需求；
- 可以有效控制数据的急剧增长；
- 有效提升存储空间利用效率；
- 节省存储总成本和管理成本；
- 节省数据传输的网络带宽；
- 节省机房空间、电力供应、冷却等运维成本。

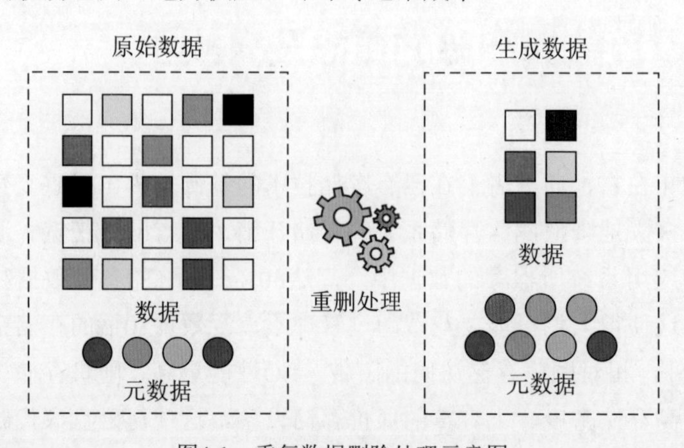

图4-1　重复数据删除处理示意图

我们可以将重复数据删除技术与其他数据缩减技术，如数据压缩、Delta压缩[19]进行对比分析。这三种技术在本质上都是通过检索冗余数据并采用更短的指针来实现缩减数据容量。它们的区别关键在于：技术基础、消除冗余范围、发现冗余方法、冗余粒度大小、处理性能瓶颈、具体实现方法、平均压缩率和安全隐患等诸多方面的不同，见表4-1。

- 数据压缩技术的前提是信息的数据表达存在冗余，以信息论研究作为基础；而重复数据删除的实现依赖数据块的重复出现，Delta压缩的实现依赖于数据块之间的相似性，都是数据缩减能力由数据集本身决定的实践性技术。
- 数据压缩技术（主要考虑无损压缩方法，如Ziv-Lempel压缩算法[41]）主要根据一些固定的模式字符串匹配来编码减少文件的大小，一般只能对存储卷内的单个文件起作用；而重复数据删除技术和Delta压缩均可以作用在文件系统的共享数据集内，但前者是基于数据块指纹匹配查询消除在存储系统中文件之间以及文件内的相同数据对象，后者则是基于数据块相似性检测消减存储系统中相似的数据对象。
- 数据压缩是工作在字节级的，由于仅在文件内比对处理，统计平均数据缩减率约为2∶1；而重复数据删除和Delta压缩都是对KB级数据块的粗粒度进行全局文件系统范围内的分析，但Delta压缩一般为定长分块，而重复数据删除可以为变长分块，使得Delta压缩的统计平均数据缩减率约为3∶1，重复数据删除则约为20∶1。
- 从在数据缩减处理性能瓶颈上看，数据压缩的瓶颈在于字符串匹配；Delta压缩的瓶颈不仅在于相似特征匹配，还有随着压缩数据越来越多的数据重建过程也会变得很慢；重复数据删除处理的数据变长分块、块指纹计算及对比都容易成为处理瓶颈。
- 不同于其他两种技术，重复数据删除技术因为使用加密哈希计算块指纹来标识数据块，存在因为哈希冲突而丢失数据的安全隐患。具体实现起来数据压缩已有技术标准，可直接对流式数据进行处理，透明地作用于存储系统或网络系统；而重复数据删除和Delta压缩现在还没有达成统一标准，需要对应用进行修改，难以做到透明实现，更多地以产品形态出现，如存储系统、文件系统或应用系统。

表4-1　数据缩减技术特征比对

特征	数据压缩	Delta压缩	重复数据删除
技术基础	信息论	相似数据块	重复数据块
消除冗余范围	单个文件	文件系统	文件系统
发现冗余方法	字符串匹配	相似性检测	块指纹匹配
冗余粒度大小	字节级	数据块级	数据块级
处理性能瓶颈	字符串匹配	特征匹配和数据重建	数据分块、块指纹计算与比对
具体实现方法	低（~2：1）	较低（~3：1）	高（~20：1）
平均缩减率	有技术标准，可透明地用于存储系统或网络系统	无技术标准，难以透明实现，以产品形态出现	无技术标准，难以透明实现，以产品形态出现
数据安全问题	数据不丢失	数据不丢失	存在哈希碰撞而丢失数据的隐患

在实际应用中[11][4][45]，重复数据删除技术往往结合数据压缩或Delta压缩以最大限度地缩减数据存储容量，提高资源利用率。值得一提的是，在同时应用数据压缩或Delta压缩和重复数据删除技术时，为了降低对系统的处理需求和提高数据压缩比率，通常需要先应用重复数据删除技术，然后再使用数据压缩技术进一步降低元数据和唯一数据对象的存储空间。如果顺序颠倒会出现什么样的结果呢？压缩会对数据进行重新编码，从而破坏了数据原生的冗余结构，因此再应用重复数据删除效果会大打折扣，而且消耗时间也更多。而先执行重复数据删除则首先消除了冗余数据块，然后应用数据压缩对唯一数据块进行压缩。这样，两种技术的数据缩减作用得到叠加，而且数据压缩的消耗时间大大降低。因此，先进行重复数据删除处理，再进行数据压缩或Delta压缩，可以获得更高的数据压缩率和性能。

4.1.2　技术分类

根据重复数据删除操作位置的不同，可以分为源端重复数据删除和目标端重复数据删除。源端重复数据删除，通常是直接在文件系统内实现，该方法在数据传输前进行重复数据删除，能够节省网络带宽。由于可以获取数据使用和格式信息，能够更有效地缩减数据；此外，在源端的处理也便于系统扩展。不过，这种方法在前端应用或者文件服务器上要消耗CPU资源，并要在源端配置相应的软件；这样的设计还可能存在被欺骗攻击的威胁。在目标端进行重复数据删除宜采用硬件来实现，不需要在源端进行软件配置，可以直接比对来确定重复的数据对象；但在目标服务器或者存储设备上也要消耗CPU资源，并且数据被传到目标端后可能被丢掉。

而根据进行重复数据删除操作时机的不同，又可以分为在线（Inline）重复数据删除和离线（Out-of-line）重复数据删除。在线重复数据删除能够即时缩减数据，最小化磁盘存储需求，也不需要进行后处理，并且对于数据传输源端的在线重复数据删除能够节省网络带宽；其缺点是取数据容易成为瓶颈，每个I/O数据流只能有一个消重进程，在目标端服务器上不再支持消重。离线重复数据删除，又称作后处理（Post-process）重复数据删除，是在目标端对数据进行消重，不会影响数据备份操作，可以并行地进行数据消重。该方法存在的问题是数据必须处理两次，在存储到磁盘之后还要进行独立的后处理消重，容易影响正常磁盘I/O操作的性能。由于数据必须保留到重复数据删除之前，需要在磁盘上保留足够大的空闲空间；此外，离线重复数据删除不能有效地节省网络带宽。

按进行重复数据删除操作粒度的差异，可以分为文件级、块级和字节/比特位级重复数据删除。文件级重复数据删除保证文件不重复，而块级重复数据删除则需将文件分成数据块进行比较。根据划分数据块的长度是否可变，又可分为定长块和变长块的重复数据删除技术，变长块重复数据删除实现起来较定长块重复数据删除复杂，但能够灵活地挖掘出更多的数据冗余。字节/比特位级重复数据删除按字节/比特位比对来保存数据变化的部分，往往结合数据压缩技术来实现。重复数据删除操作的粒度越小，删除的冗余数据越多，但实现的复杂程度和系统开销也相应增加。

根据进行重复数据删除处理的节点数目差异，可以分为单节点重复数据删除和分布式重复数据删除。单节点重复数据删除可以通过纵向扩展（Scale-up）提高节点内的资源配置来提升重复数据删除的处理能力，支持数据中心数据量的快速增长，具有较高的系统吞吐量。此外，由于单节点重复数据块指纹比对处理只需要在本节点上查找，能够获得很高的数据缩减率。随着数据中心分布式管理的海量多样化数据的不断增长，单节点重复数据删除可能无法满足大数据管理在容量和性能上的可扩展性需求，需要通过横向扩展（Scale-out）多个存储服务器节点来构建分布式重复数据删除。它往往选择松耦合的分布式块指纹查询比对处理，先通过数据路由机制将数据对象指派到不同的存储节点，然后在节点内进行独立的重复数据删除处理，以降低分布式处理的性能开销，极大地提升系统吞吐量，但由于分布式重复数据删除无法完全避免节点间存在重复数据，获得的数据缩减率较单节点模式低。

根据重复数据删除操作范围的不同，可以分为局部重复数据删除和全局重复数据删除。局部重复数据删除是指仅对大规模共享数据集的部分数据进行重复数据块查询比对，例如在集群存储系统中，只比对节点本地的数据集，而不去查找其他节点上的数据块指纹信息，这种方法往往处理速度快，但数据缩减率低。全局重复数据删除能够对共享数据集内的所有数据进行重复查询比对，对于集群存储系统而言，不仅要对比节点内部的数据集，还要和集群内所有其他节点上的数据进行比对分析。这样进行全局重复数据删除能够获得很高的数据缩减率，但也相应地提高了系统开销。

根据重复数据匹配效果的差异，还可以分为精确重复数据删除和近似重复数据删除。精确重复数据删除能够根据数据块指纹比对，将共享数据集内的重复数据块全部删除掉，当然这需要耗费大量的系统资源进行全局精细的查询操作，对性能影响较大，存储系统的空间利用率很高。近似重复数据删除是为降低重复数据比对查询对系统性能的影响，仅进行模糊查询或局部查询，不保证将重复数据块全部删除，共享数据集内可能有部分重复数据块存在。这也是一种常用的降低存储空间利用率来优化重复数据删除吞吐量的策略。

根据系统应用场景的不同，可以分为通用型重复数据删除系统和专用型重复数据删除系统。通用型重复数据删除系统是指厂商提供通用的重复数据删除产品，而不是和特定虚拟磁带库或备份设备相联系。专用型重复数据删除系统是和特定虚拟磁带或备份设备相联系，一般采取目标端重复数据删除方式。

此外，根据实现方式的不同，重复数据删除能够在硬件层面或软件层面上来实现，或者两者结合实现。基于软件的重复数据删除适合消除数据源端的冗余，而基于硬件的重复数据删除适合目标存储系统本身的数据缩减。虽然基于硬件的重复数据删除无法提供网络带宽补偿，而在源中进行软件重复数据删除时有可能获得带宽补偿，但是基于硬件的重复数据删除具有性能优势，压缩级别通常会更高，并且基于硬件的重复数据删除产品需要的维护更少。

4.2 重复数据删除存储原理

4.2.1 系统架构

重复数据删除存储系统包括文件访问协议、文件服务、内容分析、数据块过滤以及块存储等层次。如图4-2所示，顶端为文件访问协议层，可以支持若干种文件访问协议，如NFS、CIFS、VTL或iSCSI等。通过文件访问协议层将存储子系统网络化，实现高速共享存储的目标。在访问协议层以下是包括各种标准的文件服务接口的通用文件服务层，它负责管理文件系统的元数据和名空间。传统的存储系统在文件服务层之下即为块操作接口，而重复数据删除系统在文件和数据块之间，定义了一种抽象的数据对象——块（Chunk）。块是对文件进行内容分析的基本单位，它可以是一个文件，也可以是一个数据块。为了进行重复数据删除，内容分析层按照数据划分策略将文件划分成若干个块，同时计算出每个块的特征值。这样，文件可以通过其所含数据块的特征值列表来表示，而不是逻辑块地址信息。数据块过滤层比对块的特征值来确定块是否为重复的。块存储则负责存储唯一的块，并可以结合数据压缩来存储块。为支持快速查询，重复数据删除系统建立了块索引来保存块的特征值以及块到逻辑块的对应关系等信息。

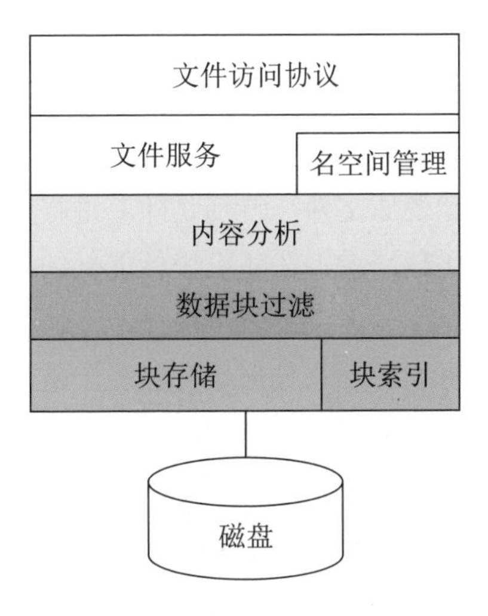

图4-2 重复数据删除存储系统结构

4.2.2 主要步骤

从系统结构的块图可以看出，重复数据删除存储系统基于内容寻址，对数据进行重复数据删除的基本原理大致可以划分为六个步骤：

- 数据划分：将文件按照给定的数据划分策略分割成若干个小的数据对象——块，并为文件建立一个块列表。一般选择的块越小，消除数据冗余的强度越高。然而，块越小，元数据量也会相应增加，系统管理更加复杂。
- 块指纹计算：基于每个块的内容选择一个指纹来标识它，并将指纹值添加到块列表中。期望的块指纹是唯一标识数据块，一般选择抗冲突加密哈希值作为其指纹，如SHA和MD5等算法。尽管有研究者因为哈希函数存在碰撞和生日悖论对此表示怀疑[27]，但很多人认为相比于硬件出错，抗冲突加密哈希碰撞引起的出错概率更小。
- 块索引查询：在存储数据块指纹的块索引中，对块的指纹进行查询比对以确定相同数据。如果发现块索引中有相同的块指纹，则不需要再保存块；否则需要对唯一的数据块进行存储。在获取文件时，通过文件的块列表和块索引即可找到相应的块。随着存储系统的扩展，块索引会越来越大，很容易使相同检测成为整个重复数据删除过程中的瓶颈。
- 数据存储：将不重复的块保存到存储介质上，也可以结合数据压缩处理后存储来进一步节省空间，并将块指纹以及块物理地址到逻辑块的映射信息保存到块索引中，便于以后进行重复检测和文件还原时用。
- 数据还原：在重复数据删除处理后，需要通过读文件元数据中的块列表和块索引信息才能还原文件。特别是随着进行重删处理的文件越多，文件的块存储碎片化越严重，在随机读性能低的磁盘介质上，文件读性能会下降很快。
- 垃圾回收：由于重删后一些数据块会被多个文件共享，在进行文件删除时不能即时将相应的数据块全部删除，需要通过一种垃圾回收机制来定期确定哪些数据块的存储空间可以被清理回收。

不同于传统的基于文件名的寻址方式，重复数据删除系统基于内容寻址，能够消除重复的数据，提高空间利用率。由于增加了重复数据删除处理过程，重复数据删除存储系统较传统存储系统的I/O性能要低。由于每次只写新的数据，重复数据删除系统具有顺序写、随机读的特点，其读性能往往不如写性能。随着数据集冗余度的提高，重复数据删除系统能够大量减少存储数据过程中的写操作，写性能也会有相应的提升。另外，基于重复数据删除技术的文件系统一般都存在删除操作性能低的缺点。不同于传统存储系统，重复数据删除系统在删除文件时需要先检测删除文件的数据块是否与别的文件共享：如果还有别的文件共享该数据块，则只能修改块的引用数，而不能删除它，直到数据块的引用数为零时，才能真正删除该数据块。这使得删除操作成为重复数据删除系统中一个非常耗时的操作。有时，为方便数据审计和安全管理的需要，通过增加保留锁可以很容易实现数据的不可擦除和不可重写特性[28]。此外，重复数据删除系统支持对象存储技术[18]，方便对数据的管理。综上所述，与传统存储系统相比较，重复数据删除系统具有很多不同的特点，两者比较见表4-2。

表4-2　重复数据删除系统与传统存储系统比较

对比项目	传统存储系统	重复数据删除系统
寻址方式	基于文件名寻址	基于内容寻址
空间利用率	低	高
I/O特征	随机读写/顺序读写、删除快	顺序写/随机读、删除慢
I/O性能	高	较高
对象存储	不支持	支持
数据安全性	低	高
系统管理	复杂	简易

4.2.3 衡量指标

重复数据删除技术的衡量维度主要有三个，分别是：数据缩减率、吞吐量以及重复数据删除效率。重复数据删除处理的吞吐量主要取决于具体重复数据删除过程的技术实现。为获得更高的数据缩减率，往往需要牺牲一些性能，这会影响系统的吞吐量；反之，降低数据缩减能力，一般可获得更高的吞吐量。而影响数据缩减率的因素除了重复数据删除实现方法外，还有数据自身的特征和应用模式。目前，各存储厂商公布的重复数据删除率从20∶1到500∶1不等。重复数据删除效率能够综合考虑数据缩减能力和吞吐量，可定义为单位时间内减少存储或传输的数据量（如：系统平均每秒节省8MB空间），是一种评价重复数据删除技术运行效率的理想指标。

4.3 重复数据删除技术应用场景

企业数据中心的存储需求量越来越庞大，已从之前的TB级上升到PB级，甚至EB级[12]。由于企业数据量的迅猛增长和数据传输率要求的不断提高，数据中心的海量存储空间和高带宽网络传输需求成为当前网络存储领域面临的严峻挑战。面对日趋复杂的庞大数据集，日益增多的潜在错误、威胁和灾难易造成的信息存储系统破坏和业务中断，从而产生巨大的经济损失。基于数据备份和容灾的数据保护措施至关重要。通过研究发现，在备份和容灾存储系统中，高达80%～90%的数据是冗余的[12]，基于虚拟机的主存储系统中也有80%的数据冗余[13]；利用这些应用数据集高度冗余的特性，研究者们在已有存储技术的基础上提出基于重复数据删除技术的优化策略，它能够极大地降低网络存储系统的存储空间开销，同时节省网络带宽，并进一步降低数据中心的能耗和管理成本。

不同于传统的数据压缩技术只能有效消除文件内的统计冗余，重复数据删除不仅可以消除文件内的重复数据，还能消除共享数据集内文件之间的重复数据；并且重复数据删除可在更粗的粒度对海量数据集进行快速、可扩展的存储处理和优化，获得比传统压缩技术更高的压缩率。因此，重复数据删除技术是一种面向大数据的压缩技术，具有高压缩率、高可扩展和高性能的特点。针对海量复杂的应用数据集，我们可进行大规模在线分布式的大数据重复数据删除处理。

如图4-3所示，重复数据删除已被广泛应用于云数据中心的数据备份与归档、远程数据容灾、虚拟化环境、主存储系统和新型存储介质等应用场景，在提升IT资源利用率、节省系统能耗和管理成本等方面有明显优势。

4.3.1 数据备份

数据中心需要进行定期备份保护数据不丢失，而备份数据集中存在大量重复数据。在传统数据保护中无法实现重复数据删除，往往采用廉价的磁带库作为备份设备，而磁带备份在备份窗口、恢复速度方面难以满足用户的需求。重复数据删除技术能够识别并消除冗余的数据段，从而使得备份消耗的存储空间大幅减少，为数据保护领域带来革命性突破，有效地改善了磁盘数据保护的成本效益。这使得企业可以存储数月的备份数据以确保快速地恢复以及更频繁地备份，缩短备份窗口，创建更多恢复点，同时还可以通过减少磁盘容量和优化网络带宽节省更多经费。云备份作为当前一种流行的在线数据备份方式，利用源端重复数据删除技术不仅可以减少云存储空间的使用，还能够极大地节省网络带宽资源和缩短备份窗口[50]。

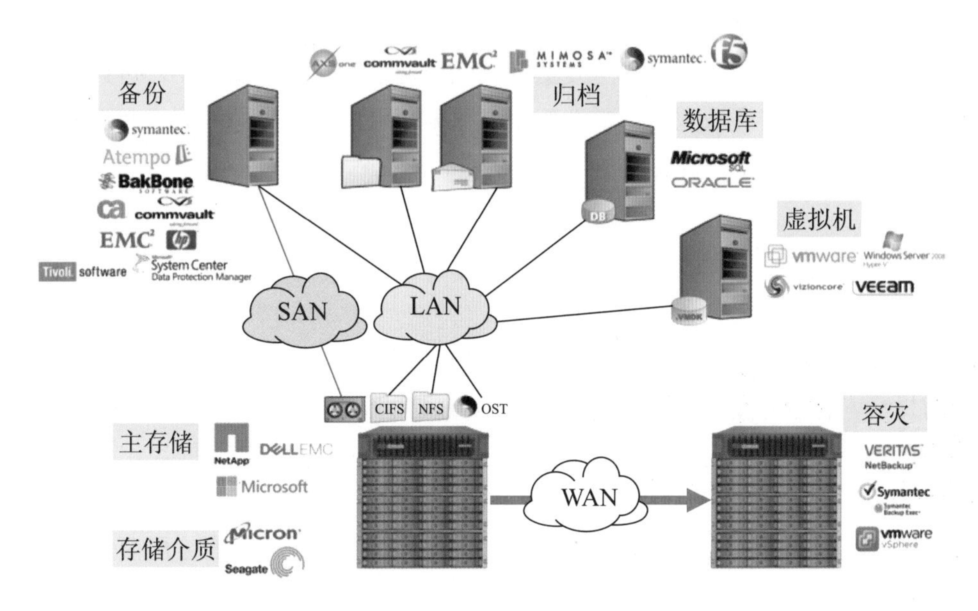

图4-3 重复数据删除应用场景

4.3.2 归档存储

由于参考数据的数量不断增长，而法规遵从要求数据在线保留的时间更长，并且由于高性能需求需要采用磁盘进行归档，因此，企业一旦真正开始进行数据的归档存储就面临成本问题。理想的归档存储系统应能满足长期保存归档数据的需求，并且总拥有成本也要低于生产环境。在归档应用中，存储的数据主要是文件在不同时间的各个历史版本，版本间的差异通常并不是很大，文件中往往有相当一部分内容并未发生改变，重复数据删除技术通过消除冗余实现高效率的归档存储[34][35]，具有较大的应用空间和效能，从而实现最低的成本消耗。

4.3.3 远程容灾

容灾系统是在相隔较远的异地，建立两套或多套功能相同的IT系统，互相之间可以进行健康状态监视和功能切换，当一处系统因意外（如火灾、地震等）停止工作时，整个应用系统可以切换到另一处，使得该系统功能可以继续正常工作。在远程容灾系统中，需要将本地的数据更新快速复制到异地的系统中。随着数据量的不断增长，数据传输的压力越来越大，源端重复数据删除技术在数据传输前检测并删除重复的数据，可以有效地减少传输的数据量，提高数据传输速度[10]。因此，基于重复数据删除的远程数据容灾优化[50]，可以进一步提升存储和网络资源利用率，并解决大数据环境下经济高效的海量数据容灾所面临的业务连续性、系统扩展性和建设成本挑战。

4.3.4 虚拟化环境

随着虚拟化在数据中心的广泛应用，服务器的计算资源利用率得到了很大的提高，但物理服务器的存储资源却很容易随其容纳虚拟机数目的增长而成为瓶颈。重复数据删除存储系统可以有效地消除相同内容数据块，极大降低虚拟机镜像的存储开销[46]；并且通过减少物理磁盘写操作，可优化存储系统的I/O性能。另外，物理服务器的内存资源也会随着虚拟化的应用而趋紧，重复数据删除技术也可以应用于多虚拟机共享物理服务器的内存管理[47]；由于这些虚拟机运行相似的操作系统和应用程序，重复数据删除技术可以与内存压缩技术兼容，并通过内存页共享机制，可以极大地减少虚拟机的内存占用量。

4.3.5 主存储系统

主存储存放着企业的关键业务数据，用户出于安全性以及对生产系统不影响的考虑，对重复数据删除技术的应用考虑会很慎重。与备份不同的是，在主存储上，系统随时都在进行I/O交换操作，主存储数据的改变随时都在发生，这种特性也决定了主存储不会像备份领域那样存在着大量的重复数据，仅有20%～30%的重复数据[14]，并且还可能存在很大的安全代价。因此，主存储重复数据删除可以很好地对那些办公数据、文件、图像进行压缩处理，从而达到主存储空间利用最大化；但不适合于I/O操作异常频繁的结构化或半结构化数据，重复数据删除技术所节省下来的存储成本可能会获得非常之大的安全风险。

4.3.6 新型存储介质

随着半导体技术的快速发展和大数据处理应用对存储系统需求提升，传统磁盘存储系统难以满足当前需求，存储I/O瓶颈越来越突显。近十年来，一些新型存储介质迅速发展，如闪存（Flash）、相变存储器（PCM）、磁随机存储器（MRAM），以及忆阻器（Memristor）等。它们具有非易失、高性能、低延迟、低功耗等优势，为存储系统的性能提升带来新契机的同时，也为计算机系统的软硬件设计带来了新的问题与挑战。比如闪存和相变存储器都存在读写性能不对称、有限的写入次数等问题，而这些特性给写密集型的应用带来了严峻挑战。重复数据删除技术可被应用到闪存中实现内容感知闪存技术[48][49]，如图4-4所示，它通过去除闪存写路径中的重复内容写操作，不仅能够提高闪存的空间利用率，还能减少平均响应时间和延长闪存的使用寿命。类似地，重复数据删除技术也可应用于相变存储器，通过即时去除重复内容写，提升相变存储器的读写性能、系统可靠性和使用寿命。

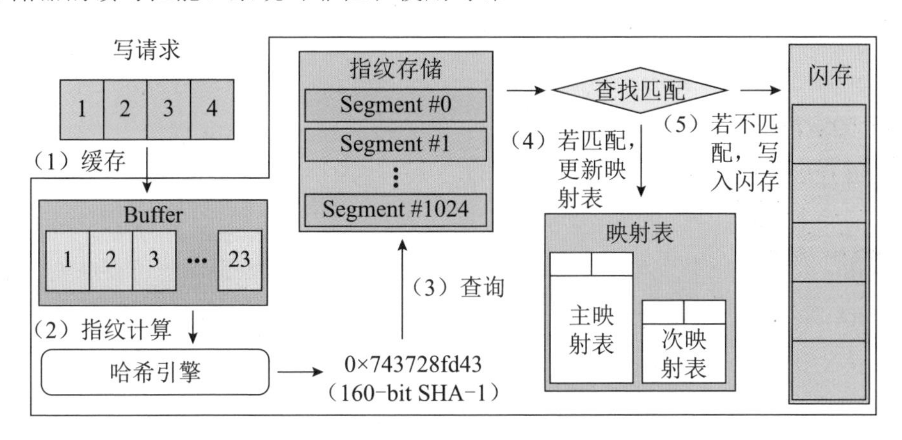

图4-4 固态硬盘重复数据删除处理过程[48]

4.4 相关产品及开源项目

在当前的存储系统研究领域内，重复数据删除技术已经成为近十年来的一个研究热点。国内外主要存储研究机构都在关注该技术，如美国的UCSC、

MIT、Stanford等大学，还有英国的剑桥大学、德国的Paderborn大学，以及国内的清华大学、国防科技大学和华中科技大学等。一些国际知名的IT公司，如Dell EMC、HP、IBM、Quantum、NEC、Symantec、FalconStor和华为等也在研发相关的产品。目前，重复数据删除技术已开始广泛应用于企业数据备份、容灾以及虚拟机镜像管理中。现有的基于重复数据删除技术的商业产品和存储系统有：EMC Data Domain的DDFS文件系统、EMC的Centera系统和Avamar备份恢复软件、HP公司的D2D系列产品、IBM公司的Tivoli Storage Manager、Quantum公司的Dxi Series产品、Sun公司的ZFS文件系统、NEC公司的Hydrastor系统以及Symantec公司的PureDisk等。此外，当前热门的开源重复数据删除项目有Lessfs[38]和OpenDedup[36]等。

4.4.1 企业产品

❶ Centera系统

Centera由EMC公司2002年4月推出，是世界上第一个内容寻址存储（CAS, Content-Addressed Storage）解决方案。Centera内容寻址系统可以满足存储和管理“固定内容”（不改变的数字资产）的独特需要。Centera 提供了快速、易用的在线存取，具有保证内容的原真性以及 PB 级的扩展能力。Centera提供了一种简单、可扩展而且安全的存储解决方案，为种类广泛的固定内容提供经济高效的保留、保护和处置功能。优异的性能、无缝的集成和经验证的可靠性使 EMC Centera 实际上已成为任何应用程序和数据类型的在线企业存档标准。Centera可以支持NAS与SAN的网络架构，扮演的是近线（Near-line）存储的角色。

❷ Avamar备份恢复软件

Avamar是一款备份和恢复软件，它通过完整的软件和硬件解决方案快速高效地备份和恢复。Avamar 配备集成式可变长度重复数据删除技术，可以方便地对虚拟环境、远程办公室、企业应用程序、网络连接存储（NAS）服务器和台式机/笔记本电脑每日进行快速、完整的备份。Avamar解决与传统备份相关的各种挑战，为远程办公室、数据中心LAN 和VMware 环境提供快速而可靠的备份和恢复。Avamar首先使用获得专利的全局重复数据删除技术来识别数据源中的冗余子文件数据段，将每日备份数据量最高降至原来的1/500，之后再通过网络传输这些数据并将其存储到磁盘，将备份速度最高提升10倍。这样，即便在网络拥堵和WAN 链接受限的情况下，公司依然能够执行每日完整备份。Avamar还能够对动态数据和静态数据进行加密，并利用 RAIN 技术可跨节点提供容错并消除单点故障。

③ Data Domain存储系统

Data Domain的成功源自将磁盘存储技术成功地应用于备份领域，并且成功地替换掉体积庞大、性能低下的传统磁带库技术，从而使得磁盘备份成为数据备份领域的主力军。Data Domain设备无论在性能还是在数据去重效率方面都很突出，主存储的数据直接或者通过备份服务软件备份到Data Domain设备。2009年，Data Domain被EMC收购。2015年，EMC又被DELL收购。Data Domain是一种目的端数据去重的设备，和Avamar之类的源端去重设备结合起来，将可以打造令人满意的磁盘备份系统。

Data Domain重复数据删除的核心模块是DDFS文件系统，如图4-5所示，该模块本质上是完成了块级重复数据。一个文件可以表示成多个块的物理组合。重复数据删除的单元就是文件所管理的块。DDFS具有完备的Name Space管理、文件管理。又因为其是一个重复数据删除系统，因此，和其他文件系统相比多了一层重复数据删除。由于Data Domain系统定位备份领域，I/O模式以写为主，日志结构文件系统是一种非常适合的高效实现方式。相应地，其引入的问题是需要进行脏块回收，并且对读过程有一定的性能影响。

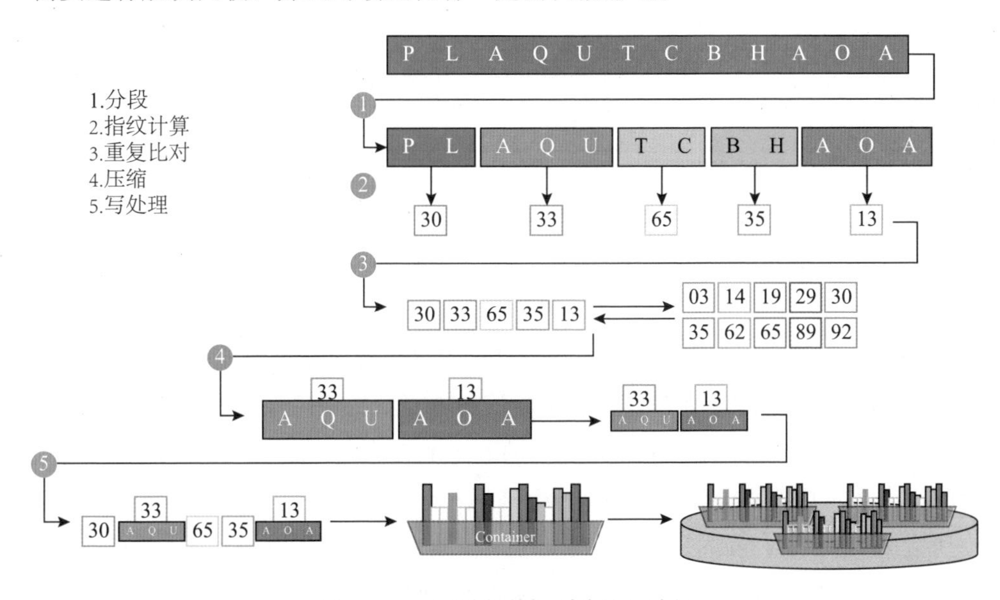

图4-5 DDFS重复数据删除处理过程

④ D2D备份系统

HP公司的StorageWorks D2D 备份系统是可为数据中心和远程办公提供基于

磁盘的数据保护。它实现多台服务器备份任务的自动化，并将其整合到一台机架式设备中，同时减少因介质处理而导致的失误，进而提高备份可靠性。D2D备份系统均配备HP StoreOne重复数据删除软件，能够节省多达20倍的磁盘空间，实现更长时间高效的备份数据保留，同时支持网络高效的数据复制，经济高效地将数据传输到异地以供灾难恢复使用。D2D备份系统采用高性能多流备份方式，能够以最高4TB/小时的速度向磁盘系统进行备份，并利用硬件RAID5和RAID6技术降低因故障造成的数据丢失风险。D2D备份系统可以无缝集成到各种IT环境中，支持网络连接存储（NAS）和虚拟磁带库（VTL）两种目标。

⑤ IBM TSM存储软件

IBM公司的Tivoli Storage Manager（TSM）是数据保护、空间管理和存档、业务恢复能力和灾难恢复等领域领先的存储管理软件解决方案。它是 Tivoli 统一恢复管理（Unified Recovery Management）平台的基础，帮助客户通过单个管理控制台高效地管理他们的企业级数据存储基础架构，包括从笔记本电脑到大型机以及从远程办公室到数据中心。TSM依靠存储备份以及离线存储的数据拷贝，有效保护企业数据，同时可保护上百台运行不同操作系统的计算机。IBM公司在TSM 6.1版本中加入了重复数据删除功能。目前，TSM 提供两种选择实现方式：客户端重复数据删除和服务器端重复数据删除。两种方式都使用同样的算法识别冗余数据，但是删除处理的时间和地点各不相同。管理员可以通过调整参数指定要使用的重复数据删除位置。TSM服务器端和客户端重复数据删除支持共享源设备以及目标设备生成的数据区段，也可以在文件上进行。无论是哪种情况，区段都可以在两个节点以及不同文件间重用。

⑥ DXi系列产品

Quantum公司推出DXi系列重复数据删除设备，提供高可扩展性和移动性以及行业领先的单位容量存储成本。DXi系列设备可提供从数十到上百TB的广泛可用容量，通过高密度磁盘提供按需容量的重复数据删除设备。在确保安全、性能和价值功能的基础上，DXi系列提供了一个简单的“按需付费”重复数据删除解决方案，特别适合数据中心、托管环境和远程站点使用。昆腾DXi系列设备中所含的重复数据删除技术将是近十年来，新型数据保护领域最重要的进步之一。与传统的基于磁盘的方法相比，该技术通过删除冗余数据，使客户可在快速恢复磁盘上存储10～50倍的备份数据。重复数据删除还将不同地点间基于广域网的复制作为一项实用工具，防止站点丢失，降低在分布式环境中对于可移动介质的管理要求。

⑦ HYDRAstor系统

NEC美国公司在2007年推出了HYDRAstor体系结构产品，其初步设计主要面向高性能计算市场以及对于速度要求较高的并行数据存取。HYDRAstor是一款基于磁盘的存储系统，结合了备份和归档功能，采用了模块化结构，还包括重复数据删除和数据压缩等功能。整个系统包含许多独立的两类节点："加速器"节点和"存储器"节点。"加速器"节点可以处理高性能的以太网连接和NFS与CIFS协议支持；"存储器"节点可以通过SATA驱动器单独提供容量扩展能力。该系统采用对象存储配合NEC自家纠删编码以实现数据保护。重复数据删除技术适用于全部节点上的全部数据，全部数据都会采用可变块大小经过重复数据删除处理。其中亦包含一套分布式哈希表，且重复数据删除与哈希表皆可随节点增加实现线性处理规模提升。该产品拥有内联全局重复数据删除、在线节点扩展、NEC自有纠删编码保护、广域网优化型同步压缩后复制以及多生成节点支持能力。HYDRAstor-VA还能够部署在vSphere或者Hyper-V环境当中，其设计思路在于由远程及分支机构加以使用，并可通过灾难恢复链接返回中央站点。

⑧ PureDisk系统

Symantec公司的PureDisk系统软件与NetBackup设备集成构建高可伸缩的磁盘存储系统，可为归档、备份存储以及远程办公室备份提供全局重复数据删除。一台或多台NetBackup设备可以共存于一个存储池中。那些设备运行的PureDisk服务是由一个存储池管理组件、一个存储文件内容的内容路由器、一个存储文件元数据的元数据库引擎、管理元数据库引擎查询的元数据库服务器以及将数据发送到NetBackup环境的NetBackup输出引擎构成的。存储池管理组件只运行在一个存储节点上，其他服务可运行于一个或多个存储节点上。当PureDisk在进行备份的时候，它可以将文件内容与元数据分离开来。PureDisk利用全局重复数据删除技术减少需要存储的备份数据量。它可以将文件内容写入辅助磁盘存储设备，将文件元数据写入分布式数据库，该分布式数据库就被称为元数据库。元数据库包含了与文件有关的各种信息，比如文件所有者、在客户端上的储存位置、创建的时间和其他等。元数据还包括一个特有的指纹，便于PureDisk识别文件的内容。

4.4.2 开源项目

重复数据删除已经从一个只有大企业才能买得起的技术变成了在备份和恢复领域普遍应用的功能。重复数据删除已经变得如此重要以至于数据存储厂商投入数百万、甚至数十亿美元来收购重复数据删除技术。相应地，开源重复数据删除存储软件也得到快速发展。

❶ ZFS文件系统

ZFS（Zettabyte File System）文件系统，也叫动态文件系统（Dynamic File System），是第一个128位文件系统，如图4-6所示。最初是由Sun公司为Solaris 10操作系统开发的文件系统。作为OpenSolaris开源计划的一部分，ZFS于2005年11月发布，后来被重新命名为 OpenZFS[38]。ZFS添加重复数据删除功能从根本上简化了文件系统管理，利用强抗冲突的SHA-256哈希提供块级重复数据删除功能，它可以自然映射到ZFS的256比特数据块校验和；该校验和可以检查文件系统内的数据块重复并且检测数据完整性。重复数据删除是在内部进行的，ZFS假定它正在服务器上运行一个多线程操作系统，具有很强的处理能力。管理员用一个命令就可以启动存储池的重复数据删除功能。用户甚至还可以使用计算密集型的Fletcher4校验码来确认相似的数据块并通过查对来确保他们不会对那些从一开始并不是真的重复数据的数据进行重复数据删除。加上ZFS之前就已经具备的数据压缩功能可以成为一个通用的存储系统，为NFS、iSCSI或甚至FC连接系统提供很好的数据缩减功能。

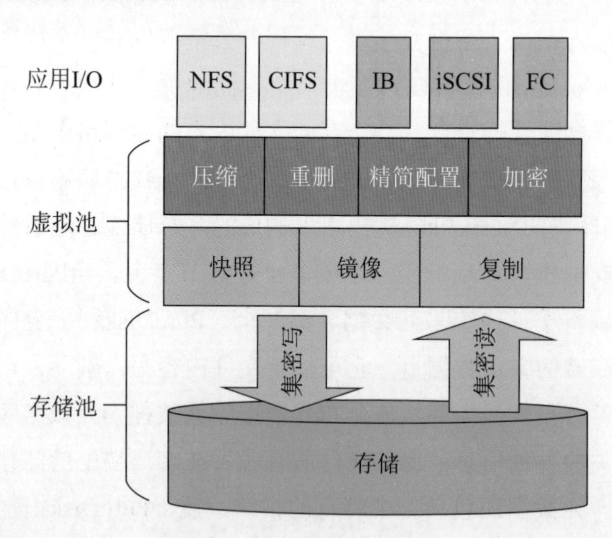

图4-6　ZFS存储体系架构

❷ LessFS文件系统

LessFS是一款基于Linux的在线高性能重复数据删除文件系统，支持LZO、QuickLZ、BZIP压缩和数据加密。LessFS是基于C语言实现的，CPU开销相对较小，使用FUSE创建的用户空间文件系统，实现了POSIX标准接口，适用于数据备份和虚拟机镜像存储管理应用。最新版的LessFS具有多文件I/O功能，可以让BerkeleyDB作为后台数据库一起编译，并增加了批量复制功能。此外，它还支持Google Snappy压缩，可以进一步缩减存储空间。对于虚拟机镜像压缩，LessFS采用较大的128KB块，处理性能很高，但实现的存储功能相对简单。

③ OpenDedup系统

OpenDedup是另一个用于Linux的重复数据删除文件系统，也称作SDFS（见图4-7），旨在用于拥有虚拟化环境的寻求更高性能、伸缩性、低成本重复数据删除解决方案的企业。SDFS的设计目标是利用具有重复数据删除的存储优化技术，基于对象的文件系统提供的性能和伸缩性的好处。这个结果是：OpenDedup/SDFS能够删除1PB或者更多的重复数据；以128KB块尺寸每GB内存支持3TB以上的数据；以每秒290MB的速度执行内联重复数据删除；具有高集合I/O性能，支持VMware（以及Xen和KVM），能够删除4K块尺寸的数据。OpenDedup基于Java语言实现在线或批量重复数据删除，也是FUSE用户空间文件系统，支持Amazon S3存储和快照功能，并可支持全局/集群重复数据删除。由于SDFS采用比较小的块大小，具有资源密集型特点，性能相对LessFS要差一些。

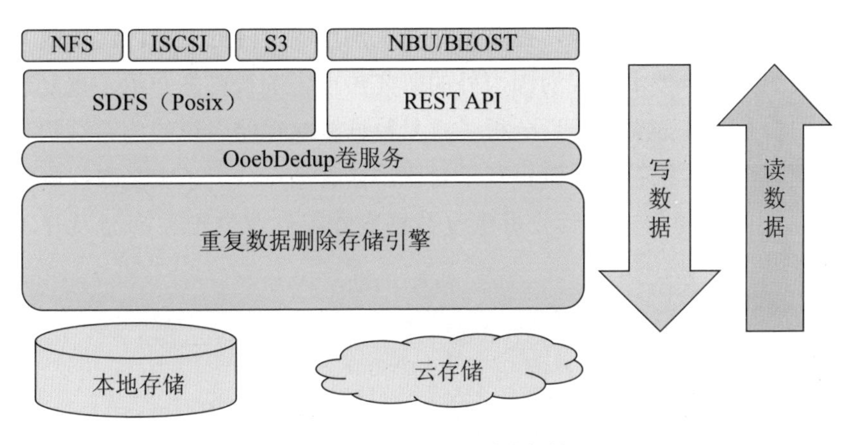

图4-7　OpenDedup系统架构

④ 其他开源系统

除了上述两个开源重复数据删除项目外，麻省理工学院开发了一款开源网络文件系统LBFS，目的在于减少传输带宽，传输之前判断数据块是否已经在目标机器上存在，如果存在则不用发送数据块。更新采用非同步方式，服务器端先应答客户端，再更新数据库。LBFS用SHA-1值的前64位作块索引，使用数据库管理块的哈希值，但并不依赖于数据库。纽约石溪大学的研究者开发了一款开源主存储重复数据删除平台Dmdedup。它是基于C语言实现，能支持块级重复数据删除操作，可以支持各种元数据管理策略，后台存储支持三种数据结构：内存表、磁盘表和磁盘写复制B树。开源软件网络备份和恢复软件厂商Bacula Systems也加入了开源软件重复数据删除的行列，它采用文件级的重复数据删除，与其他重复数据删除技术相比，实现比较简单有效。开源备份厂商Zmanda以Amanda开源软件备份和恢复软件为基础，同样开始在其软件中包含重复数据删除功能，可以采用源端和目标端重复数据删除技术来优化数据备份和归档。

4.5 本章小结

企业数据量的不断增长和数据保护要求的不断提高，使得数据中心的海量存储容量和高带宽网络传输需求成为当前网络存储领域面临的严峻挑战。利用备份和归档数据集内数据大量重复涌现的特性，重复数据删除技术能够极大地缩减数据存储容量需求，提高网络带宽利用率，降低企业IT运营成本。目前，重复数据删除技术已成为国内外的研究热点。本章首先介绍了重复数据删除技术的概念及其分类。然后分析了重复数据删除存储系统的体系结构和基本原理，同时也与传统存储系统进行了对比。接着重点分析了重复数据删除技术的各种主要应用场景。最后分析重复数据删除存储业界相关产品及开源软件项目。

参考文献

第5章

重复数据删除关键技术

重复数据删除系统是一种基于内容寻址的新型存储系统，通过消耗计算资源对数据进行分割和比对来删除重复的数据，以节省存储空间。选择合适的数据划分方法来挖掘更多的数据冗余是提高存储空间利用率的基础。然而，由于在文件与数据块之间增加了块处理层，使得数据I/O路径变长，影响了系统的吞吐量。通过加速块指纹计算和优化块索引查询可以提升重复数据删除处理性能。为了满足海量数据管理应用需求，如何构建可扩展分布式系统也是重复数据删除存储不可忽略的问题。此外，由于数据重删存储后文件碎片化会越来越严重，如何高效地读取还原这些文件数据也是一个重要的挑战；数据块共享引起文件块删除管理复杂度的提升，需要构建有效的垃圾回收机制提升空间利用率。虽然删除重复的数据节省存储空间，但同时数据的可靠性降低，且数据块共享会引起数据安全隐私风险，因此，研究其数据存储可靠性和安全性也十分必要。本节对这些关键技术的研究现状进行全面的分析和总结。

5.1 数据划分方法

重复数据删除技术追求的目标是节省存储空间和网络带宽资源，这两个目标都可以通过数据集在重复数据删除处理之前的字节数（Bytes In）与处理之后的字节数（Bytes Out）之比——数据缩减率（Data Elimination Ratio，DER）来衡量。而数据集的数据缩减率依赖于数据集自身的特征、数据划分策略和平均数据分块大小。因此，可以将其描述为公式（5-1）：

$$DER=\frac{Bytes\ In}{Bytes\ Out} \tag{5-1}$$

尽管数据缩减率的定义已将分块后块之间的重复数据删除和单个块内部的数据压缩考虑在内，但没有将元数据开销考虑进来，而重复数据删除系统中的元数据开销是不容忽视的。例如，选择8KB大小的块，每个块用20B的元数据来描述，1TB的重复数据删除存储系统中描述块的元数据量就达到2.5GB。因此，有研究者提出了数据缩减率的修正公式[16]（5-2）：

$$DER^* = \frac{DER}{1+f}$$

其中：

$$f = \frac{MetadataSize}{AverageChunkSize} \tag{5-2}$$

从修正公式可以看出：数据缩减率与元数据大小呈反比；通过实验表明，数据缩减率随平均块大小增长而降低，而随平均块大小减小而提高。因此，在系统开销允许的前提下，寻找合适的数据划分策略和划分粒度以达到高数据缩减率至关重要。在已有重复数据删除系统中主要有以下五种数据划分策略。

5.1.1 全文件分块

全文件分块（Whole File Chunking，WFC）是将每个完整的文件当作一个块来进行分块。应用全文件分块技术的存储系统往往称作单实体存储[26]，其数据缩减率能达到约3∶1。EMC公司的Centera[29]、微软公司的Windows 2000上的SIS[30]均采用全文件分块技术来实现重复数据删除。这样操作简单有效，划分数据的开销小，适用于由小文件构成的数据集。在实际工作负载中，尽管有大量的文件为小文件，但占用了绝大部分存储空间的是占少数的大文件[17]。由于全文件分块技术只能进行文件粒度的数据重复检测，不能发现文件内部以及文件之间更小粒度的重复数据，因此，数据集的数据缩减比往往不高。

5.1.2 静态分块

静态分块（Static Chunking，SC）以固定大小的数据内容作为块来分割文件，又称作固定大小分块（Fixed Size Chunking，FSC）。静态分块技术常用于基于内容寻址的存储系统（Content Addressable Storage，CAS）中，如Venti[21]和Oceanstore[22]等。传统的快照技术也是一种以定长数据块为粒度的静态分块技术，其数据缩减率接近7∶1。Nath等研究表明，在CAS系统中1KB或者2KB的数据对象大小最节省存储空间[31]。这种方法的优点就是简单有效，适用于更新操作少的静态数据集；但对数据的编辑和修改高度敏感，如图5-1所示，若在文件的开头插入一个字节就会改变文件内所有块的内容，这使得修改前后文件之间无共享块，不利于提高数据缩减率。

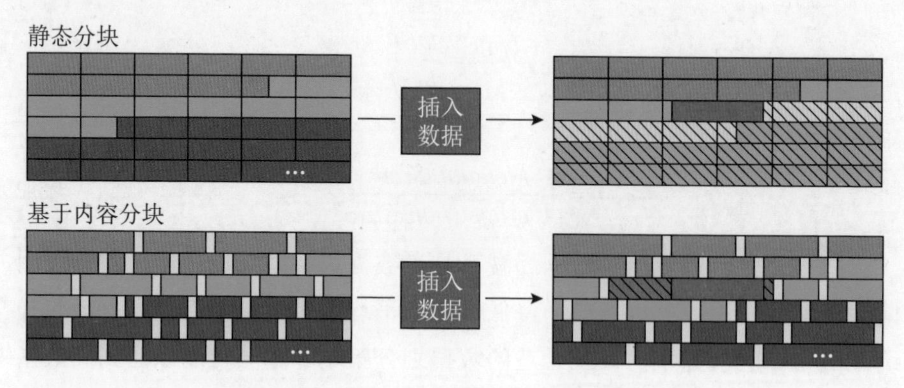

图5-1　静态分块与基于内容分块对比

5.1.3　基于内容分块

基于内容分块（Content Defined Chunking，CDC）是采用滑动窗口技术（Sliding Window Technique）并基于文件的内容来确定块的分割点，往往通过计算窗口的Rabin指纹来确定边界。基于内容分块策略的提出，正是为了克服静态分块对数据更新敏感的缺点，其原理如图5-2所示，每次计算给定滑动窗口W内数据内容的指纹FP（W），并对给定的大整数D取模后，与给定的余数r进行比对；若相等（如W_2）则窗口的右端为数据划分边界；否则（如W_1），将窗口继续往右滑动一个字节循环地进行计算和比对，直到到达文件末尾。基于内容分块可以将更新对数据划分的影响控制在更新位置附近的少数块内，并保持其他块不变。从而，基于内容分块适合应用于更新频繁的数据集，在减少存储空间的使用上较静态分块更具有优势，并在LBFS[12]和Pastiche[13]系统中得到应用。

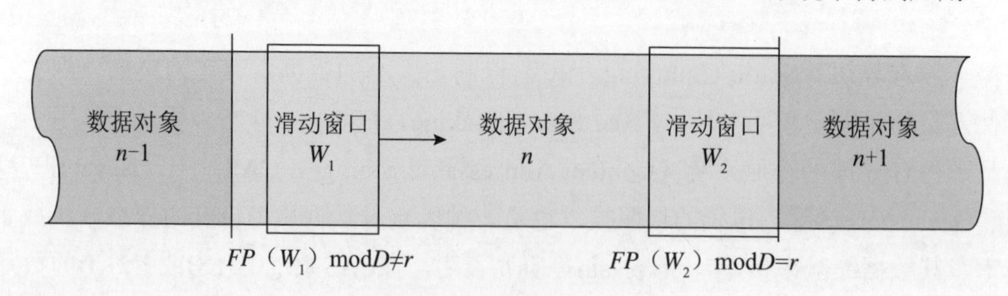

图5-2　基于内容分块原理

基于内容分块采用滑动窗口技术来实现，窗口的大小对划分后的块大小影响不大，但一些研究结果建议选择48个字节作为滑动窗口大小[12][7]。由于Rabin指纹能够根据上一滑动窗口的指纹快速计算出下一滑动窗口的指纹，基于内容分块常常选择Rabin指纹而不用加密Hash来提取块的特征[11]。但是，基于内容分块的计算开销仍然很大，为了进一步减少指纹的计算开销，有研究者提出采用Module-K计算代替Rabin哈希来实现基于内容分块[40]；也有人提出滑动窗口跳过一段字节长度再来滑动比对确定边界[41][43]；还有人提出使用非对称滑动窗口来确定块分界点[42]。

基于Rabin指纹分割出来的块大小呈现几何分布[33]，如图5-3所示，其期望值就是大整数D（一般取2的整数幂）。这个块大小期望值D决定了对数据进行重复数据删除的粒度，影响着存储空间的利用率。虽然块越小，数据消重效果越好，但由于构建文件到块之间映射需要额外的元数据开销，You和Karamanolis通过研究发现，如果块的期望值过小的话，数据消重的效果将得不偿失[7]。为平衡数据缩减率和系统开销，很多系统往往选择8KB作为块大小的期望值[12][11][7][6]。

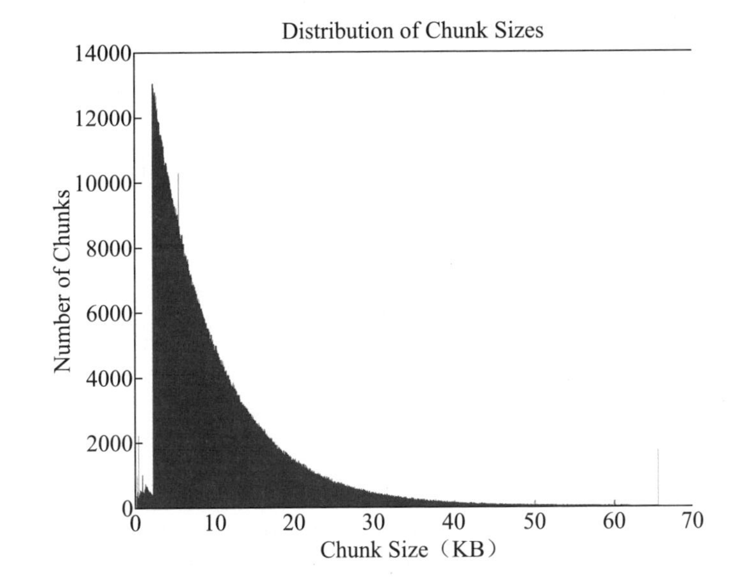

图5-3　基于内容分块的Chunk大小分布[33]

针对基于内容划分后块大小不均匀的特点，一些研究者提出了不少基于内容分块算法的改进策略。Eshghi和Tang通过对滑动窗口算法进行形式化分析，提出了一种支持块大小具有两种期望值和两个阈值的TTTD算法[14]。由于基于内容划分的块普遍偏小，Bobbarjung和Kruus分别提出了Fingerdiff[15]和Bimodal CDC[16]两种改进的动态策略来进行数据划分，以解决提高基于内容分块的数据缩减率和降低额外元数据存储开销之间的矛盾。针对基于内容分块技术对两个文件间的小的随机改变检测效果不佳的问题[17][10]，一些研究者结合了静态分块和基于内容分块技术的优点将滑动块技术（Sliding Block Technique）引入到重复数据检测中来，以期更好地检测出变化的数据[10][25]。

5.1.4 基于应用分块

基于应用分块（Application-specific Chunking，ASC）利用不同文件类型的具体格式来指导数据分块，以改进冗余检测的效果。Liu等根据文件的元数据自动地选择与之相适应的、基于应用定义的分块策略[18]，并针对MP3、FLV、HTML和Email等文件格式验证了基于应用分块较基于内容分块策略能够获得更高的数据缩减率。Meister和Brinkmann则提出了针对ZIP文件格式的数据分块技术[17]。多媒体文件布局复杂，如图5-4所示，Katiyar等提出一种针对视频文件进行基于应用层冗余视图的重复数据删除架构ViDeDup[44]，能够比字节流冗余检测发现更多的数据冗余。针对不同应用往往有固定的文件格式，且不同应用之间可重叠的冗余可以忽略不计的特征，Fu等提出一种应用感知的重复数据删除机制ALG-Dedupe[45]，对不同应用类型独立地选择相适应的数据分块方法和最优的块大小。为针对不同的数据负载自适应地选择最优的分块大小，Wu和Fu等人提出了一种基于取样评估的智能分块工具SmartChunker[46]，为不同数据负载选择相适应的块大小配置以提升重复数据删除处理的效率。

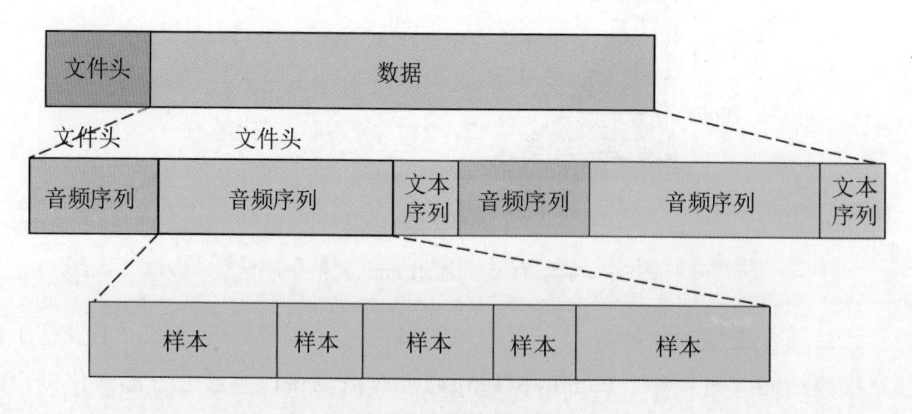

图5-4 基于多媒体文件布局分块[44]

5.1.5 Delta编码

Delta编码是基于字节/比特位级进行重复数据删除，是在数据分块的基础上，基于Shingling[8][9]、Bloom Filter[10]和模式匹配[24][32]等技术检测数据的相似性，然后采用Delta编码的方法，如图5-5所示存储一个文件相对于另一个文件的变化部分，而不是整个文件来减少存储开销。由于重复数据删除过程中，数据比对的粒度最小，其数据缩减率最高。如：Difference Engine[47]和I-CASH[48]分别在内存和SSD Cache中使用Delta压缩删除数据冗余，每个4KB的数据块只需要计算几个64B子页的哈希值就能进行相似性比对。尽管Douglis和Iyengar声称Delta编码处理重复数据删除过程已经相当有效[19]，然而数据块的重建会降低系统读写数据的性能；而且随着系统逐渐老化和消重树深度不断增长，系统的性能会变得更加糟糕。因此，Delta压缩技术往往用在后处理重复数据删除的应用场景。基于流信息的Delta压缩[49]可以在块级重复数据删除的基础上将数据缩减率提高3～5倍，并使用相似块的局部性来缓存相似特征索引，降低其内存开销。Xia等提出重复数据删除感知的相似检测和去冗机制DARE[50]，利用重复数据删除处理以后，与重复块相邻的非重复数据块作为潜在的相似块进行Delta压缩，能够将数据缩减率在重删的基础上翻倍，且具有很低的系统开销。

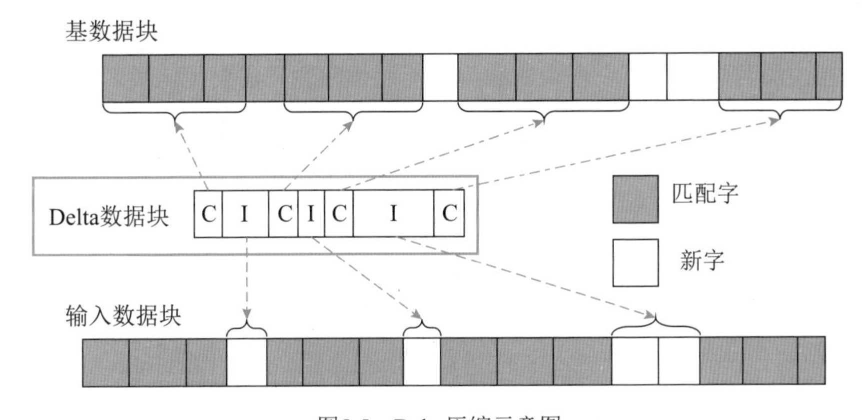

图5-5　Delta压缩示意图

研究者们对各种数据划分方法进行了深入对比分析[7][17][26]：对同一数据集而言，基于内容分块的消重效果最好，其次是静态分块，全文件分块的消重效果最差，但系统开销最小。根据已有的实现结果，基于应用分块技术较前三种策略消重效果都好，但要对每种文件格式都制定一种划分策略，实现起来非常复杂[18]，而针对某些主要的文件格式可以基于应用分块来提高数据缩减率。Meister等通过大量的试验指出对于基于应用的分块策略，少量的语义变更并不一定只会引起少量的修改。即使只有少量数据变更，如果分布得不好的话，同样会造成基于内容分块消重效果很差，而采用Delta编码效果会更好[17]。You等人对全文件分块、静态分块、基于内容分块与Delta 编码这四种数据划分方法进行了比较[26]，认为基于Delta编码的相似数据消重技术的数据缩减率最高，但其系统开销也最大。

5.2 块索引查询优化技术

在重复数据删除过程中，上层的用户和应用程序通过块索引进行数据查找和比对，该查找过程严重影响重复数据删除的处理速度。一方面，随着应用需求的不断提高，重复数据删除系统很容易达到PB级甚至EB级的规模，相应的块索引容量也容易达到TB级，将如此大容量的索引信息全部存放在内存中对于现有的存储系统是不实际的；另一方面，块指纹为随机分布的加密哈希值，使得基于内容寻址的数据访问和布局不具有良好的时空局部性。这样，基于磁盘的块索引在响应请求时需要频繁地进行磁盘查询，严重影响重复数据删除存储的I/O性能。面对这种基于块查询的磁盘性能瓶颈问题，需要优化块索引的查询来提高重复数据删除系统的性能。

5.2.1 基于块局部性的优化策略

由于加密哈希计算出来的块指纹本质上是随机的，很难预测下一个数据块的索引位置，严重影响了传统Cache策略的命中率。Venti[21]和Jumbo Store[11]等系统结合索引和Cache获得的重复数据删除操作吞吐量仅有几MB/s。近年来，一些研究者发现尽管相邻数据块通过加密哈希计算出来的指纹是随机分布的，但是数据块之间存在一种局部性：当新数据包含一个重复的数据块*X*时，在新数据中块*X*所在位置附近的其他块很有可能与旧数据中块*X*附近的块是相同的，我们称其为数据块重复局部性[11][4]。利用这一局部性，很多研究者为重复数据删除存储系统设计了I/O优化策略来消除块索引查询的磁盘性能瓶颈。

EMC Data Domain公司的Zhu等人为提高重复数据删除文件系统DDFS的吞吐量，避免磁盘访问瓶颈，提出了一系列的I/O优化措施[11]。首先，采用Bloom Filter[51]来表示块索引以记录磁盘上已存的数据块。上层应用在查找Bloom Filter未命中时即可判定块为新的；另外，Bloom Filter按比特位来记录块能节省存储空间。因此，容易将其全部存放在内存中以实现快速查询。其次，为每个数据流配置固定大小的容器来存放块及其指纹。基于数据块重复局部性，将数据块和相应的指纹分别按照在文件或者数据流中出现的相同顺序存储在容器内的数据部分和元数据部分。这种基于数据流的块布局（见图5-6），能够为数据块和指纹的访问建立局部性。最后，在优化数据块和指纹的布局之后，预取和缓存同一容器内的指纹。这样，重复数据删除系统的Cache命中率大幅度提升，避免索引查询过程中频繁地访问磁盘。经过这三种技术优化之后，在索引查询过程中，DDFS能够减少99%的磁盘操作，单流的读写吞吐量能超过100MB/s。DDFS存在的问题是Bloom Filter命中却不能确定块是否已经保存过；另外，Bloom Filter并不能有效地支持块增删引起的更新处理。

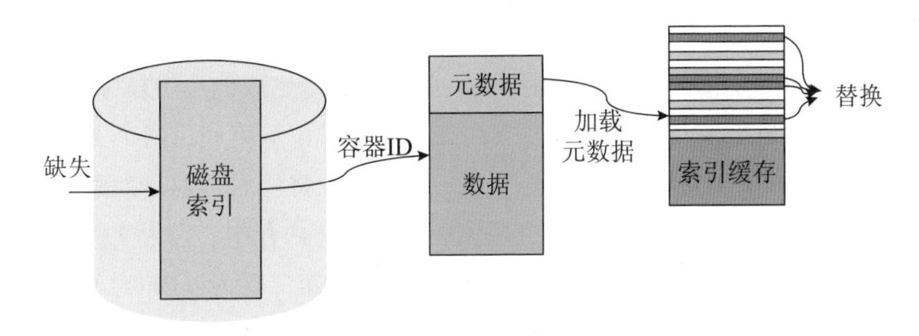

图5-6　块局部性保持缓存机制

HP公司的Lillibridge等人在D2D备份存储系统上实现一种基于稀疏索引的I/O优化策略，进一步减少数据块索引的容量[4]。首先，D2D备份系统在应用TTTD数据分块技术的基础上，将TTTD算法应用在块粒度上进行分段。每一个段独立存放在一个或者多个容器内，允许段与段之间进行块共享，并用段描述符来表示每一个段，其内容包括所含块的哈希值序列、这些块在磁盘上存放的位置以及块的长度等信息，这些段描述符与容器分开存放在磁盘上。其次，通过对块的哈希值进行取样以建立存放在内存中的稀疏索引，索引的每一项存放取样选中的块的哈希值和包含该块的所有已存段描述符的指针，并以前者为关键字。再次，基于数据块的重复局部性，对于一个给定的段，通过查询稀疏索引来选择最相似的段来进行重复数据删除，直到段内所有的块都被删完或者已经无法通过稀疏索引进一步删除块为止。最后，如果还存在没有删完的块，则在稀疏索引中新建由它们的哈希值和其所在段的描述符指针构成的索引项，并将块和对应的段描述符分别存入相应的容器内。相比于DDFS的基于Bloom Filter的全索引查询策略，D2D备份系统采用稀疏索引技术能够在获得相同数据缩减率的情况下，减少一半的内存使用空间。系统单数据流的写吞吐量能达到90MB/s，而读吞吐量能达到50MB/s。不足的是，稀疏索引技术允许数据冗余，它是以牺牲存储系统的数据缩减率来获得系统性能的提升。

5.2.2 基于分层消重的优化策略

针对重复数据删除存储系统的不同存储层次和不同存储服务器结构的特点，可以分层、分步骤地进行消重，以充分利用重复数据删除系统的各种资源来提高系统I/O性能。

Bhagwat等设计了Extreme Binning策略，利用文件的相似性使得每个文件的块查询只需要一次磁盘访问来解决I/O瓶颈问题[1]，如图5-7所示。不同于局部性，Extreme Binning基于文件的相似性，以加密哈希生成的块 ID，并选择文件所含块 ID中的最小值对应的块作为该文件的代表。该策略利用两个文件的相似性与文件的代表块 ID相同的概率等价这一原理[20]，将块索引划分为两层来进行重复数据删除。第一层基本索引为文件索引，存放在内存中，它由文件的代表块ID、全文件哈希以及指向文件对应Bin的指针构成。第二层为以Bin为单元构成的块索引，存放在磁盘上。每个Bin与文件对应，包含文件中除代表块 ID外的所有其他块ID和块大小。如果文件的代表块 ID和全文件哈希相同，则在第一层就可以进行消重；如果文件的代表块 ID相等而全文件哈希不等，则在第二层内进行消重；否则，需要新建一个Bin，并添加文件索引项和存放该文件的所有块。与传统策略相比，这种策略需要更少的内存资源和更少的磁盘访问，因此Extreme Binning能够获得高的I/O性能。由于不知道其他Bin中块 ID的信息，该策略允许数据冗余存在，也是一种平衡消重操作吞吐量和数据缩减率的折中策略。

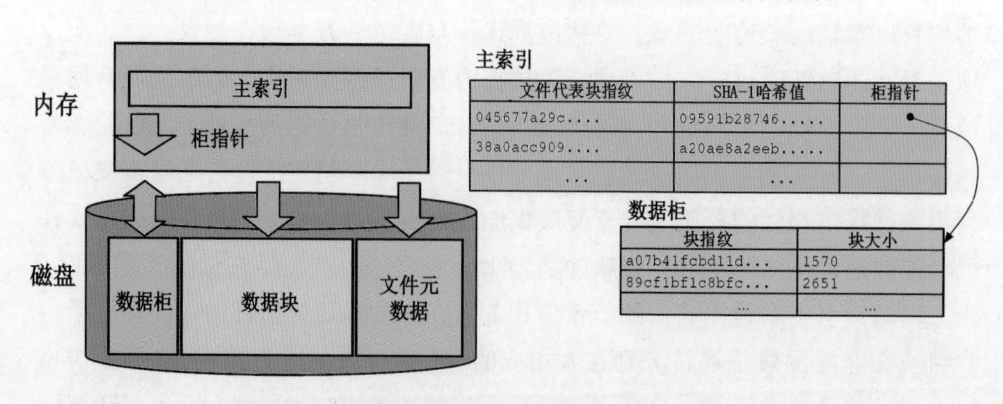

图5-7 Extreme Binning双层重删体系架构

Yang等人设计了重复数据删除存储系统DEBAR，在DDFS的基础上改进了存储系统的吞吐量[6]。DEBAR应用服务器集群来提供大规模、高性能的数据备份服务，并且采用两个阶段的重复数据删除机制。

首先，在每个备份服务器端根据客户端传输来的文件建立文件索引，索引项包含对应文件所有块的指纹，并基于文件索引进行初步的重复数据删除；

然后，联合所有备份服务器进行并行索引查找和并行索引更新，更进一步删除存储设备上重复数据块以节省存储容量。

为提高查询效率，在客户端采用Bloom Filter初步筛选出不在块索引中的数据块，以减少查询开销。并按块指纹顺序地存储块索引，同时，以桶（Bucket）为单位将块索引分布到不同的服务器上。这样，结合服务器集群可以实现并行顺序索引查询和并行顺序索引更新，从而避免了随机的磁盘索引查询，提高了I/O吞吐量。在Linux平台上实现DEBAR后，通过实验测试在索引查询过程中能够减少99.3%的随机小磁盘I/O请求，采用1GB的内存Cache，单服务器的DEBAR能达到329MB/s的写吞吐量。由于客户端采用Bloom Filter，初步筛选过程中仍然遇到DDFS同样的问题，虽然通过多服务器能够获得更高的写吞吐量，但DEBAR的I/O带宽利用率很低。

5.2.3 基于固态存储的优化策略

基于块查询的磁盘瓶颈问题的根源是磁盘的I/O性能限制，即使企业级的磁盘也很难达到300个IOPS。新型的存储介质如闪存、相变存储器等具有高IOPS数、高吞吐量和低访问延迟的特点，往往比磁盘高几个数量级。通过合理的系统设计，利用新型存储设备SSD能够有效地提高重复数据删除系统的吞吐量。

Meister和Brinkmann在德国Paderborn大学设计了重复数据删除系统dedupv1，并利用SSD（Solid State Disk）设备来改进系统的吞吐量[23]。当前市场上的SSD产品能达到3000～9000个IOPS的读性能，这是高端磁盘数十倍的性能，同时，具有超过100MB/s的顺序读写吞吐量，而随机写性能仅能达到350个IOPS。重复数据删除存储系统的块索引正好具有顺序写和随机读的特点。不同于以前的方法利用局部性来优化I/O性能，dedupv1利用SSD存放粗粒度的块索引和细粒度块索引来消除数据查询瓶颈。通过试验表明，dedupv1单节点系统的吞吐量能超过160MB/s，如果将块大小从8KB调到16KB其吞吐量能达到200MB/s。

这种采用新型存储设备来实现系统吞吐量提升的策略，简单有效，但也提高了存储系统的构建成本。

微软研究院的Debnath等学者也提出一种使用闪存存放块元数据加速在线重复数据删除存储的ChunkStash策略[57]。它针对每个块查询只使用一个闪存读操作，同时结合内存预取策略。采用一种闪存上的日志结构组织块元数据来开发快速顺序写特性，还采用内存中管理的哈希表来索引块元数据，使用一种Cuckoo哈希的改进机制解决哈希冲突。内存哈希表存放2个字节的压缩关键字取代20个字节的SHA-1哈希值来平衡内存开销和闪存误读。此外，只索引每个管理块数据容器内的部分块，以降低内存开销，并仅损失可忽略的数据缩减率。相比于基于硬盘索引的在线重复数据删除系统，ChunkStash能将备份系统的吞吐率提升7～60倍。ChunkStash体系架构如图5-8所示。

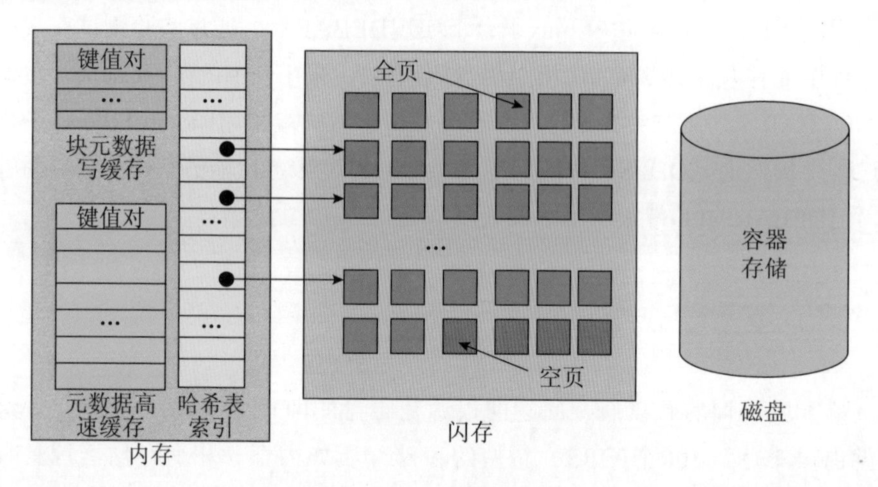

图5-8　ChunkStash体系架构

在重复数据删除过程中，索引查询是影响系统吞吐量至关重要的一环。而索引结构大容量和缺乏局部性的特点，使得优化重复数据删除系统的I/O性能成为难点。基于块局部性的优化策略通过改变数据布局和利用块的局部性将磁盘的随机读操作转变为顺序读操作，从而提高了系统吞吐量。在充分利用各种系统资源的前提下，基于分层消重的优化策略通过分层既解决索引结构大容量的问题，同时也保持了一定的数据局部性来优化索引操作性能。基于SSD的优化策略借助新型存储介质的性能优势来避免重复数据删除系统的索引查询瓶颈。这些策略所采用的巧妙思想能够为我们以后进行重复数据删除技术的研究提供重要启发。

5.3 可扩展数据路由技术

随着社会信息化的不断推进，企业存储系统已达到数百TB甚至PB级的规模。目前，由数十上百个存储节点构成的大规模分布式存储系统在企业越来越普遍。尽管重复数据删除系统能够提高资源利用率，但面对如此大容量的存储空间需求和高吞吐量需求，重复数据删除系统必须具有良好的可扩展性。基于单节点的重复数据删除存储系统已不能满足大数据管理在容量和性能上的可扩展性需求，需要通过多个存储服务器节点来构建分布式重复数据删除存储系统。

分布式重复数据删除先通过数据路由机制将客户端划分出的数据分配到分布式系统中的各个存储服务器节点，然后在每个节点内独立并行地完成重复数据删除操作。不同于单节点重复数据删除系统存在块索引查询磁盘瓶颈[11][4]，分布式重复数据删除存储系统还存在重复数据删除服务器节点信息孤岛[52][53]挑战。在分布式重复数据删除过程中，出于对系统开销的考虑，往往只对节点内部的数据进行重删处理，而不会去执行跨节点的重删，由此产生重复数据删除服务器节点信息孤岛。

在分布式重复数据删除的数据路由过程中，需要考虑如何将相似的数据集中到同一节点，减少节点间的数据重叠和通信开销，以达到高全局数据缩减率和高可扩展的系统性能。针对分布式重复数据删除中存在节点信息孤岛效应，设计一种支持高数据缩减率、高吞吐率、低通信开销及负载均衡的数据路由机制至关重要。现有的分布式重复数据删除数据路由技术大致可以分为如下三类。

5.3.1 基于分布式哈希表的块级数据路由技术

NEC公司开发的产品HYDRAstor系统[5]基于分布式哈希表将数据块路由到不同重复数据删除服务器节点，并在节点内按数据块粒度进行重复数据删除。虽然采用该块粒度能够很好地平衡数据缩减率和元数据开销，但仍然不足以充分捕获和保持集群重复数据删除系统内的数据局部性，由于数据块粒度较大，节点内部获得的数据缩减率较低。华中科学技术大学的研究者在DDFS的基础上设计了MAD2[52]和DEBAR[6]两种分布式重复数据删除系统。MAD2设计能保持数据局部性的哈希桶矩阵来减少磁盘索引查询操作，并使用分布式哈希表将文件元数据和块内容分配到多个存储节点来保持负载平衡。DEBAR基于哈希桶结构设计支持分布式重复数据删除的并行顺序索引查询和并行顺序索引更新机制。但这两种策略都因为数据路由的粒度过小导致很高的消息通信开销，不能很好地扩展来支持大规模集群重复数据删除。基于DHT块级数据路由技术如图5-9所示。

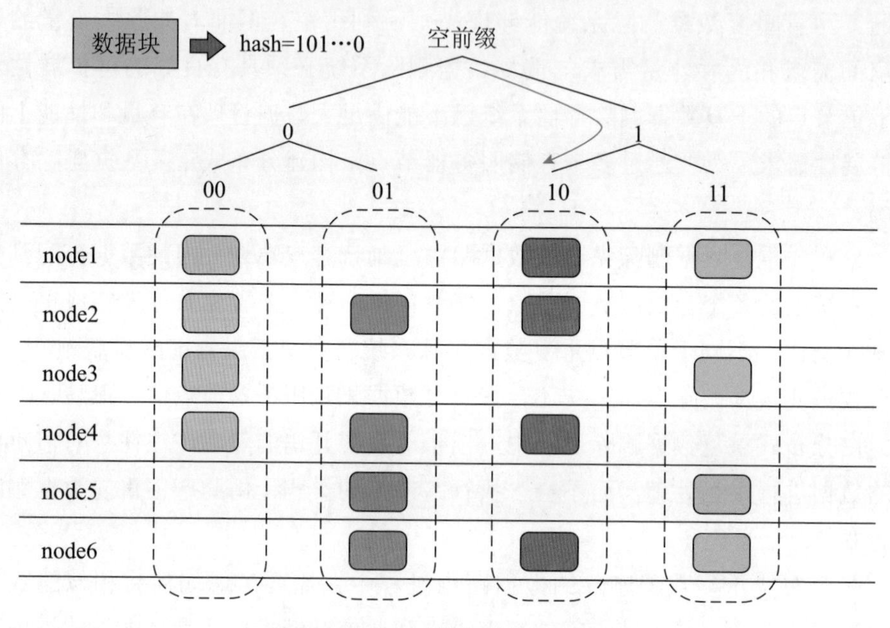

图5-9　基于DHT块级数据路由技术

5.3.2 基于状态信息的超块级数据路由技术

EMC公司的研究者通过挖掘数据局部性设计了基于超块的有状态数据路由技术[53]。如图5-10所示，它按均匀的粗粒度超块进行数据路由，按细粒度的数据块进行重复数据删除。每次超块路由前都需要查询其与所有节点内已存数据块的重复块数。这种策略固然能在保持数据分布平衡的前提下获得很高的数据缩减率，但其广播式的系统通信开销以及节点内频繁的块指纹查询操作严重影响了集群重复数据删除性能。针对该方法系统通信开销高的问题，法国研究者提出了基于概率进行重复数据删除的集群存储系统Produck[55]。它采用基于随机平均的概率计数机制来快速估算各个节点内的不重复数据块数，避免通过复杂的查询操作来计算超块与给定服务器中数据集的相似程度。该策略能够有效降低系统通信开销，但这种方法并没有对服务器节点内部的重复数据删除操作进行优化。

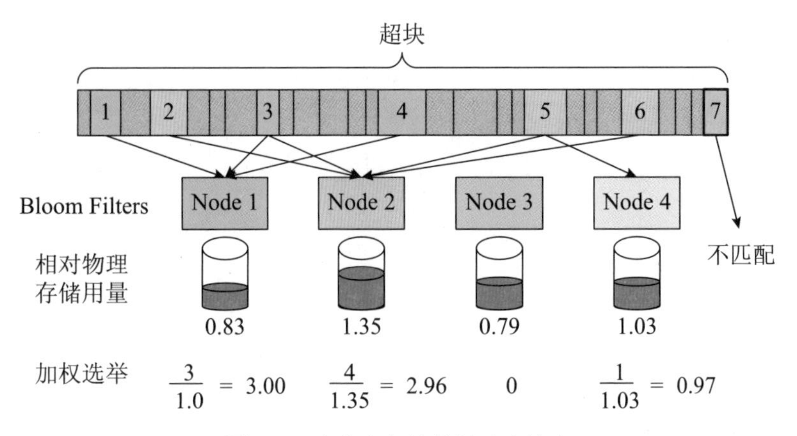

图5-10 有状态超块数据路由技术

5.3.3 基于相似性的文件级数据路由技术

HP公司设计的Extreme Binning策略[1]采用了一种基于文件相似性的无状态数据路由机制。如图5-11所示，它选取备份文件的最小块指纹值作为文件数据的相似特征，利用分布式哈希表将相似的文件路由到相同的重复数据删除服务器节点。但当数据流中可检测的相似性较低时，只能获得很低的数据缩减率，另外，由于文件大小分布不均匀和其无状态路由本质，使得该数据路由机制不能很好地平衡数据分布。由于同一客户端的不同备份会话产生的文件集有很高的数据相似性，EMC公司设计了一种内容感知负载平衡机制[54]。该机制重复地将一个客户端的文件存放到相同重复数据删除服务器上，只有当数据迁移的开销足够高时，才将客户端的数据重新分配到新的服务器上。然而，这种客户端粒度的数据路由策略管理起来复杂，难以实现负载平衡且进行重复数据删除的数据缩减率不高。

由于数据存储需求的不断提高以及重复数据删除技术应用的广泛普及，提高重复数据删除系统的扩展性显得越来越重要。由于I/O性能较低，重复数据删除系统在提高系统配置的同时，还需要进行负载均衡和I/O优化来消除系统性能瓶颈，充分发挥设备并行的性能优势以提高系统扩展性。目前，重复数据删除系统的扩展需求正在不断提高，这将给我们进行重复数据删除技术研究带来更多的挑战和机遇。

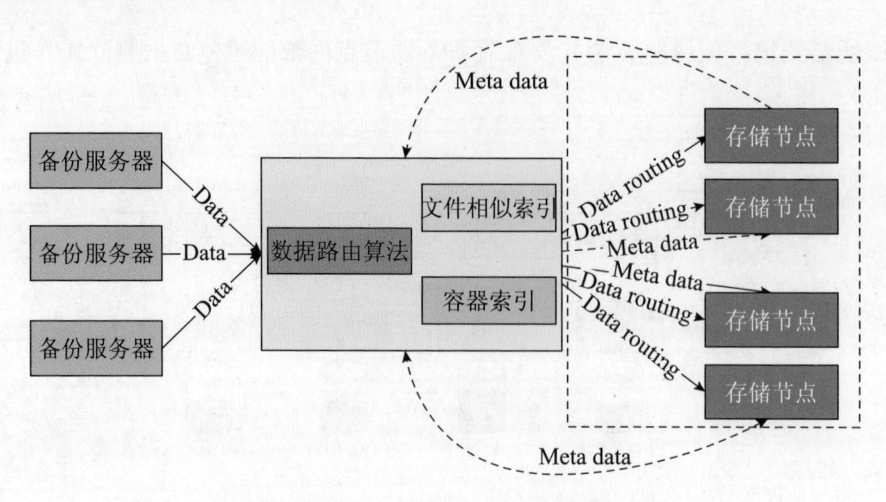

图5-11　Extreme Binning文件相似路由技术

5.4 块指纹计算加速方法

重复数据删除处理不仅是I/O密集型的任务，还是计算密集型的任务。特别是基于内容分块处理和基于加密哈希的指纹计算这两个步骤，都需要消耗大量的计算资源。前者将数据流划分为多个连续的数据块，后者为每个数据块计算指纹值方便重复检测时对块进行唯一标识。随着底层存储介质性能的不断提升，这些计算密集型的任务成为重复数据删除处理潜在的性能瓶颈，尤其是闪存及更高性能的非易失性存储器的写延迟很可能会因为重删优化而变小[58]。现有不少方法来加速计算密集型的重复数据删除子任务，大致可以分为两种：

- 一种是通过多核CPU技术来开发重复数据删除处理的并行性；
- 另一种则是将重复数据删除处理过程集成到GPGPU硬件体系结构。

5.4.1 多核CPU加速方法

为充分利用处理器的多核资源加速重复数据删除处理，清华大学的Liu等提出THCAS方法[60]。该方法通过一种确定性的任务划分和块内容分布算法来发掘块自身和块间的并行性，从而能并行计算CDC分块边界，提升150%的分块吞吐率；还通过设计五段的存储流水线机制，将CPU密集、I/O密集和网络通信任务进行重叠，提升存储系统25%的吞吐率。

赛门铁克公司的Guo等也提出一种五段流水机制[61]，如图5-12所示通过异步RPC实现一种事件驱动的五线程并发流水线机制，包括读线程、哈希线程、查询线程、存储线程、关闭线程。其中哈希线程又由多个工作线程异步计算块指纹来充分利用多核资源。南开大学的Ma等人提出一种自适应的重复数据删除流水线模型[62]，针对不同的硬件平台和数据类型，该模型能充分利用硬件平台和数据类型的特征，确定重复数据删除流水过程中各子任务的最优顺序。

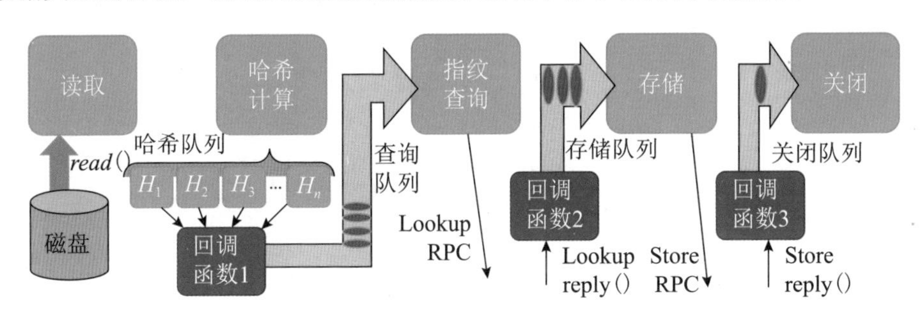

图5-12 流水线加速并发加速重删处理[61]

5.4.2 GPGPU加速方法

对于计算密集型的任务，GPGPU能够提供比CPU更强的计算能力，特别是对于哈希和加密计算任务。StoreGPU是较早提出利用GPU加速数据相似检测的方法。它是采用一个代码库透明地在分布式主存储系统内使用GPU的计算能力，可以用于内容寻址、在线相似检测、数据完整性检验、以及负载均衡。相比于标准的CPU实现，StoreGPU能够为哈希操作获得8倍的速度提升。

德国学者提出一种高性能CDC分块框架Shredder方法[59]来支持增量的存储和计算系统，它开发GPU的大规模并行处理能力来克服CPU在重复数据删除过程中CDC处理时的计算瓶颈。不同于以往的GPU应用于以计算代价为主的场景，Shredder提供几种新的优化技术来降低CPU和GPU之间的数据传输代价，充分利用主机多核体系结构，降低GPU内存访问时延。对比于无GPU的主机系统，Shredder能将重删过程中的分块带宽提升5倍。

Kim等设计GHOST[58]系统将重复数据删除处理中的分块、指纹计算和索引子任务下放到GPGPU来删除高性能存储系统中的计算瓶颈。如图5-13所示，它充分利用GPU的强并行计算能力和宽内存访问带宽，分别在主机和GPGPU内配置数据Cache和表Cache来缓存下放GPU数据和降低表查询开销，并设计写刷新感知的数据降级方法来克服频繁写Cache命令时引起的重删失效问题。通过这些优化措施，GHOST能将传统重复数据删除主存储系统的吞吐率提升约5倍，达到1.5GB/s。

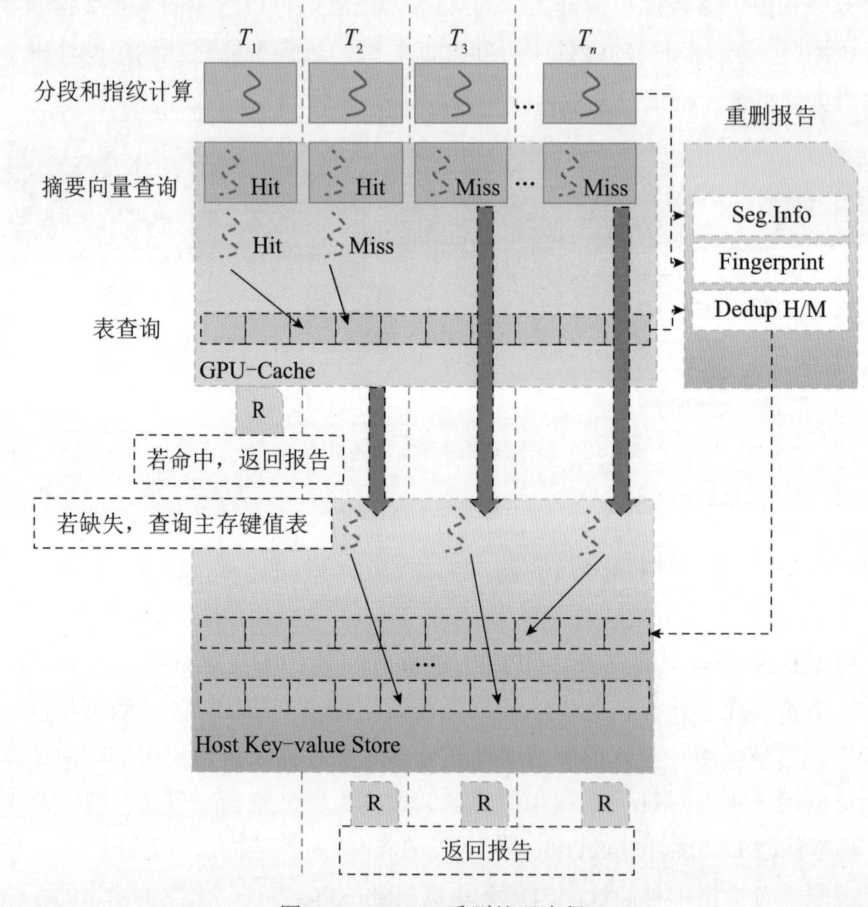

图5-13　GHOST重删处理流程[58]

总的来说，基于多核CPU的加速方法能够很容易地实现在多核或众核处理器系统上，通过对重复数据删除处理过程进行流水线并发，或者并行计算数据分块和块指纹。而基于GPGPU的加速方法则需要额外的硬件开销，却能提供更高的吞吐量。此外，还可以将分块和指纹计算任务下放到客户端来缓解重复数据删除服务器的计算瓶颈问题[45]。

5.5 数据还原方法

数据存储的目的是方便以后能够访问并取出数据。在经过重复数据删除存储处理后，原有数据对象中的重复数据被识别出来，并只存储不重复的数据部分到数据容器（一种固定大小的自描述数据结构）。然而，原来逻辑上连续的块可能被分散到不同的数据容器中，造成数据块的碎片化问题[66][67]。数据还原就是将这些分散存储后的数据读取出来获得原来数据对象的过程。由于硬盘的随机读性能差，块碎片化会严重降低数据还原的性能。现有的重复数据删除后的数据还原优化方法是重写碎片化严重的数据块，缓解数据读性能的衰减，平衡数据缩减率和读性能。

5.5.1 主存储还原方法

主存储系统对I/O延时很敏感，重复数据删除引起的数据存储碎片化导致读延迟高的问题尤其严重。NetApp公司的研究者提出一种针对主存储的在线重复数据删除方法iDedup[65]，利用重复数据的空间局部性，选择性地删除连续重复的磁盘块来减少碎片化；还利用重复数据访问的时间局部性，构建内存Cache管理原来需存放在磁盘上的重删元数据。这样能够删除60%～70%的重复数据，仅消耗5%的CPU开销和2%～4%的读写时延影响。Mao等提出一种从性能角度考虑的主存储重复数据删除方法POD[68]，不同于iDedup仅考虑通过重复数据删除避免对容量节省敏感的连续块大写操作，POD还考虑重复数据删除处理能大量减少对性能影响敏感但对容量节省不敏感的小写操作。如图5-14所示设计基于固定内存大小动态调整索引Cache和读Cache的大小，这样在不太影响iDedup主存储空间节省效果的前提下，极大地提升主存储系统的读性能。

5.5.2 备份存储还原方法

基于重复数据删除的备份存储因为块碎片化问题，数据还原速度会随着备份次数的增长而呈现指数级下降[67]。类似于iDedup，明尼苏达大学的Nam等定义一种块碎片化程度的度量块碎片级别[66]（Chunk Fragmentation Level，CFL）。通过特定的碎片化度量，基于上下文重新算法（CBR）[69]和覆盖算法[64]确定写缓存内的碎片化块，选择性地写碎片化的块来改进数据还原速度。覆盖算法还能根据已知备份数据未来的块访问顺序来有效地按序装配重删后的数据，优化还原性能。

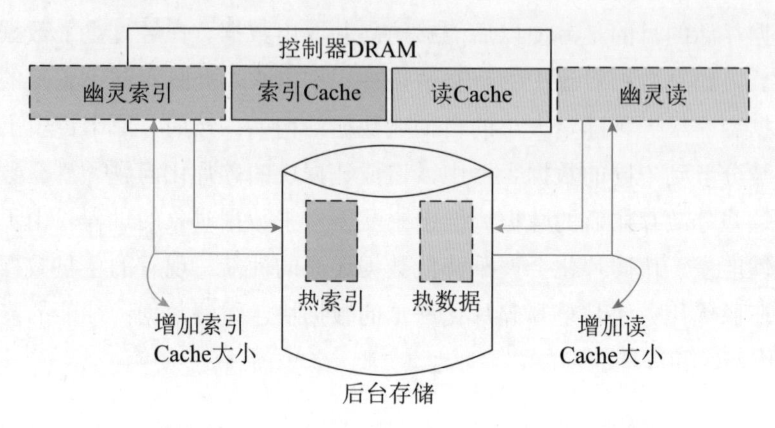

图5-14 动态调整Cache大小平衡重删和读性能

传统重删去除新生备份数据中的重复内容，而RevDedup[70]则去除旧备份数据中的重复内容，将碎片化转移到老备份数据中，当还原时所需的最新备份数据尽量是按顺序存放，主要的开销则在于重删后的数据后处理过程。HAR[67]也是一种重写数据的机制来优化数据还原性能，如图5-15所示通过精确地将碎片划分为稀疏容器和乱序容器两种情况，尽量少重写数据来获得更高的还原性能。

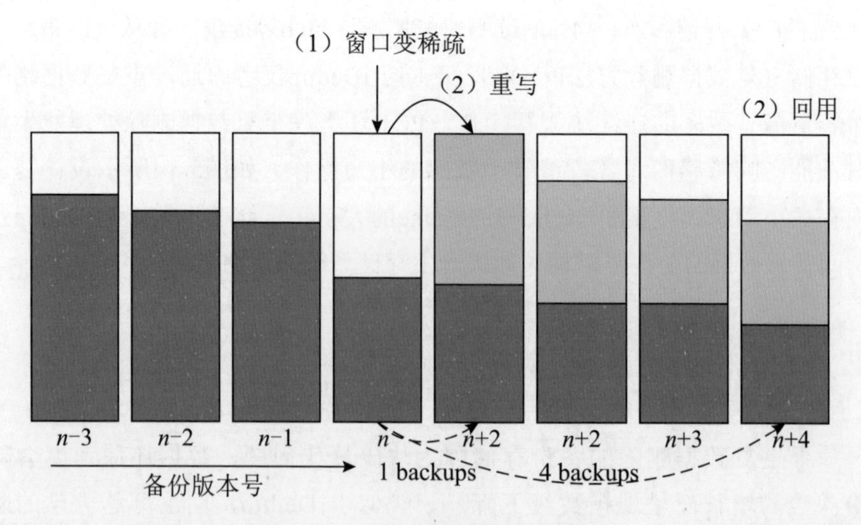

图5-15 重写稀疏容器提升写性能

5.5.3 云存储还原方法

对于基于重复数据删除的云存储而言，数据还原速度不仅受限于云服务器中数据块的碎片化程度，还被广域网的低带宽影响。CABdedupe[71]通过备份数据集中不同时间的版本来确定未修改过的数据，从而快速改进数据还原性能。SAR[72]则充分利用SSD具有良好随机读性能的优势，通过将具有高引用数的唯一块存放到SSD中来改进还原性能，如图5-16所示。NED[73]是一种近似精确的去碎片化方法，将去重后的数据块打包成数据段来进行云备份，并通过段引用率度量来定义碎片化的段，该方法可以获得与无重复数据删除云备份方法相似的数据还原性能。

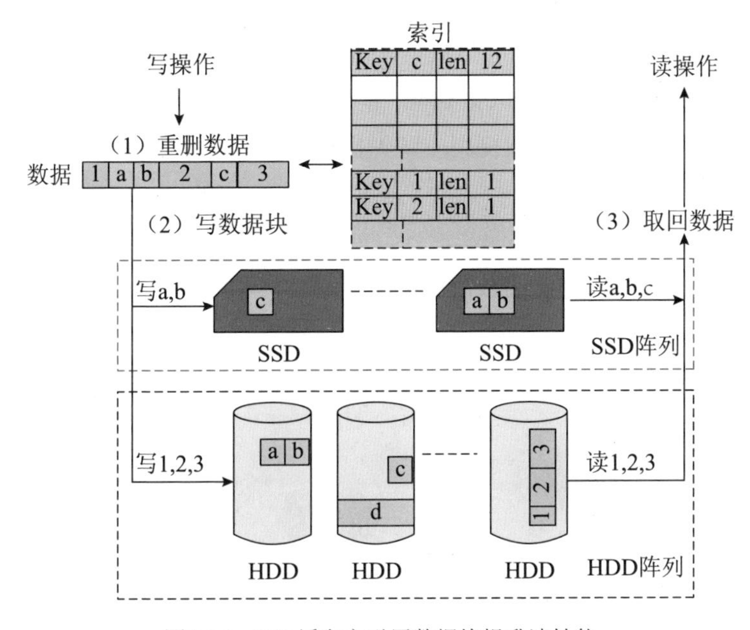

图5-16 SSD缓存高引用数据块提升读性能

总之，在重复数据删除系统中，数据块碎片化问题会引起数据还原性能衰减。现有的方法大都是在容量节省和性能开销之间寻找一个合适的平衡点。如果能够高效精确地确定碎片化的数据，将能够极大地缓解重复数据删除存储系统的还原速度下降。

5.6 垃圾回收技术

垃圾回收也是重复数据删除存储系统非常关键的技术。由于重删处理后的唯一数据块可能被多个文件共享，引用管理对于跟踪数据块的使用和释放空间的回收至关重要。垃圾回收就是发现无效的数据块，并回收它们的空间。现有的垃圾回收方法可以根据预处理方式的不同分为引用计数法和标记清理法。

5.6.1 引用计数法

引用计数就是指一个特定的数据块在重复数据删除系统中被引用或使用的次数。如果一个块的引用次数是*N*，则表示该数据块被*N*个文件共享，通过重删可以删除*N*-1个文件中的块副本，如图5-17所示，当引用次数降为0时，表示该数据块因为删除操作不再被任何文件所共享，它的存储空间可以被回收。MAD2[52]就是使用这种简单的方法进行数据删除操作实现垃圾回收，但为每个数据块都进行引用计数的办法比较浪费空间[67]。

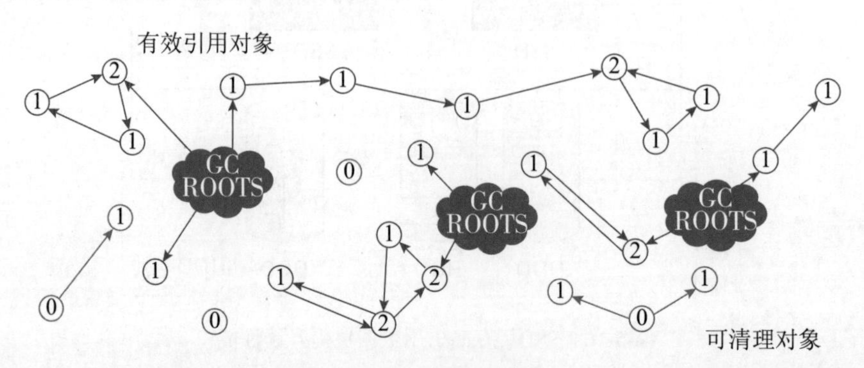

图5-17 引用计数法

Sungem[74]方法结合物理块的引用计数和失效时间设计一种新的垃圾回收算法，它的记账开销分散到每个备份操作，并且正比于磁盘卷连续备份之间更新的数据量大小而不是整个卷的大小。同样采用引用计数来支持数据删除，Strzelczak等研究者提出一种基于分布式重复数据删除存储系统HYDRAstor[5]的并发删除算法[75]，能够在删除操作过程中并发处理用户读写请求，它基于Epoch机制和不删除标记两种关键技术来区分旧数据和新写的数据，从而允许删除处理中能并发进行重复数据删除写操作。为降低关键写路径上的时延，Dmdedup[76]并不会立即回收无引用的物理块，也不会在索引中将相应的哈希值删除，它是通过SATA Trim命令周期性地离线回收这些无引用的数据块。

为减少垃圾回收过程中的元数据开销，Fu等人提出基于容器标记的算法CMA[67]来确定失效的容器，而不是失效的块，从而简化块索引管理，同时，通过历史信息感知的重写算法HAR减少容器内的块碎片化。然而，引用计数在数据可靠性和可恢复能力方面还存在一定的局限性[61]。只是考虑引用计数容易造成更新丢失或重复，当数据段损坏时，引用计数因不知道哪些文件共享该段而无法恢复数据，在一个大规模数据频繁更新的动态存储系统里，也无法去验证引用计数是否正确。

5.6.2 标记清理法

标记清理包含两个步骤：标记阶段和清理阶段。在标记阶段，所有文件被遍历去标记使用过的数据块；而在清理阶段，所有块被清理一遍，无标记的块存储空间将被回收，如图5-18所示。

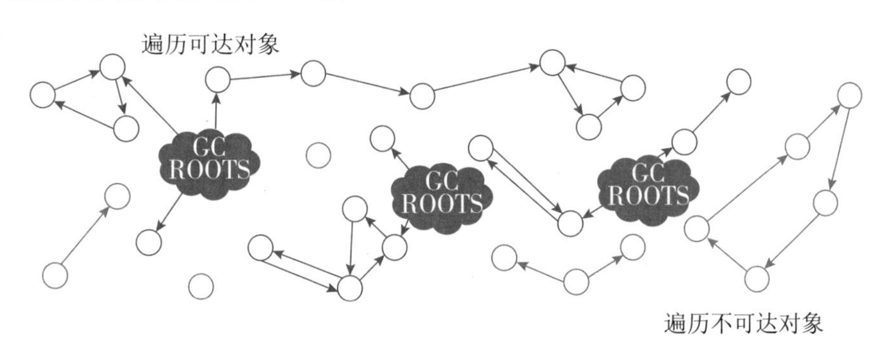

图5-18 标记清理法

HYDRAstor[5]就是采用标记清理方法来回收物理块的，但随着服务器节点存储容量的增长，标记阶段会花费很长的时间开销，影响系统的扩展能力，尤其是当内存放不下所有物理块的计数器时，标记清理方法处理垃圾回收非常慢。为提高标记清理方法的可扩展性，Guo等人提出分组标记清理方法[61]，它生成一个位图来标记每个容器内的有效块，并通过合并所有容器的位图来定位和回收无效数据块的空间。Botelho等建立完美哈希向量作为一种所有块引用在内存里的压缩表示[77]，最小化内存I/O操作数，然后遍历所有文件的元数据来回收无效块的存储空间。

总的来说，垃圾回收问题是文件或备份数据在重复数据删除处理后的块共享引起的。有效的块引用管理对垃圾回收确定无效块和回收它们的存储空间非常关键。引用计数方法主要支持在线垃圾回收，而标记清理方法往往支持离线垃圾回收处理。在备份存储系统里，垃圾回收是重复数据删除操作的一个后台处理过程；但在主存储系统里，垃圾回收常是在线或近线过程处理。

5.7 高可靠数据配置策略

由于重复数据删除系统中存在数据块共享，文件间具有高度的依赖性，使得提高数据的可靠性至关重要。如果一个共享的数据块丢失，则所有共享该块的文件将变得不可用。令块 i丢失而损失的数据量$loss_i$为块 i的共享度w_i和块大小的乘积，如公式（5-3）所示：

$$loss_i = w_i \times chunksize \quad (5\text{-}3)$$

块的共享度w_i越高，重复数据删除操作的数据缩减比率（DER）越大，而相应的块丢失引起的数据损失量$loss_i$也越大。另外，重复数据删除技术通过消除数据冗余来节省存储空间，而数据可靠性的提高往往需要牺牲存储空间来保留数据冗余。因此，如何在降低数据冗余度和提高数据可靠性之间进行平衡，是重复数据删除技术研究领域一个具有挑战性的研究问题。

5.7.1 纠错编码技术

为了用更低的存储量来实现更高的数据可靠性。一些研究者将纠错编码技术应用到重复数据删除系统上，如RAID、ECC、纠删码（Erasure Coding）和Reed-Solomon编码等。Data Domain公司的DDFS[11]和HP公司的D2D4000[4]均采用RAID-6编码来纠错，能在两个磁盘同时失效时恢复数据。Liu等人提出了重复数据删除存储系统R-ADMAD[35]，在将变长的数据块打包成固定大小的对象的基础上，采用基于ECC校验来提高数据的可靠性。NEC公司的HYDRAstor备份存储系统[5]，如图5-19所示采用纠删码在存储节点之间组织数据来提高可靠性。相比于副本策略，纠错编码技术能够获得同样甚至更高的数据可靠性，并且更加节省存储空间（数据冗余量一般不会超过一倍），但在纠错过程中需要进行大量的计算。

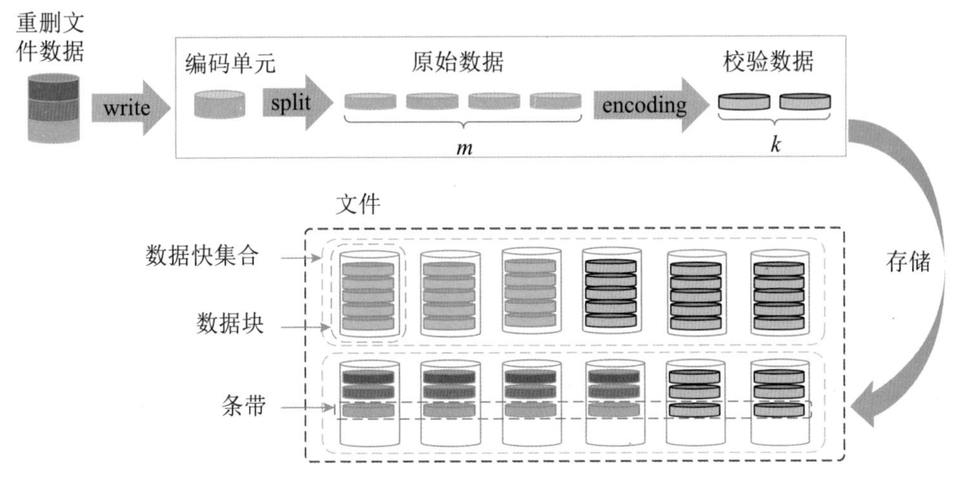

图5-19 基于纠删码的可靠重删存储系统

为在降低数据冗余与保持数据的高可靠性之间寻求平衡，目前的重复数据删除系统只是简单地应用传统的副本策略和纠错编码技术来实现，并没有针对重复数据删除系统基于内容寻址的特点设计可靠的数据布局策略。在降低数据冗余以节省存储空间的同时，如何通过合理的数据布局使重复数据删除系统在性能和可靠性上也获得更多优势仍然是一个亟待解决的问题。

5.7.2 副本策略

为保持重复数据删除系统的高可靠性，同时最小化数据冗余量，Bhagwat等提出了一种基于副本的策略[34]，根据每个块的共享度在不同的设备上放置副本以提高重复数据删除系统的数据可靠性。通过建模分析得到为保持重复数据删除系统的高可靠性，每一个块的副本数目k为一个关于块共享度w的函数，满足公式（5-4）所示：

$$k = min(max(2, a + b \times log(w)), k_{\max}) \tag{5-4}$$

式中：a和b为常数，分别表示不同的空间利用率和鲁棒性；$k_{\max}$为系统中的最大块副本数阈值。

这样，每个数据块至少保持两个副本，最多不超过$k_{\max}$个副本；块的副本数与共享度的对数呈线性关系。比较数据镜像和本地压缩相结合的传统方法，这种副本策略能够获得更高的可靠性，同时节省近一半的存储空间。如果平均块副本数超过3，则具有类RAID系统的数据可靠性。这种基于副本的策略简单有效，但由于每个块至少有两个副本，需要超过一倍的数据冗余量，另外，由于块副本数目是变化的，在读写数据时会引起通信开销大，I/O性能低，管理困难等问题。

5.8 数据安全技术

重复数据删除存储系统同样面临严重的安全威胁，特别是像Dropbox、Wuala和Mozy等云存储系统[78]。由于重复数据删除后的用户之间存在数据块或文件内容共享，从而暴露出云存储系统在安全弱点和隐私方面的问题。当前，跨用户的重复数据删除面临三种主要的安全挑战：加密冲突[80]、旁路攻击（Side-Channel Attack）[79]、以及所有权证明（Proof of Ownership）[89]。加密冲突是由于不同的用户可能会使用各自不同的密钥加密它们的数据，即使不同用户的数据具有相同的明文，也会加密成不同的密文，使得重复数据删除无法跨用户进行处理，如图5-20所示。旁路攻击则是跨用户重复数据删除会被当作旁路来揭示用户的隐私信息，可以有确定文件是否存在、学习文件内容以及建立一条转换通道等攻击方式。以及所有权证明是指攻击者可以仅使用一个小的哈希值作为整个文件的代理，客户端就能向服务器证明其上传过该文件，服务器就会允许攻击者下载整个文件。针对上述三种安全挑战，已有大量的研究工作来想办法解决这些问题。

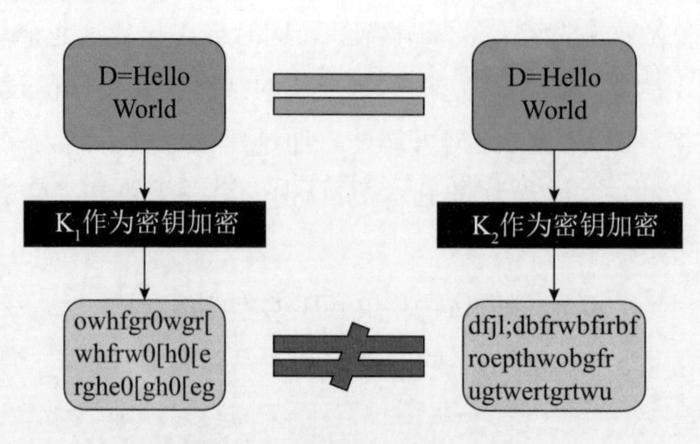

图5-20 重删与加密冲突问题

5.8.1 加密冲突

针对重复数据删除与传统加密技术不兼容的问题，收敛加密（Convergent Encryption）将数据内容的哈希值作为密钥用来加密数据，已被广泛应用于重复数据删除系统来平衡存储空间节省和数据安全性。收敛加密使得来自不同用户的相同数据内容也会被加密成相同的密文，让跨用户的重复数据删除处理能够在加密后同样节省存储空间。这种基于内容的密钥生成技术和重复数据删除的结合是20世纪90年代中期开始提出的[81]，后来被开发并应用于微软的Farsite分布式文件系统[82]。

为验证收敛加密的安全性，Bellare等研究消息锁定加密MLE的理论模型及其安全性评估[85]，将普通收敛加密与基于哈希的收敛加密、随机收敛加密两类方法进行对比分析，研究表明随机收敛加密性能最好；其次是基于哈希的收敛加密性能也较高，但这两种方法在安全性上要弱于普通收敛加密机制。由于收敛加密不能抗暴力攻击，很容易被攻击者从已知数据信息中恢复文件，DupLESS[86]方法在基于收敛加密的重复数据删除系统中增加密钥服务器，以支持抗暴力攻击的安全重删存储服务。它是利用基于RSA的伪随机函数协议在收敛加密密钥上增加额外的消息，保证攻击者学习不到用户所存文件的信息。

针对收敛加密密钥的安全可靠管理问题，Dekey通过Ramp密钥共享机制将收敛加密密钥分布到多台服务器来管理大量加密后的收敛加密密钥[84]。为降低加密处理的计算开销，SecDep[87]将跨用户的文件级重复数据删除和用户内的块级重复数据删除相结合，并分别采用不同的安全策略来抵抗暴力攻击；这两级重复数据删除机制都是通过改进收敛加密来保证数据的安全性，但文件级收敛加密的密钥是通过服务器辅助来支持跨用户重复数据删除，而块级收敛加密的密钥则是用户辅助方法来降低计算开销。

5.8.2 旁路攻击

当多个客户的数据传送到云存储服务器进行重复数据删除处理时，攻击者在其中一个客户站点使用重复数据删除作为旁路攻击手段，可揭示其他客户的文件或块内容的隐私信息。Harnik等提出一种用随机的机制来关闭跨用户重复数据删除处理方法[79]，通过弱化重复数据删除与文件已存储之间的相关性，减少用户数据泄露的风险。Heen等提出一种基于网关的重复数据删除模型[88]，它通过网络服务提供商的网关而不是客户端来进行有效的重复数据删除，从而减少攻击者通过客户端旁路攻击引起信息泄露的风险。

5.8.3 所有权证明

所有权证明POW就是让一个客户能够向服务器有效地证明其对文件的归属权。它可以用来阻止攻击者基于文件的指纹访问到其他客户的文件内容。Halevi等最先介绍所有权证明的概念[89]，允许一个客户通过文件生成错误更正码和建立Merkle树结构[90]，可以有效地向服务器证明客户拥有该文件。

为降低客户端生成文件所有权证明POW的I/O和计算开销，s-POW[91]从文件中随机地选择一个比特串来作为文件的POW，每个比特都是从文件随机位置选出来的；而服务器端生成POW的I/O和计算可以延缓到系统负载低时进行。Xu等人提升和推广收敛加密方法[92]，支持客户端在有界信息泄露模型中加密的文件进行重复数据删除处理；该模型采用的信息泄露设置比Halevi模型[89]更弱。

除了以上方面外，还有研究者提出CDStore系统[93]采用多云存储服务来保证重复数据删除后的数据安全性和可靠性。它提出一种扩展的秘密共享机制CAONT-RS，如图5-21所示使用确定的数据加密哈希值作为密钥加密来生成密文，获得类似于收敛加密一样的效果，将相同的数据内容加密成相同的密文，然后为保证数据可靠性，将密文通过纠删码编码为N个分片，每个分片分散存放到不同的云存储服务，数据还原时只需要获得任意K个分片即可（$K<N$）。可以看出，不论是通过调整跨用户重复数据删除来提高安全性，还是采用纠删码校验信息来提升数据可靠性，都需要相应地增加数据存储开销。

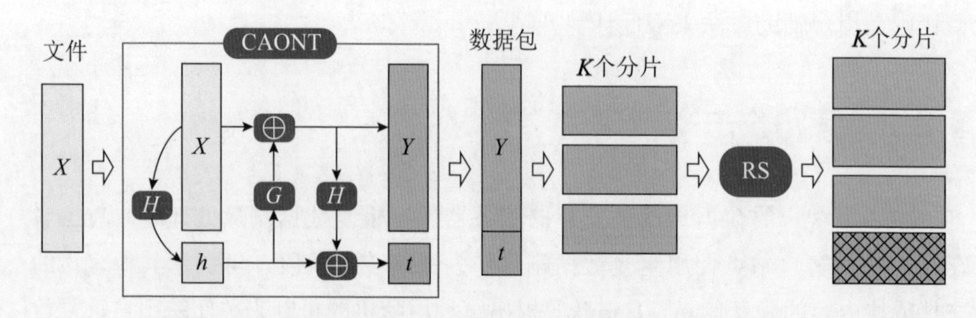

图5-21　CAONT-RS编码机制[93]

5.9 本章小结

本章重点分析和研究重复数据删除的各项关键技术，包括数据划分方法、块索引查询优化技术、块指纹计算加速方法、可扩展数据路由技术、垃圾回收方法、数据还原技术、高可靠数据配置策略以及数据安全技术。如果数据分块方法所使用的分块粒度越小及分块计算复杂度越高，则能够发现重复数据内容越多，但相应的元数据管理及查询开销也会提高。

为消除块索引查询磁盘瓶颈，我们不仅可以开发数据流的局部性，还可以通过分层查询管理和底层存储硬件加速优化块指纹索引查询性能。通过构建分布式重复数据删除存储机制，我们基于数据局部性和相似性开发可扩展数据路由技术可以进一步地提高系统扩展能力。由于块指纹计算需要大量的计算资源，充分开发多核CPU和GPGPU硬件的计算性能可以有效地缓解重删处理的计算性能瓶颈。数据块碎片化问题会引起数据还原性能衰减，重删存储系统设计需要重写碎片化严重的数据块，在容量节省和性能开销之间寻找一个合适的平衡点。引用计数或标记清理可以在垃圾回收中有效地确定无效块和回收它们的存储空间。

传统的副本策略和纠错编码技术可以有效地平衡数据冗余与可靠性，但前者可保持更高性能，后者更节省空间。简单的加密技术已经无法有效地共享重删后的数据，解决加密冲突、旁路攻击和所有权证明已经是当前重删存储研究的热门话题。

参考文献

第6章

应用感知源端重复数据删除机制

随着大量重要的个人或企业数据存放在台式机、笔记本电脑、智能手机和平板电脑等个人计算设备上，个人计算环境下的云备份服务市场增长越来越快。源端重复数据删除已经成为云备份服务广泛采用的核心技术，以减少数据传输量，节省网络带宽利用率和云存储容量。然而，个人计算客户端基于源端重复数据删除的云备份服务面临两大主要挑战：

（1）个人计算客户端系统资源有限，而重复数据删除操作是资源密集型任务，这使得个人计算环境下的源端重复数据删除效率低；

（2）由于重复数据删除处理将连续的大数据传输变为离散的小数据传输，使得源端重复数据删除操作后基于广域网的数据传输效率降低。

本章首先通过大量个人数据统计，分析文件语义对重复数据删除操作的影响，首次发现不同应用数据之间的数据重叠比例非常低，根据不同应用数据的特点进行独立并行的重复数据删除对数据缩减率的影响可以忽略不计。然后，提出了应用感知重复数据删除思想：基于应用感知进行智能的数据分块和自适应哈希函数选择，并采用应用感知索引结构将整个大指纹索引划分为若干个独立的、应用特定的小索引来消除磁盘索引查询瓶颈。利用源端重复数据删除操作中客户端冗余检测和服务器端冗余检测在节省云存储空间与减少消重处理时间上存在互补的特点，针对个人计算环境下的云备份服务，设计了客户端局部冗余检测与服务器端全局冗余检测相结合的源端应用感知重复数据删除机制ALG-Dedupe。另外，将小粒度的块传输合并为大粒度的段传输，以优化基于重复数据删除云备份服务的网络传输效率。最后，通过自行设计和实现原型系统，并对比已有的基于源端重复数据删除的主流云备份服务，全面验证和评估本章设计的源端应用感知重复数据删除机制在数据缩减率、备份窗口、能耗利用率、云服务成本和系统开销等方面的优势。

6.1 研究背景

当前，数字信息的容量和价值不断增长，使得个人计算环境下的数据保护需求变得越来越关键。根据国际数据公司IDC的研究统计[10]，数字信息每18个月翻一番，而且超过30%的数据需要进行高标准的保护。

大数据的生成主要来源于个人计算设备，IDC的另一项研究[1]指出：数字世界中，超过70%的数据产生于个人计算环境。台式机、笔记本电脑、平板电脑和智能手机等个人计算设备已成为当前绝大多数用户最主要的计算平台，并且这些设备上所存储的数据也变得越来越重要。然而，最近的研究表明：31%的个人电脑用户存在丢失所有个人文件的情况[11]，并且这些数据丢失造成的损失达到平均每台设备49 000美元[12]。为了避免由系统软硬件错误、人为误操作、病毒攻击、设备丢失或被盗等因素引起的数据丢失风险，个人计算环境下基于本地或远程备份的数据保护和恢复工具对企业和个人用户不可或缺。

云备份服务已经成为个人计算设备进行数据保护的高性价比选择。近年来，随着云计算的发展，云存储能够提供无限的虚拟存储资源，并按使用计费，受到工业界和学术界越来越多的关注[13]。传统的个人数据备份服务往往将数据备份到专用的外部磁盘，这样使用起来不方便，管理复杂，而且代价较高。也不同于使用高速专用网络的远程数据备份，云备份服务通过低带宽互联网将备份数据管理外包给云存储服务商，用户能够很容易地管理大量备份数据，而不需要关注维护备份系统的基础设施。此外，集中的云存储管理能够极大地提高IT资源利用率，降低系统成本，并提供简单的异地存储。因此，云备份服务对网络带宽有限、数据量少且更新率低的个人计算很有吸引力。

重复数据删除作为一种高效的数据缩减技术，包括数据分块、块指纹计算、块索引查询和块存储等操作。其中，数据分块和块指纹计算为计算密集型任务[28]，块索引查询和块存储为I/O密集型任务。源端重复数据删除能够在客户端进行数据传输前删除数据冗余，相比于目标端重复数据删除，它能够极大地缩减跨广域网的数据传输量。

然而，个人计算设备的系统资源非常有限。因此，如何在资源有限的个人计算设备上进行高效率的重复数据删除来平衡数据缩减率和系统资源开销是一个重要挑战。另外，重复数据删除操作将原有的连续的大粒度数据传输转换为离散的小粒度数据传输，由于小粒度数据传输的底层网络协议开销高[14]，使得数据网络传输的效率低。因此，需要解决重复数据删除后连续数据离散化引起的网络传输效率问题。

6.2 相关研究工作

6.2.1 应用感知存储研究

传统的存储堆栈由应用、文件系统和存储硬件等层次构成，每一层都包含不同种类数据的信息，这些在每层中的信息不能被其他任意层访问。应用感知存储是能够理解不同应用及其使用模式的智能存储系统，它基于性能、可用性、可恢复性等来调整存储，以适应存储对应的关键应用。当底层的存储层获得上层应用的数据结构和访问特征知识时，基于存储与应用的协同设计能够优化数据布局、改进快速缓存行为以及提升服务质量等级[15][16]。

在基于重复数据删除存储系统中，利用应用感知优化数据消重操作能够极大地改进重复数据删除效率。ADMAD[18]采用了基于应用感知的数据分块技术来改进重复数据删除技术检测冗余数据的能力，它通过开发特定应用文件的具体数据格式，排除元数据信息对重复数据删除效果的影响。ViDeDup[17]是一种针对视频文件进行的应用层内容感知的重复数据删除架构，它不同于传统的字节级数据冗余检测机制，能够发现更多的数据冗余。SAM[2]设计了一种混合源端重复数据删除机制，通过开发文件语义结合文件级重复数据删除和块级重复数据删除来减少元数据量和降低索引查询开销，同时，发现这种基于文件语义的优化对重复数据删除效果的影响非常小。本章将利用文件语义来实现应用数据分类，同时根据不同应用的内容和格式差异，设计基于应用感知的重复数据删除机制来提高重复数据删除效率。

6.2.2 基于源端重复数据删除的云备份研究

不同于传统的远程数据备份，需要在客户端与服务器间建立专用的高带宽网络链接，云备份能够极大地放宽这个要求，即使在带宽有限的互联网环境下也很适用。源端重复数据删除在数据传输前消除数据冗余，能够极大地减少存储需求和网络带宽开销。基于不同的消重粒度，源端重复数据删除可以分为文件级源端重复数据删除和块级源端重复数据删除。前者在文件粒度删除冗余数据，由于消重粒度大，具有低数据缩减率和低系统开销的特点；后者在数据块粒度删除冗余数据，因消重粒度小能够发现更多的数据冗余而提高数据缩减率，但细粒度的消重在资源有限的个人计算设备上需要消耗大量的计算资源和内存资源，显然代价过高。

在细粒度数据分块的基础上，采用全局重复数据检测能进一步优化数据缩减效果。不同于客户端进行冗余检测的源端局部重复数据删除，源端全局重复数据删除通过发现和删除更多云客户端之间共享的冗余数据获得更好的数据消重效果。它将数据对象指纹发送到云端与其他客户端的数据对象集合进行比对，只跨广域网传输唯一的数据对象。尽管源端全局块级重复数据删除能够获得高重复数据删除效果，但云端的指纹查找延迟成为一个潜在的性能瓶颈。Cloud4Home[18]通过结合低延迟的有限本地资源与高延迟的丰富互联网资源来提升数据服务。本章首先采用一种自适应的数据分块机制来减少数据对象指纹数量，然后只传输客户端局部消重后的唯一数据对象指纹到云端进行全局消重，以减轻跨广域网的索引查询延迟性能瓶颈。

为支持高重复数据删除吞吐率，重复数据搜索速度和指纹哈希函数的计算复杂度在决定重复数据删除效率上都发挥着重要作用。与传统的块级源端重复数据删除机制不同，Cumulus[3]将小文件合并为大粒度数据段进行远程存储以优化网络传输效率，且将冗余检测范围控制在该文件相关的历史版本中，以加快指纹索引查询速度。EndRE[27]采用一种弱哈希指纹生成机制，如MD5、SHA-1、SHA-2等，而不是强加密哈希函数，从而减少网络服务器在冗余删除过程中的计算开销。本章开发应用感知将冗余数据搜索控制在同一种文件格式的应用数据类型范围内，同时，也提高客户端数据聚合策略用来降低消重后小数据传输引起的底层网络传输协议开销高的问题；另外，采用弱哈希函数来生成粗粒度数据的指纹进行客户端局部消重，其他则用强哈希函数产生指纹，从而降低客户端的计算开销，并且能够避免严重的哈希冲突。

6.3 基本形式化模型

6.3.1 符号与基本定义

为了便于描述，先给出建立基于源端重复数据删除云备份模型所需的符号和基本定义，见表6-1。

表6-1 常用符号表

符 号	基本定义
L	逻辑数据集大小
Li	第i种应用的逻辑数据集大小
P	物理数据集大小
R	数据缩减率
B	平均云存储网络带宽
C	平均数据块大小
P_L	局部消重后的物理数据集大小
P_{Li}	局部消重后第i种应用的物理数据集大小
P_G	全局消重后的物理数据集大小
P_{Gi}	全局消重后第i种应用的物理数据集大小
P_{AG}	应用感知全局消重后的物理数据集大小
T_L	平均每个数据块的局部消重延迟
T_{Li}	第i种应用中平均每个块的局部消重延迟
T_G	平均每个数据块的局部消重延迟
T_{Gi}	第i种应用中平均每个块的全局消重延迟
DE	重复数据删除效率
DE_{ALG}	ALG-Dedupe的重复数据删除效率
BWS	平均每个块的备份窗口大小
BWS_L	平均每个块基于局部消重的备份窗口大小
BWS_G	平均每个块基于全局消重的备份窗口大小
BWS_{LG}	平均每个块结合全局消重与局部消重的备份窗口大小
BWS_{ALG}	平均每个块基于ALG-Dedupe的备份窗口大小

这些符号的定义分别用来描述个人计算客户端局部重复数据删除、云数据中心全局重复数据删除以及每种应用数据进行独立重复数据删除的情况。为方便对比分析，这里既用了平均每个数据块基于重复数据删除云备份的性能指标，又用了整体的重复数据删除效率指标。

6.3.2 模型抽象与问题定义

对于逻辑大小为L的备份数据集，在个人计算客户端进行局部重复数据删除后的物理数据集大小为P_L，而在云数据中心进行全局重复数据删除后的物理数据集大小为P_G（$P_L > P_G$）。为了便于分析，将备份过程分为三个部分：局部冗余检测、全局冗余检测和唯一数据云存储。这里，数据分块和指纹计算包含在冗余检测步骤中。假设平均每个数据块的局部重复数据删除延迟T_L，平均每个数据块的全局重复数据删除延迟T_G（$T_L > T_G$），平均每个数据块的大小C，以及平均的云存储I/O带宽B。这里，分别建立模型来评估平均每个数据块基于局部源端重复数据删除的云备份窗口大小BWS_L和基于全局源端重复数据删除的云备份窗口大小BWS_G，有公式（6-1）和公式（6-2）成立：

$$BWS_L = T_L + \frac{C}{B} \times \frac{P_L}{L} \tag{6-1}$$

$$BWS_G = T_G + \frac{C}{B} \times \frac{P_G}{L} \tag{6-2}$$

NEC公司的调查研究[19]表明：尽管局部源端重复数据删除能够获得几倍到几十倍的数据缩减率，且具有低消重延迟特性，但全局源端重复数据删除能够发现比局部机制多20%～50%的冗余数据。不过，访问延迟往往是云计算的致命缺点，平均每个数据块的全局源端重复数据检测延迟T_G是局部源端重复数据检测延迟T_L的几十倍至数百倍。为了平衡云存储空间节省和云访问延迟，本章提出了采用局部策略与全局策略结合的源端重复数据删除机制来缩减备份窗口。一方面，利用客户端本地资源减少消重延迟；另一方面，开发丰富的云计算资源来改进数据缩减率。公式（6-3）给出了一个新的模型，在基于局部冗余检测与全局冗余检测结合的混合源端重复数据删除机制作用下评估每个数据块的平均备份窗口大小。如果云延迟高公式（6-4）成立，则混合源端重复数据删除机制优于全局源端重复数据删除；如果互联网带宽低公式（6-5）成立，则混合源端重复数据删除机制相比局部源端重复数据删除备份窗口更小。云备份本质是基于互联网访问远程在线存储来提供服务。因为跨广域网访问，不仅网络延迟高，而且传输带宽也较低。因此，混合源端重复数据删除相比于单纯的局部源端重复数据删除或全局源端重复数据删除都有优势。

$$BWS_{LG} = T_L + T_G \times \frac{P_L}{L} + \frac{C}{B} \times \frac{P_G}{L} \tag{6-3}$$

$$\frac{P_L}{L} + \frac{T_L}{T_G} < 1 \tag{6-4}$$

$$\frac{P_G}{P_L} + \frac{B \times T_G}{C} < 1 \tag{6-5}$$

为平衡基于源端重复数据删除云备份服务的云存储代价和备份窗口大小，本章提出了新的重复数据删除效率度量。一般容易理解重复数据删除的效率是正比于由数据缩减率R描述的重复数据删除效果，同时，反比于平均每个块大小为C的数据块平均备份窗口大小BWS。文献[9]中提出用“每个时钟周期节省的字节数”来评估不同重复数据删除机制的计算开销，这里用“每秒节省字节数”作为同一实验平台上重复数据删除效率的度量单位。重复数据删除效率DE可以由公式（6-6）表示：

$$DE = \frac{C}{BWS} \times (1 - \frac{1}{R}) \tag{6-6}$$

传统基于重复数据删除的云备份服务不能感知文件级语义知识，本章开发应用感知来优化基于源端重复数据删除云备份服务的效率。利用文件语义，可以将备份数据集划分为n个不同的应用数据子集，并为每种应用数据进行专用的重复数据删除处理，从而提高重复数据删除的数据缩减率，降低重复数据删除延迟。对于第i种应用，Li为该应用数据子集的逻辑大小，P_{Li}和P_{Gi}分别为该应用数据子集在局部应用感知重复数据删除后和全局应用感知重复数据删除后的物理大小（$P_{Li}/Li < P_L/L$，$P_{Gi}/Li < P_G/L$）。对于平均每个数据块，进行局部应用感知冗余检测和全局应用感知冗余检测的延迟分别为：T_{Li}和T_{Gi}（$T_{Li} < T_L$和$P_{Gi} < T_G$）。

根据本章6.4节的数据分析结果发现：不同应用数据集之间数据重叠量占整个数据集的比例可以忽略不计。因此，本节可以利用公式（6-7）和公式（6-8）分别估计数据集的物理大小P_{AG}的上界和每个数据块在ALG-Dedupe下的平均备份窗口大小BWS_{ALG}，并可以推断出公式（6-9）。公式（6-9）表明：应用感知全局冗余检测与局部冗余检测结合的源端重复数据删除效率DE_{ALG}比不应用感知的全局冗余检测与局部冗余检测结合的源端重复数据删除效率DE_{AL}更高。

$$P_{AG} \approx \sum_{i=1}^{n} P_{Gi} < \sum_{i=1}^{n} \frac{L_i}{L} \times P_G = P_G \tag{6-7}$$

$$\begin{aligned}
BWS_{ALG} &= \sum_{i=1}^{n} \frac{L_i}{L} \times (T_{Li} + T_{Gi} \times \frac{P_{Li}}{L_i} + \frac{C}{B} \times \frac{P_{Gi}}{L_i}) \\
&< \sum_{i=1}^{n} \frac{L_i}{L} \times (T_L + T_G \times \frac{P_{Li}}{L_i} + \frac{C}{B} \times \frac{P_{Gi}}{L_i}) \\
&< \sum_{i=1}^{n} \frac{L_i}{L} \times (T_L + T_G \times \frac{P_L}{L} + \frac{C}{B} \times \frac{P_G}{L}) \\
&= T_L + T_G \times \frac{P_L}{L} + \frac{C}{B} \times \frac{P_G}{L} \\
&= BWS_{LG}
\end{aligned} \tag{6-8}$$

$$DE_{ALG} = \frac{C}{BWS_{ALG}} \times (1 - \frac{P_{AG}}{L}) > \frac{C}{BWS_{LG}} \times (1 - \frac{P_G}{L}) = DE_{LG} \tag{6-9}$$

6.4 研究动机

本节内容将在大量的个人数据集中进行基本的实验分析，调查数据冗余、基于经典数据分块的消重空间使用效率以及典型哈希函数的计算开销在不同应用数据集中的变化。这些数据集来自研究组内的桌面电脑、志愿者的个人笔记本电脑、图像处理和金融分析个人工作站以及一台共享的家庭服务器。表6-2给出了这些数据集的关键特征，包括：设备数量、应用数量、数据集大小等。下面，介绍基本的观察和分析结论来启发本章的研究创新。

表6-2　数据消重分析数据集

工作负载	设备数	应用数	大小
研究组桌面电脑	5	31	907GB
个人笔记本电脑	7	34	1.1TB
个人工作站	2	29	875GB
共享家庭服务器	1	31	1.3TB
总计	15	46	4.1TB

观察结果一：绝大多数的存储空间是由子文件级冗余低的大文件构成，而大文件数目比小文件数目少几个数量级。这暗示着个人计算环境下小数据集中只需进行文件级重复数据删除大文件，基于弱哈希函数计算文件指纹就能够获得近似强哈希函数的抗冲突效果。

为了揭示不同文件大小下的文件数与存储容量之间的关系，本节统计了表6-2中所列数据集在不同文件大小下文件数与存储空间使用的分布情况，如图6-1所示。我们观察到60.3%的文件小于10KB，这些小文件的容量只占总存储容量的1.7%；而只有1.5%的文件大于1MB，却占用了77.2%的总存储容量。这些结果与以前的研究结论[17][20]是一致的。这表明在重复数据删除过程中忽略对微小文件的处理对数据缩减率的影响较小，而且能够减少元数据开销，潜在地优化索引查询性能。

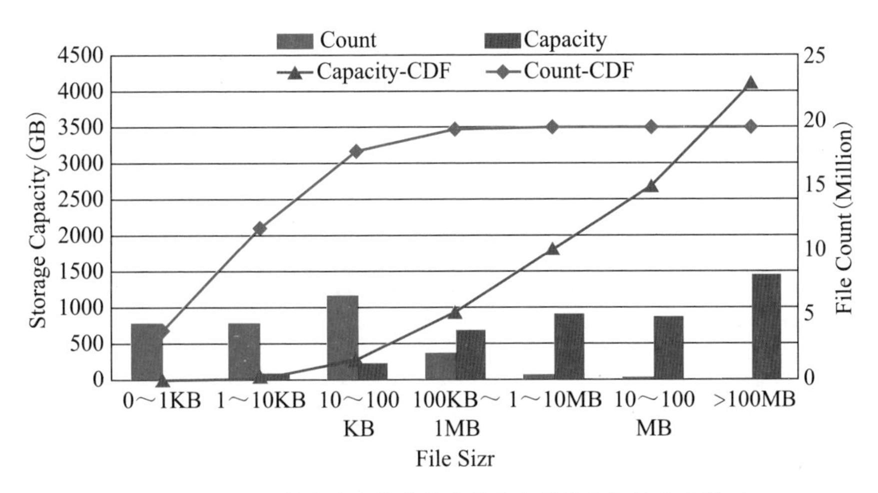

图6-1 随着文件大小变化存储容量和文件数之间的分布情况

数据缩减率的高低一方面取决于进行重复数据删除的数据集自身冗余度，另一方面依赖于进行容量优化时所采用消重技术的效率。为了验证这一观点，本节在对表6-2中的个人数据集进行文件级重复数据删除后，再进行基于静态分块（Static Chunking，SC）的定长块级重复数据删除和基于内容分块（Content Defined Chunking，CDC）的变长块级重复数据删除。其中，SC方法的块大小为4KB，CDC方法的平均块大小为4KB、上下界分别为16KB和2KB。表6-3展示了典型应用组在文件级重复数据删除后进行块级重复数据删除发现的冗余情况。

表6-3 经典压缩应用删除文件级冗余后的块级数据缩减率

应用分组	数据集大小/GB	平均文件大小/MB	基于静态分块的 R	基于变长分块的 R
Video	628	122	1.012	1.015
Audio	492	5.1	1.021	1.022
Image	554	2.2	1.018	1.023
Linux-AC	511	454	1.031	1.043
Mac-AC	195	98	1.026	1.027
Windows-AC	266	13	1.009	1.01

根据应用的功能差异，这里将采用压缩技术的文件类型分成六组，分别是：视频文件（Video），包括：.avi、.flv、.wmv、.mp4、.rm、.mpg等文件类型；音频文件（Audio），包括：.wav、.mp3、.mid、.wma、.ra等文件类型；图片文件（Image），包括：.max、.obj、.3ds、.jpg、.gif、.png等文件类型；Linux压缩归档文件（Linux-AC），包括：.tar.gz、.tar.bz2等；Mac OS X系统下的压缩归档文件（Mac-AC），包括：dmg文件；Windows压缩归档文件（Windows-

AC），包括：.rar和.zip等文件类型。从表6-3中的结果可以看出，这些使用压缩的应用文件具有非常低的子文件（Sub-file）级数据冗余，而且这些应用文件都比较大，文献[21]中也给出了相似的结论。在整个表6-2所列的个人数据集中，大于1MB的压缩文件占用了61.2%的存储空间。这与文献[17]指出："当文件大小超过8MB时，进行重复数据删除后的数据缩减率开始下降"的结论一致。

由于压缩文件的子文件级数据冗余度非常低，进行文件级重复数据删除就能获得与块级重复数据删除策略差不多的数据压缩率，而且，通过大粒度消重减少了元数据开销，能够提升索引查询速度。此外，在个人存储中只有少量的大文件，对文件粒度较大的压缩文件进行文件级重复数据删除，只需要采用弱哈希函数就足可以获得很好的抗哈希碰撞效果，这一点，观察结果四会进一步论证。

观察结果二：为开发子文件级的数据冗余，根据应用数据集的不同，获得最高重复数据删除效率所需选择的最优分块方法与块大小也不同。这表明相比于传统的重复数据删除机制采用单一的数据分块方法和单一的块大小策略，对每种应用数据子集进行专有的重复数据删除设计能够极大地改进重复数据删除效率。

为发现子文件级冗余，选择合适的数据分块方法和块大小以平衡冗余发现能力和重复数据删除开销变得很重要。基于静态分块的重复数据删除和基于内容分块的重复数据删除是常用的两种分块机制。前者将文件划分为固定长度的小数据块，管理简单；后者根据数据内容而不是数据位置分成块长度变化的小数据块来避免因数据更新引起的块边界偏移问题[14]，但计算开销大。另外，分块粒度过大会减少数据集中可发现的数据冗余量，分块粒度过小则会增加数据集表示和传输开销，因此，选择合适的块大小对提高重复数据删除效率至关重要。

本节在三种具有高数据冗余的应用数据集中，测试了局部冗余检测和全局冗余检测结合的源端重复数据删除效率如何随分块方法和块大小选择而变化。这三种应用包括：160GB Linux内核源代码（Linux）、313GB虚拟机磁盘镜像（VM）和87GB微软 Word多版本文档（DOC）。如图6-2所示，对于虚拟机磁盘镜像数据集，基于静态分块SC的数据消重比基于内容分块CDC的数据消重具有更高的重复数据删除效率。一方面是静态策略计算开销低，另一方面是在该数据集进行内容分块处理中大量数据块在达到分块上界时被强制切割造成静态分块策略SC获得近似甚至超过内容分块策略CDC的数据压缩率，这一现象也在文献[22]中被指出。同时，不同应用数据集获得最高重复数据删除效率的最优块大小也不同，如Linux内核源码使用CDC分块策略和2KB平均块大小时获得最高数据消重效率，虚拟机磁盘镜像采用SC分块策略和8KB定长块大小时达到最高数据消重效率，微软多版本Word文档则在CDC分块策略和4KB平均块大小情况下取得重复数据删除效率峰值。因此，应用感知重复数据删除能够根据数据集特征自适应地为每种应用数据子集选择合适的数据分块方法和块大小，从而极大地改进重复数据删除效率。

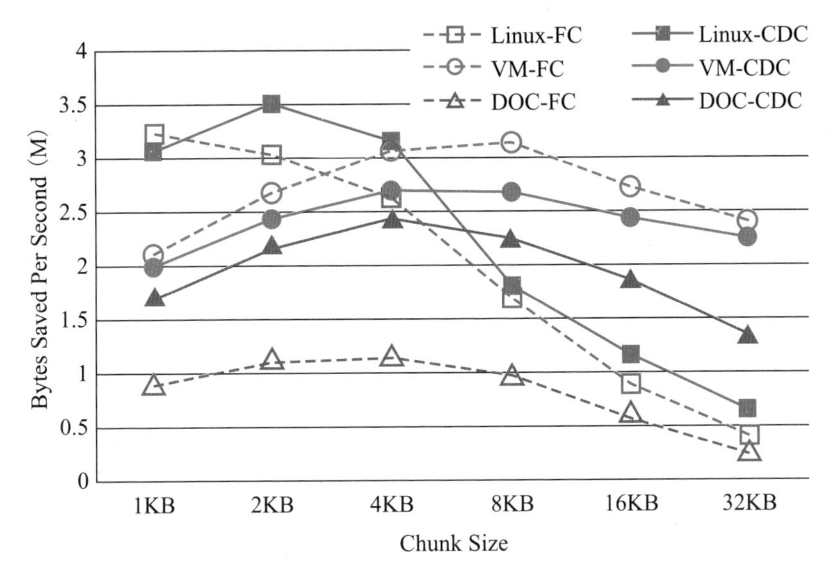

图6-2 不同应用数据集随着分块方法和块大小变化的消重效率

观察结果三：由于数据内容和格式的不同，不同类型的应用数据集之间共享的数据量相当小。这表明应用感知的重复数据删除通过对每种应用进行独立并行地处理能够潜在地改进重复数据删除效率。

笔者首次发现并发表这一重复数据删除分析结果在论文[24]中，并且后来微软研究院在15台全球分布服务器数据集的分析研究[23]中再次验证了这一发现的正确性。为指导应用感知的重复数据删除设计，本节进行内容重叠分析来开发独立并行的客户端局部冗余检测和云端全局冗余检测结合的源端重复数据删除策略。首先，利用理论建模分析多个应用之间数据重叠量的上限。定义A为包含n种应用数据集中重叠的数据量，A_i为应用i的数据集，则有公式（6-10）：

$$A=\bigcup_{i=1}^{n}(A_i \cap (\bigcup_{j\neq i} A_j)) \tag{6-10}$$

假设 $|A|$ 为数据集 A 的基数，即所包含元素个数，$|A_i \cap A_j|$ 为应用 i 的数据子集 A_i 与应用 j 的数据子集 A_j 两者交集的基数。通过集合论中基本的形式化推导，很容易从公式（6-10）推导出公式（6-11）。

$$|A| \leqslant \sum_{i<j}^{n} |A_i \cap A_j| \tag{6-11}$$

然后，系统地分析个人计算环境下多个应用之间的数据重叠。通过测试应用数据子集内部和应用数据子集之间进行重复数据删除处理来检测应用内和应用间的数据冗余度。为发现数据冗余，在每个应用数据集内将文件以4KB块大小进行定长分块，并计算相应数据块的MD5值作为其指纹。先比较每种应用内的数据块指纹来发现应用内数据冗余，然后多个应用之间进行两两对比以确定这些数据集里应用之间的数据冗余。实验结果见表6-4，可以看出：按文件类型对数据集进行划分，而且只进行应用内部的重复数据删除处理，相比于传统不分类的处理，损失的存储空间节省量是可以忽略不计的。

表6-4　应用间和应用内数据冗余度分析

工作负载	应用间冗余	应用内冗余
研究桌面电脑	1.1%	37%
个人笔记本电脑	0.9%	39%
个人工作站	0.6%	14%
共享家庭服务器	0.7%	21%
总冗余比例	0.8%	27.7%

为了进一步说明应用间数据冗余度很低这一论断，本节基于九种最流行的应用组进行数据重叠分析。这些流行应用组来自表6-2所列数据集，包括：Linux内核源代码（Linux）、虚拟机磁盘镜像（VM）、网页（Web）、邮件（Mail）、办公文档（Office）、归档文件（Archive）、图片（Image）、音频（Audio）、视频（Video）等应用。

如图6-3和图6-4所示分别描述了应用内重复数据删除处理前后应用间数据重叠的比例情况。柱状图显示了与每种应用数据重叠最高和次高的比例，表明少数应用提供最主要的数据重叠量。另外，数据集之间重叠的比例并不总是对称的，主要是因为各个应用数据集的大小不同。从研究结果发现，总容量为3.9TB的九种应用组共享数据量不超过22GB，占总容量的比例不到0.57%；应用内数据消重后这些应用组的数据总量为2.6TB，应用组之间进行两两比对发现总共数据重叠量少于10.2GB，占全部应用总容量的比例不到0.39%。由于各个应用数据集在内容和格式上的差异，上述九种应用组之间共享数据量比例非常小，这使得多个应用分组之间进行并行重复数据删除变得可能。因此，整个的数据块指纹索引可以根据文件类型信息被划分为许多独立的小索引，利用应用内部数据访问的局部性，这些索引划分设计能够有效地避免磁盘索引查询瓶颈，同时，在块索引结构上使用低索引竞争来开发更高的索引访问并行度。

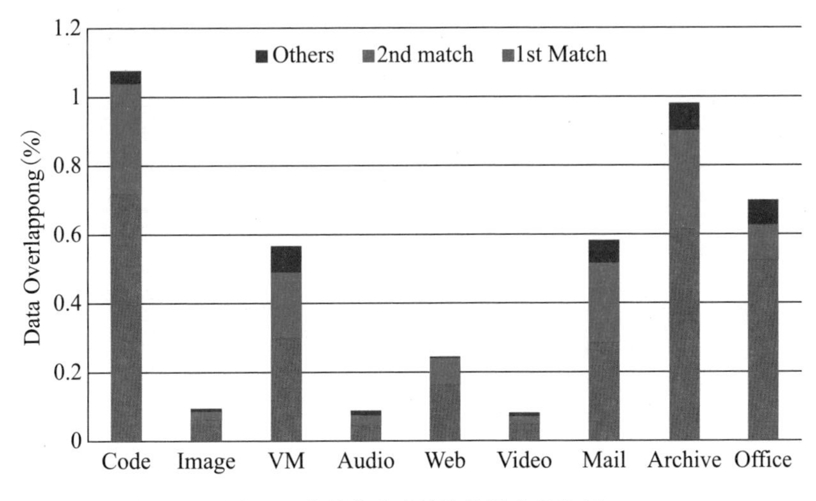

图6-3 应用内消重前的数据重叠比例

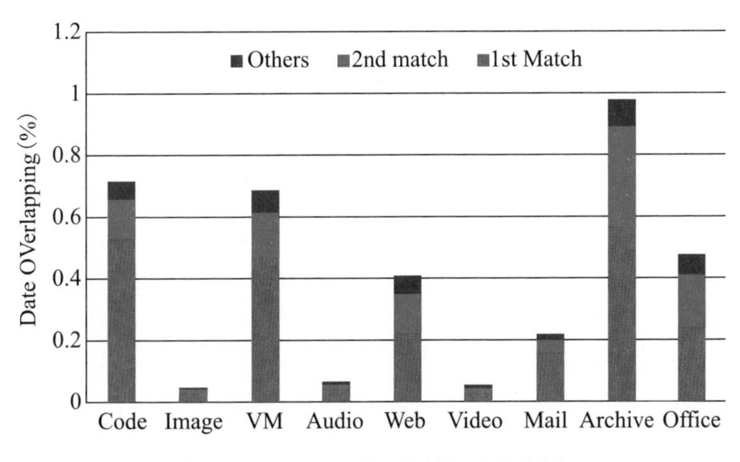

图6-4 应用内消重后的数据重叠比例

观察结果四：数据分块方法与哈希指纹算法的最优组合能够减少只有有限资源的个人计算设备端的系统开销。这表明：针对粗粒度数据块使用弱哈希函数，细粒度数据块采用强哈希函数进行指纹计算，能够有效地降低个人计算客户端进行局部重复数据检测时的计算开销和内存开销。

为了验证几种典型哈希函数对音频文件进行重复数据删除检测的计算开销，这里在配置2.53GHz Intel Core 2 Duo处理器的个人笔记本电脑上，测试了RabinHash、MD5和SHA-1算法以文件粒度分块的全文件分块策略（WFC）、4KB固定块大小的静态分块策略（SC），以及4KB平均块大小的基于内容分块策略（CDC）进行用户态四线程并行分块和指纹计算的吞吐率。RabinHash是一种比加密哈希函数计算开销低的滚动哈希函数，选择12字节长扩展RabinHash值来降低有限个人数据集内进行局部重复数据删除时的哈希冲突。

如图6-5所示，文件级重复数据删除WFC的平均吞吐率与基于静态分块的块级重复数据删除SC近似，这是因为大量的处理时间是在数据块哈希计算本身[25]。基于内容分块重复数据删除CDC的主要计算任务是确定数据块边界，而不是数据块指纹计算，其吞吐率最低。

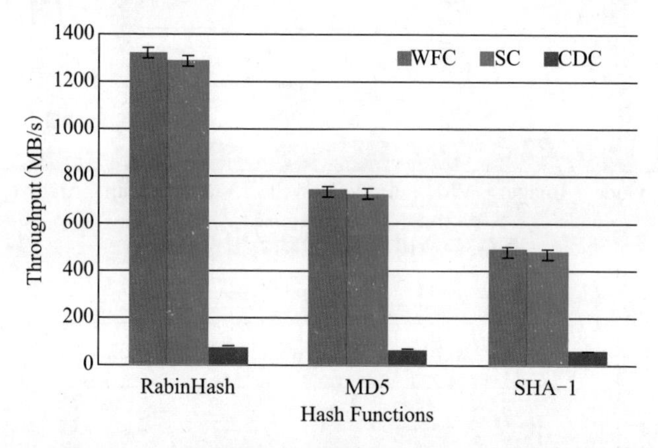

图6-5　数据分块与指纹计算的吞吐率

简单的数据分块方法WFC和SC具有更低的元数据存储和分块开销，弱哈希函数RabinHash具有更低的计算开销，因此它们的吞吐率都更高。同时，发现RabinHash和MD5的计算响应时间之和小于SHA-1的计算响应时间。因此，非微小压缩文件进行局部全文件消重检测过程中，采用扩展RabinHash值作为指纹能够减少计算开销，并且因为个人数据集只有GB级或TB级，扩展RabinHash用于大粒度文件消重可以避免哈希冲突。为避免PB级或EB级云存储数据集中进行全局消重检测时的哈希冲突，16字节MD5值适合应用在局部源端重复数据删除后的压缩文件上计算文件指纹。对于采用SC方法比CDC方法具有更高重复数据删除效率的应用，如虚拟机磁盘镜像等，在局部和全局消重检测中都使用静态分块策略SC和SHA-1哈希函数。

由于变长分块策略CDC的块索引中具有块大小属性，结合块指纹能够用来唯一标识数据块。因此，在一般采用CDC分块且具有更高消重效率的非压缩应用数据集中，使用MD5哈希函数进行基于CDC分块的重复数据删除冗余检验能够有效降低计算开销。文献[26]给出了N个随机生成的K字节长哈希值出现一次哈希碰撞的概率估计$Pr(N,K)$，如公式（6-12）。依据试验中所采用的平均块大小，可以估算出上述三种分块策略与哈希函数组合发生哈希冲突的概率近似且非常低，范围在10^{-21}～10^{-18}。

$$Pr(N,K)=1-\mathrm{e}^{\frac{-N(N-1)}{2^{8K+1}}} \tag{6-12}$$

6.5 高效应用感知源端重复数据删除的设计与实现

为了获得高数据传输率，个人计算客户端在云备份服务中进行重复数据删除处理，引起索引大小和性能挑战。传统方法[9][27]使用计算开销低的方式来解决这些挑战，但发现数据冗余的能力低，使得这些方式的数据缩减率低。本章提出了一种高效的应用感知源端重复数据删除机制ALG-Dedupe。它不仅开发应用感知来提升重复数据删除效率，而且结合客户端局部冗余检测和云端全局冗余检测来优化源端重复数据删除，使其具有与本地局部重复数据删除一样低的重复数据删除延迟，以及与远程全局重复数据删除近似的云存储空间使用量。

ALG-Dedupe是受上一节四种试验观察结果启发设计的，以达到高数据缩减率和低系统开销。其主要思想是：基于应用感知进行智能的数据分块和自适应哈希函数选择，同时开发低通信开销的本地资源和高通信开销的云资源来提升重复数据删除效率；采用应用感知索引结构将整个大指纹索引划分为若干个独立的、应用特定的小索引来消除磁盘索引查询性能瓶颈。

6.5.1 ALG-Dedupe体系结构简介

ALG-Dedupe的系统结构大致如图6-6所示。出于效率原因，微小文件首先被文件大小过滤器过滤掉，非微小的备份数据文件在智能分块器中采用应用感知分块策略进行分块。然后，应用感知消重器通过哈希引擎生成块指纹和在客户端磁盘上的本地应用感知局部索引查询这些块指纹值，对来自同一文件类型的数据块进行重复数据删除。

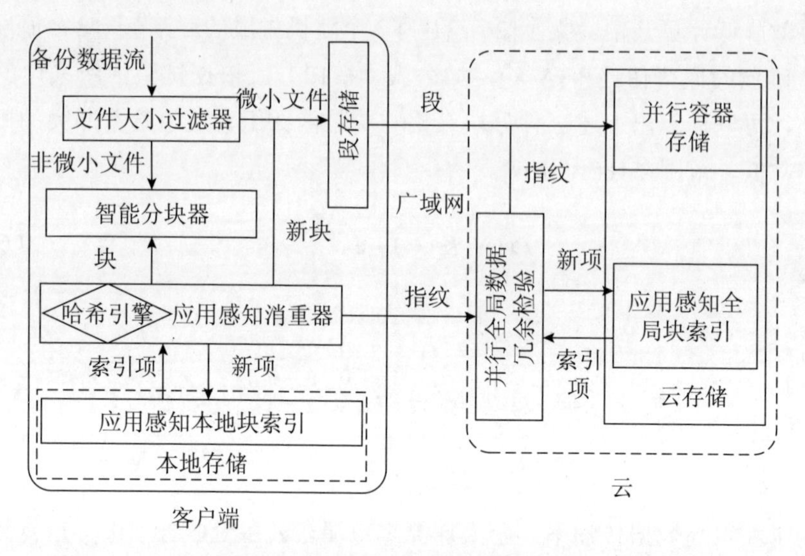

图6-6　ALG-Dedupe的系统结构设计

如果在本地索引查询中找到了相应的指纹值，则更新该数据块的文件元数据信息用来指向已存相同内容数据块。如果没有发现匹配，相应的块指纹值将被发送到云端的重复数据删除服务器，通过查询全局应用感知索引进行并行全局冗余检验。一旦在云端发现匹配，则为重复数据块更新相应的文件元数据；否则，可以判断该数据块为新的，需要传送到云端。在客户端，指纹将被分批进行传输，新的数据块和微小文件将被打包成粒度较大的数据段，然后再传送到云存储中，以减少云延迟和改进跨广域网的网络带宽效率。在云数据中心端，数据段与块指纹一起按并行容器管理存放在云存储中，相关文件的元数据被更新到这些唯一数据块，同时，在云端全局应用感知索引和本地局部应用感知索引中都添加相应块索引信息。关于整个重复数据删除过程的详细介绍将在6.5.2 小节中描述。

6.5.2　文件大小过滤器

由于个人数据集中绝大多数的文件为微小文件，占整个存储容量非常小的比例。从6.4节的观察结果一的统计中可以发现60.3%的文件数不超过10KB，却只占有总存储容量1.7%的空间。为了减少元数据开销，ALG-Dedupe将小于10KB的微小文件在进行重复数据删除前通过文件大小过滤器过滤掉。然后，将这些过滤出的微小文件合并为1MB大小的数据段进行数据传输，增加跨广域网的数据传输效率。

6.5.3 智能数据分块策略

数据分块策略对重复数据删除效率具有极大的影响。6.4节的观察结果二的讨论中已发现：不同应用数据集在不同数据分块方法下的数据消重效率相差很大。依据文件类型是否为压缩或是否用SC方法比CDC方法具有更高消重效率，将应用数据集分为三大类：压缩文件、静态无压缩文件和动态无压缩文件。

压缩文件具有低的子文件级冗余，为了更好地平衡数据缩减率和重复数据删除开销，对压缩文件采用全文件划分策略WFC。而静态非压缩文件按相应应用数据理想的块大小利用SC策略进行定长分块处理；对动态非压缩文件按最优平均块大小使用基于CDC方法的变长分块来划分。

为了使智能数据分块更有效，在重复数据删除前对数据进行预处理，将一些由小型文件系统构成文件的复杂文件类型中的独立对象以文件形式抽取出来，如从办公文件中抽取出多媒体对象、从邮件文件中抽出附件等。

6.5.4 应用感知的消重器

在智能数据分块模块中进行数据分块后，通过哈希引擎生成块指纹，和本地客户端或远程云进行重复数据块检测，重复的数据块将在应用感知的消重器中被消除。为了获得更高的重复数据删除效率，应用感知消重器结合了局部源端重复数据删除和全局源端重复数据删除。前者能够利用与本地数据相关的应用感知局部索引来检测数据冗余，访问延迟低；后者将局部源端消重后的数据块指纹发送到云端，通过查询在云端的应用感知全局指纹索引来发现更多的数据冗余，获得高数据缩减率。

在重复数据删除过程中，大量的计算开销产生自哈希引擎中的块指纹计算，因此，哈希函数的选择对减轻个人计算客户端计算开销和避免哈希冲突来保持数据完整性起着至关重要的平衡作用。这里，采用扩展的12字节RabinHash

值作为大粒度压缩文件在全文件分块后的哈希指纹值来进行本地局部重复数据检测，由于个人数据集只有GB级或TB级容量，这一弱哈希函数不会引起高的哈希冲突率。为避免PB级云端数据集中进行全局重复数据检测时的哈希碰撞，对压缩文件进行本地局部消重后的数据采用MD5值做进一步的云端全局数据消重。对于未压缩的文件数据，不论是局部冗余检测还是全局冗余检测，都采用20字节的SHA-1来计算静态未压缩数据块指纹，使用16字节的MD5来计算动态未压缩数据块指纹。

6.5.5 应用感知索引结构

ALG-Dedupe需要两个块索引将数据块的哈希指纹映射到其在云存储中的存储地址，并通过索引查询来判断数据块是否重复进行源端数据消重。其中，一个是在客户端的本地局部索引，另一个是在云端的远程全局索引。如果在局部或全局索引中发现匹配的数据块指纹，则认为该数据块为重复的，不需要再传输该块。如果没有找到相应的数据块指纹，则需要将该块存放到云存储中，并在全局索引和相应客户端的局部索引中添加该块的元数据信息。这些元数据信息包括：数据块指纹、块地址、引用次数以及块长度等。在ALG-Dedupe中，分块方法、块大小以及哈希函数的选择都是基于文件类型信息。

ALG-Dedupe创建了一种应用感知的索引结构，如图6-7所示。它包括一个内存中的应用索引和许多按文件类型分类的磁盘存放小哈希表。根据文件扩展名信息，文件数据块被定向到存有同一文件类型的块索引。根据备份数据流中块访问的局部性，在内存中分配一个小的索引快速缓存即可加速磁盘索引查询操作。索引快速缓存是一个Key-Value型结构，由哈希表索引的双链表构建。当快速缓存满时，那些不能加速索引查询的容器中的指纹将被替换来为新的块指纹进行预取和缓存腾出空间。当前，ALG-Dedupe所使用的快速缓存指纹替换策略是在容器粒度按最少最近使用（LRU）原则进行替换。

相比于传统的重复数据删除机制，ALG-Dedupe通过并发查找按应用分类的小索引能够获得高消重吞吐率。与传统的单个、无分类的全索引结构不同，这一应用感知索引结构具有更低的锁竞争。此外，为保护个人数据集的数据完整性，将客户端的局部块索引和文件元数据都定期地同步备份到云存储中。

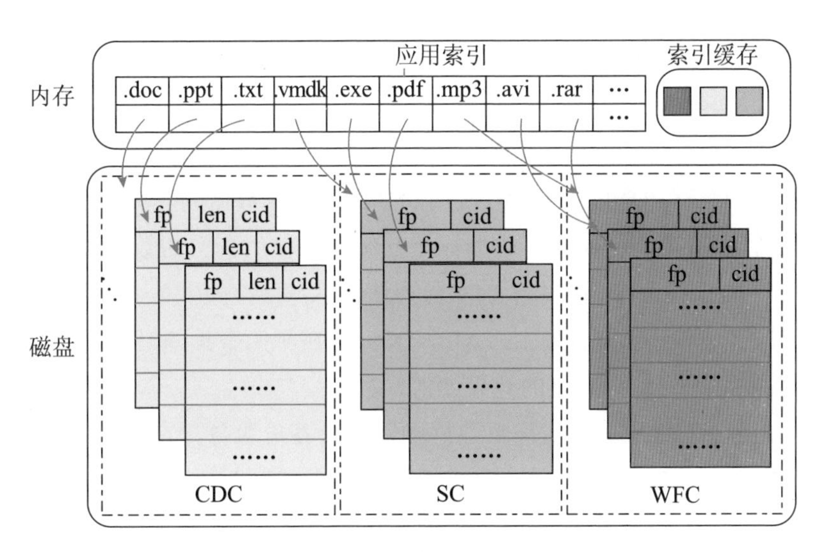

图6-7 应用感知索引结构

6.5.6 段和容器管理

由于重复数据删除过程容易把大的顺序写转换为小的随机写，因此ALG-Dedupe在数据跨广域网传输前，先将小粒度数据块和文件合并为大粒度的数据段。在云存储中，大粒度的数据存储不仅能够降低因小数据传输引起的高底层通信协议开销，而且能够减少云存储代价。以Amazon S3为例，因为文件存储是以字节数和请求数来计费，所以鼓励使用大于100KB的文件。

当数据段发送到云端以后，将基于相应的块指纹信息被路由到云数据中心的某一个存储节点，并以更大粒度的容器为单位将数据与相应的元数据打包存放，保持消重后数据的空间局部性。容器是一种自描述的数据结构，具有几兆字节大小，包括存放消重后唯一数据块的数据部分和描述这些数据块的元数据部分。在每个存储节点中，每个备份数据流保留有一个打开的容器来添加新数据块或小文件和相应的块指纹、地址偏移和块大小等元数据信息。当容器填满到预先规定的大小，一个新的容器被创建并打开。如果容器还未填满就需关闭，则会往未满的空间内填零。这一过程保持数据块局部性，可以用来优化数据获取的性能。为支持文件删除，需要在后台创建额外的线程进行处理。

6.6 实验评估

为了验证ALG-Dedupe的高效应用感知源端重复数据删除优势，通过C++编程实现一个由6000多行代码生成的原型系统。并使用真实的数据集来验证个人计算环境下的云备份服务。本节的实验评估目标是回答如下几个问题：

- 在真实的应用数据集中，ALG-Dedupe在平衡数据缩减率和重复数据删除吞吐率之间关系上的效果如何？
- 对比传统的基于源端重复数据删除的云备份服务，ALG-Dedupe是否能进一步缩减备份窗口和节省个人计算设备能耗？
- 在给定的数据集中，基于ALG-Dedupe的云备份服务的云存储开销如何？
- 在个人计算设备端基于ALG-Dedupe进行云备份需要消耗的计算开销和内存开销如何？

在介绍完实验平台和个人备份数据集特征之后，下面的验证部分将会依次回答上述问题。

6.6.1 实验平台和数据集

本章的实验运行平台为一台配置有2.53GHz Intel Core 2 Duo处理器、4GB内存和500GB SATA磁盘的MacBook Pro笔记本电脑，并以Amazon Web Service作为云存储基础架构，包括：利用Amazon SimpleDB管理云端的全局应用感知块索引和Amazon S3存放源端消重后的唯一数据块。Macbook笔记本电脑是通过校园无线网络以10～50Mbps的数据传输速度连接互联网。为了支持应用感知的全局索引结构，通过块指纹水平划分为每种文件类型创建不同的域来支持并行指纹查找以改进整体系统吞吐率。

首先，我们对表6-2中来自超过15个客户端的数据进行重复数据删除，但出于云存储代价和数据隐私的考虑，只在SimpleDB中存储全局数据块索引，而没有将消重后的数据块存放到S3中。然后，我们使用来自个人计算机根目录下的新备份数据集作为负载完成验证。这个新的个人备份数据集包括10个连续按月的全备份，总逻辑数据量有3.81TB，由来自17种应用的5400多万个文件构成。

我们将ALG-Dedupe和多种经典的基于源端重复数据删除的云备份服务

做对比，包括：文件级增量云备份机制（Jungle Disk）[8]、局部文件级源端重复数据删除云备份（BackupPC）[9]、局部块级源端重复数据删除云备份服务（Cumulus）[3]、局部块级和全局文件级混合的源端重复数据删除云备份服务（SAM）[2]，以及作者之前设计的局部应用感知源端重复数据删除策略（AA-Dedupe）[24]。通过测试比较这些机制与ALG-Dedupe在重复数据删除效率、备份窗口大小、能量消耗和云存储代价等方面的差别。为了在这些机制之间进行公平的比较，除了ALG-Dedupe外，我们也实现了SAM和AA-Dedupe在Amazon Web Service云服务上的原型，并选择Amazon S3作为其他云备份服务存储消重后的唯一数据块。

6.6.2 重复数据删除效果

重复数据删除的效果是指数据缩减率，它对备份服务提供商和用户都十分重要。备份服务提供商希望在它们的数据中心中使用更少的存储设备，减少存储空间和管理代价；用户则希望减少数据传输量来缩短备份窗口和降低存储代价。我们的试验结果展示了单个用户完成每个全备份时备份服务提供商所需的累积云存储容量。

如图6-8所示比较了六种云备份服务的累积云存储容量。不同于源端重复数据删除机制，Jungle Disk采用文件级增量备份，不能删除存在不同位置的文件副本，因此，不能获得高云存储容量节省。在源端重复数据删除策略中，基于

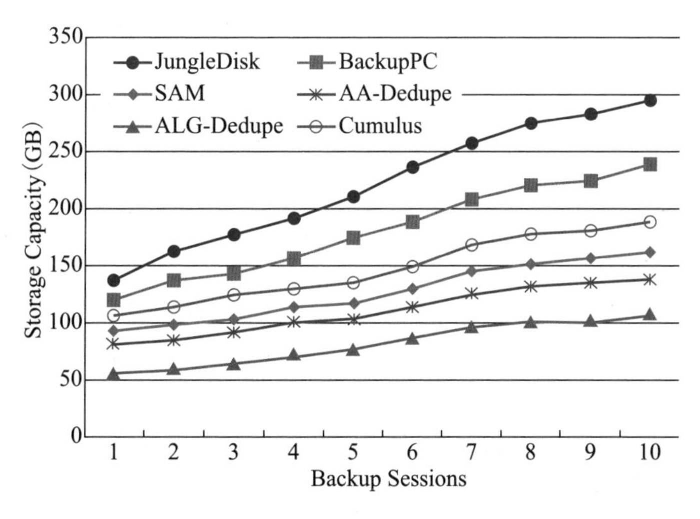

图6-8 云存储空间需求

文件级粗粒度消重的BackupPC不能发现比其他消重机制更多的数据冗余。基于块级细粒度消重的Cumulus机制只进行局部重复数据删除且没开发应用感知，所获得的容量节省不如基于应用感知的局部消重机制AA-Dedupe。ALG-Dedupe在AA-Dedupe的基础上，通过进一步利用云计算资源进行全局重复数据删除，提高了数据缩减率。相比于混合语义感知重复数据删除机制SAM，ALG-Dedupe进行了按应用分类的细粒度重复数据删除优化，提升了重复数据删除效果。基于应用感知的数据分块策略和全局重复数据删除的消重效果，ALG-Dedupe能节省比Jungle Disk多64%的存储空间，发现比Cumulus多43%的冗余，比SAM少三分之一的存储空间。相比于AA-Dedupe机制，它能够获得高于23%的空间使用效率。

6.6.3 重复数据删除效率

通过细粒度重复数据删除或全局重复数据删除获得高数据缩减率，往往是以极大的系统开销引起吞吐率降低作为代价的。为了获得高重复数据删除吞吐率，我们采用应用感知索引结构来改进索引访问的局部性，并利用客户端本地局部冗余检测来降低延迟。

在ALG-Dedupe中，为提高客户端并行局部索引查询性能，我们为每个数据流都分配一个查询线程来并行查找在内存中存放的那部分基于哈希表的应用感知索引结构。并对每个独立的应用子索引按连续多个哈希桶粒度均匀划分为128个区域并分别加读写锁，以支持并发索引查询。而为支持SimpleDB中高速并行的全局索引查询性能，我们应用水平划分将整个无分类的索引按文件类型定义的应用分组划分为多个独立的小索引查询域。尽管广域网延迟高，但通过批量I/O和并行查询，ALG-Dedupe的全局重复数据删除性能可以得到极大的改进。

我们测试比较了五种云备份机制的重复数据删除效率，如图6-9所示，采用“每秒节省字节数”作为新的度量来评测同一云存储平台上的不同重复数据删除方法。由于开发应用感知和全局冗余检测，ALG-Dedupe的重复数据删除效率远好于其他云备份服务。与本地局部重复数据删除机制AA-Dedupe相比较，具有全局消重效果的ALG-Dedupe能够获得14%的重复数据删除效率提升。ALG-Dedupe的平均消重效率是无应用感知的混合消重机制SAM的1.6倍，本地局部重复数据删除Cumulus的1.9倍，文件级粗粒度重复数据删除BackupPC的2.3倍。

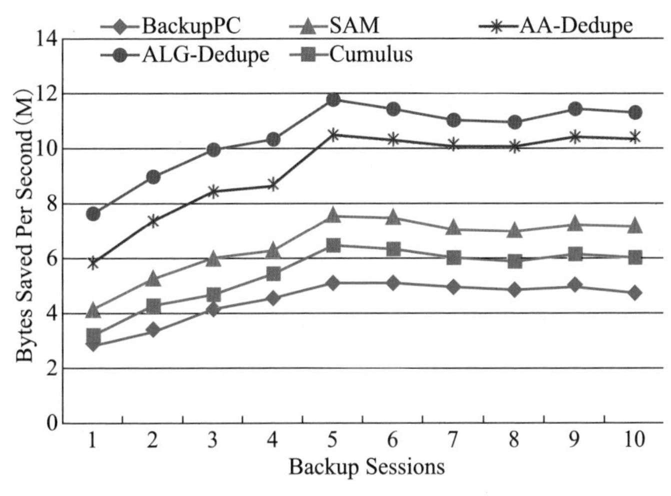

图6-9 云备份技术的重复数据删除效率

6.6.4 云备份窗口

备份窗口表示将备份数据集存放到云存储中所消耗的时间，这主要依赖于传输的数据集容量和网络带宽。云备份窗口包含两个部分：重复数据删除时间和数据传输时间。尽管云延迟会影响全局冗余检测性能，但我们通过利用客户端本地资源先进行局部数据冗余检测，极大地减少全局块指纹查询请求数。因为互联网传输带宽有限，应用感知的源端重复数据删除技术极大地减少了数据传输量，缩减了数据传输时间。

如图6-10所示，我们的试验结果表明：BackupPC和Cumulus因为数据缩减率

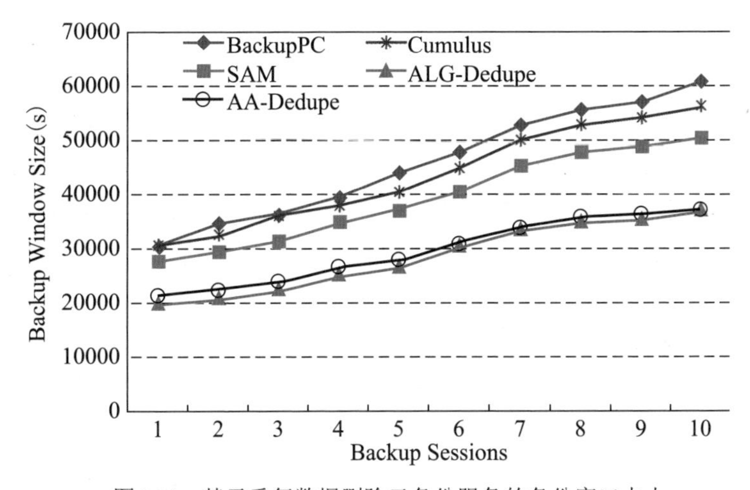

图6-10 基于重复数据删除云备份服务的备份窗口大小

低而备份窗口大；SAM通过细粒度全局消重提高了数据缩减率，但全局文件级冗余检测的高访问延迟也影响了性能；尽管ALG-Dedupe的全局重复数据删除设计能够获得更高的数据缩减率，但其全局冗余检测增加了消重处理时间，相应的备份窗口与AA-Dedupe很接近。因为具有较高的重复数据删除效率，ALG-Dedupe在五种云备份服务中具有最小备份窗口，比其他四种机制的备份窗口缩短26%～37%。

6.6.5 能耗利用率

对于使用有限电量电池供电的个人计算设备，能耗利用率是个人计算环境中非常关键的测试指标。由于重复数据删除处理是一种计算密集型应用，能耗已经成为个人计算环境中进行基于源端重复数据删除云备份的一大挑战。我们使用电量表测试整台个人电脑在基于重复数据删除云备份过程中的能耗情况。如图6-11所示为几种经典云备份服务在10个连续全备份过程中所使用的能耗量。由于基于内容分块的重复数据删除有大量的计算开销，Cumulus和SAM的能耗都很高，尽管BackupPC的计算开销不高，低数据缩减率使得其数据传输时间却最长。虽然ALG-Dedupe相比于AA-Dedupe需要多进行一步全局冗余检测，但这一过程是在云端完成的，所以两者的能耗差不多。ALG-Dedupe应用感知的重复数据删除设计使得其能耗只有SAM、BackupPC和Cumulus的59%～65%。

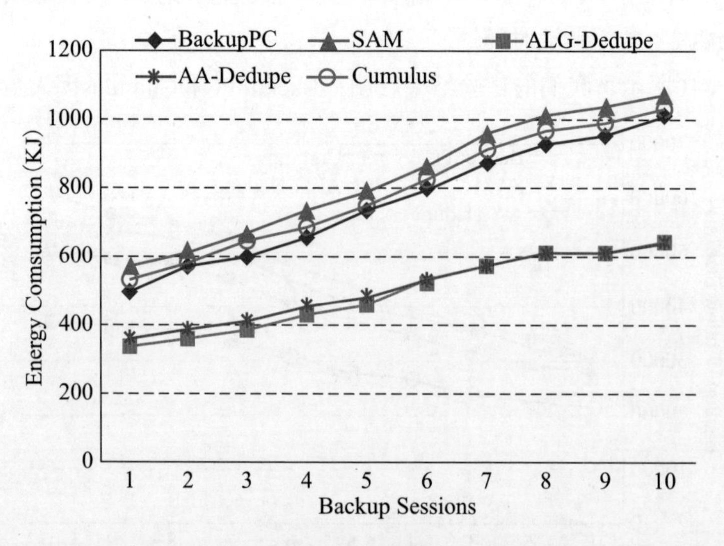

图6-11　基于源端重复数据删除云备份的能耗

6.6.6 云存储代价

云备份作为一种云计算服务，是以价格来衡量的。我们建立工作负载模型来估算云存储的价格。为了降低云存储代价，基于源端重复数据删除的云备份服务不仅能够通过缩减备份数据的存储容量降低代价，还能提高网络带宽利用率减少数据传输代价。以Amazon S3云存储价格计算标准为例，每个月每GB的存储价格为0.125美元，下载传输带宽价格为0.12美元，上传带宽免费，但云存储操作需要按每1000个上传请求1美分和每10000个下载请求1美分的价格计算。定义DS为备份数据集逻辑大小，R为数据缩减率，RC为请求计数，CC为云存储代价，并假设SP、TP和RP分别为存储价格、传输价格和操作价格。则有关基于源端重复数据删除云备份服务的价格模型如公式（6-13）所示：

$$CC = \frac{DS}{DR} \times (SP + TP) + RC \times RP \tag{6-13}$$

由于重复数据删除过程中具有大量的小I/O操作和Amazon S3按操作计费模式，直接将消重后的数据块传输到云存储进行备份非常慢，而且代价高。ALG-Dedupe和AA-Dedupe都在数据传输前将小文件和小数据块合并为大粒度的数据单元再进行传输，从而减少了云存储操作代价。针对六种典型的云备份服务，如图6-12所示估算出连续10个全备份在两个多月时间内的云备份服务价格。尽管总的云备份代价主要由云存储价格决定，但可以明显看出大粒度源端重复数据删除机制Jungle Disk和BackupPC，与传输前进行数据合并优化的Cumulus、AA-Dedupe以及ALG-Dedupe的请求操作代价都低于细粒度消重的、无数据合并优化的SAM策略。ALG-Dedupe能将AA-Dedupe的代价降低23%，其他四种云备份服务的代价降低41%～64%。

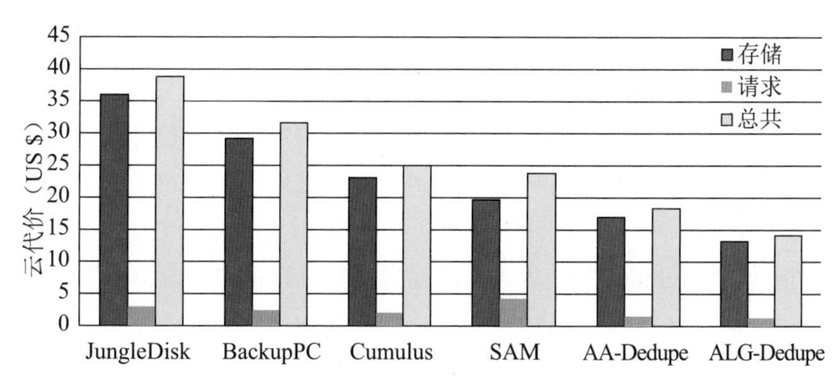

图6-12 云备份服务代价

6.6.7 系统开销

考虑到个人计算客户端有限的系统资源，我们从CPU处理速度和内存使用量两个方面来估算基于源端重复数据删除云备份服务的系统开销。在ALG-Dedupe中，为了获得高重复数据删除效率和低系统开销，对不同的应用数据子集自适应地选择分块方法和哈希函数。重复数据删除处理中主要的计算开销来自基于内容分块技术CDC和哈希指纹计算。因此，我们测试了五种基于源端重复数据删除的云备份机制在个人电脑客户端完成连续10个全备份的数据分块和指纹计算的性能。

如图6-13所示，相比于BackupPC、Cumulus、SAM三种非应用感知的策略，ALG-Dedupe能达到它们1.7～13倍的处理速度，但比应用感知局部消重的AA-Dedupe处理速度稍微低一些，主要是受全局冗余检测功能模块的影响。在客户端的本地局部冗余检测中，指纹索引占用了主要的内存开销。

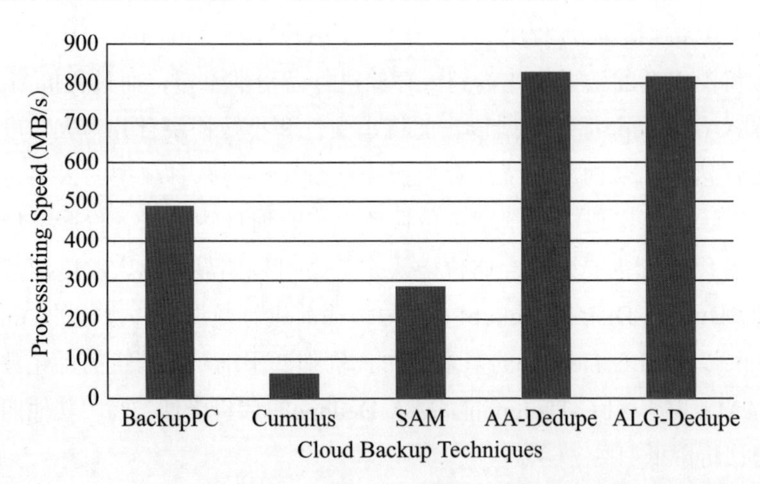

图6-13　个人计算客户端分块和指纹计算吞吐率

如图6-14所示给出了四种包含局部重复数据删除功能的云备份机制的内存开销。由于AA-Dedupe与ALG-Dedupe具有相同的局部冗余检测机制，这里只比较了ALG-Dedupe和其他三种非应用感知的源端局部消重机制。测试结果表明，ALG-Dedupe具有接近文件级重复数据删除方法BackupPC的内存开销，只有局部消重机制Cumulus三分之一的内存指纹索引开销和混合消重方法SAM一半的指纹索引容量。总之，ALG-Dedupe能够极大地提高源端重复数据删除的计算速度，且仅仅使用与低效率粗粒度源端消重机制近似的内存开销。

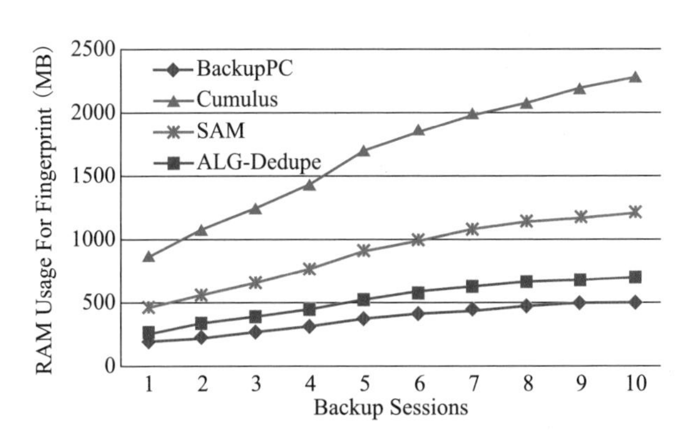

图6-14 指纹索引的内存使用量

6.7 本章小结

本章提出了一种应用感知的、局部冗余检测与全局冗余检测结合的源端重复数据删除机制ALG-Dedupe。它能够显著地改进个人计算环境中云备份数据集的重复数据删除效率。ALG-Dedupe采用了一种利用文件语义开发应用感知来最小化计算开销和最大化冗余发现能力的智能重复数据删除策略。它结合了局部重复数据删除和全局重复数据删除的特点来平衡消重效果和处理延迟，并且设计了一种将整体的块指纹索引划分为许多独立的小指纹索引的应用感知索引结构来消除磁盘索引查询瓶颈。在实现的原型系统中，ALG-Dedupe比之前典型的无应用感知的基于源端重复数据删除技术的云备份服务以很低的系统开销获得1.6～2.3倍的重复数据删除效率，云备份窗口缩短26%～37%，能耗利用率提高超过三分之一，节省41%～64%的云存储代价。相比于我们早期的局部重复数据删除设计方案AA-Dedupe，在不增加备份窗口的前提下减少23%的云存储代价。

参考文献

第7章

高可扩展集群重复数据删除技术

随着大数据时代的到来，当前企业数据中心需要管理的数据量已从TB级上升到PB级甚至EB级，数据种类也越来越纷繁复杂，不仅包括常规的关系型结构化数据，也包括半结构化或无结构数据。面对日趋复杂的庞大数据集，大规模数据中心传统的数据管理因为多用户共享、多版本发布、备份或归档等应用不可避免地会带来大量数据冗余。国际数据公司（International Data Corporation，IDC）通过研究发现在数字世界中有近75%的数据是重复的[1]，企业战略集团（Enterprise Strategy Group，ESG）指出在备份和归档数据集中数据冗余超过90%[3]。大数据时代的到来为传统数据备份带来了巨大的挑战。为支持大规模数据中心分布式存储系统的大数据备份，单一的重复数据删除服务器已难以满足在容量和性能上的可扩展需求，通过多服务器节点进行并行分布消重的集群重复数据删除（Cluster Deduplication）技术应运而生。

集群重复数据删除技术是通过集群系统来实现分布并行的重复数据删除处理[5-6，9-11，13-14]。它首先通过数据路由机制将备份客户端划分出的数据对象分配到集群中的各个重复数据删除服务器节点中。然后，在每个节点内独立并行地完成重复数据删除操作。针对大规模备份存储系统的块级在线集群重复数据删除存在以下两大挑战：

- **数据块索引查询磁盘瓶颈**：为支持节点内部的重复数据删除，磁盘上需要保存一个数据块索引来建立从数据块哈希指纹到数据块存储地址、引用次数或块大小等元数据信息的映射。随着存储节点数据容量的扩展，磁盘数据块索引难以全部存放到重复数据删除服务器节点有限的内存中，而基于数据块哈希指纹的索引结构不能保留住数据的局部性。因此，块索引查询磁盘瓶颈成为近年来重复数据删除系统研究的热点。
- **重复数据删除服务器节点信息孤岛**：在集群重复数据删除过程中，出于对系统开销的考虑，往往只对节点内部的数据进行消重，而不会去执行跨节点的重复数据删除，由此产生重复数据删除服务器节点信息孤岛。因此，一种能将数据冗余集中在节点内部，减少节点间数据重叠，维持系统通信低开销，同时支持负载均衡的数据路由机制对集群重复数据删除至关重要。

针对上述两大技术挑战，本章设计了一种基于相似性和局部性的Σ-Dedupe

集群重复数据删除系统。

首先，Σ-Dedupe首次同时开发数据相似性和局部性，在超块粒度应用手纹技术指导从备份客户端到重复数据删除服务器节点的数据路由，以平衡高集群重复数据删除效果和高可扩展重复数据删除吞吐率。

其次，Σ-Dedupe在传统基于容器的局部性保留缓存机制上建立了一个针对超块的相似索引，以减轻单个重复数据删除服务器节点中进行重复数据删除处理的块级索引查询磁盘瓶颈。

最后，通过实现原型系统和在真实数据集上进行测试，结果表明：相比于现有的集群重复数据删除技术，Σ-Dedupe具有更高的集群重复数据删除效率，能够获得高全局重复数据删除效果、高度并行重复数据删除吞吐率、平衡重复数据删除服务器节点间的存储利用率、低节点间通信开销和节点内低内存开销。

7.1 研究背景

在数字世界中，数据容量和复杂度呈爆炸式增长。国际数据公司IDC研究表明[1]：在过去的五年里，数据年增长量为9倍达到7ZB，并且在未来的十年内，将增长44倍达到35ZB。企业的数字信息量也很容易上升到PB级甚至EB级。由于大数据时代数据量的不断增长使得管理变得越来越复杂，数据丢失风险不断提高。不论数据是如何丢失的，对企业的经济损失都不可忽略。IDC另一份研究数据显示[21]，任何规模的企业，有超过一半平均一次数据丢失事故引起的经济损失超过10万美元；同时，有超过8.5%的企业经济损失超过100万美元。对数据进行本地或远程备份是最广泛使用的数据保护策略之一。

尽管根据数据类型的不同，备份的频率、类型和保留时间会有差异，但往往企业的二级存储有主存储数十倍的容量需求，并且为了实现数据容灾，可能会存储和迁移更多的数据[11, 22]。备份存储系统的不断扩展，不仅需要消耗数据中心更多的数据存储空间、能耗和制冷代价，也需要增加大量的管理时间和提高操作复杂度和人为出错风险。同时，由于现代存储系统对高性能的需求，内存正在取代磁盘，而磁盘也正在取代磁带。为满足大数据备份所需的服务级别协议（Service Level Agreement，SLA），管理存储介质变化下的数据泛滥成了新的挑战。

重复数据删除技术被广泛应用于基于磁盘的备份存储系统，利用备份数据集中高度数据冗余的特性来减少存储容量需求和提高网络带宽利用率。为满足大数据备份在容量和性能方面的可扩展需求，集群重复数据删除被应用于海量备份数据集的管理以获得高数据冗余删除率和高重复数据删除吞吐率。它包括将备份数据从客户端分配到多个重复数据删除服务器的节点间数据路由机制和在单个节点内进行独立重复数据删除的过程。但是，块级在线集群重复数据删除在节点内消重和节点间数据路由分别面临块索引查询磁盘瓶颈和重复数据删除节点信息孤岛效应。

为了克服集群重复数据删除面临的两大技术挑战，现有的技术通过开发数据相似性或局部性来优化集群重复数据删除操作。基于局部性的方法是通过开发备份数据流中的局部性来优化集群重复数据删除，如EMC公司基于超块的无状态和有状态数据路由机制[9]。这些方法按粗粒度将数据分配到不同的重复数据删除服务器以获得可扩展的数据消重吞吐率，同时，在单个重复数据删除服务器内按细粒度进行重复数据删除操作以支持高数据缩减率。

然而，为了在集群范围内获得较高的全局数据消重率，需要将相似的数据路由到相同的服务器节点，而基于局部性的方法往往具有很高的系统通信开销。基于相似性的方法利用数据相似性来指导多个重复数据删除服务器节点间的数据分布，并减少单个节点内的内存使用，如Extreme Binning[1]和EMC内容感知负载平衡机制[10]分别开发文件相似性和客户端相似性来优化集群重复数据删除。通过在备份数据流中提取相似特征，这些基于相似性的方法能很容易发现具有高度相似性的节点，但在单节点内不能获得高数据消重率。同时开发备份流中的数据局部性和相似性，SiLo[7]能够获得近似精确的重复数据删除效果，并比纯粹只开发相似性或局部性的策略内存开销更少。然而，SiLo只优化单个节点内的重复数据删除处理。

本章我们设计一种同时开发相似性和局部性的集群重复数据删除策略Σ-Dedupe，以平衡集群重复数据删除过程中的全局数据消重效果和可扩展重复数据删除性能。

7.2 相关研究工作

在集群重复数据删除中，除了要考虑传统的块索引查询磁盘瓶颈，还需要考虑从备份客户端分配数据块到重复数据删除服务器节点所需的数据路由机制，以达到高全局数据缩减率和高可扩展的系统性能。许多现有的集群重复数据删除系统虽然能在小集群规模内很好地进行扩展，如EMC Data Domain的全局重复数据删除阵列[17]、IBM的ProtecTier[18]、SEPATON的S2100-ES2[19]等。但由于它们在全局数据缩减率、单节点吞吐率、数据分布以及系统通信开销上存在不足，如果利用这些技术来设计由成百上千个节点构成的重复数据删除服务器集群，则很可能不会成功。针对集群重复数据删除中存在节点信息孤岛效应，设计一种支持高数据缩减率、高吞吐率、低通信开销及负载均衡的数据路由机制至关重要。

NEC 开发了HYDRAstor系统[5]，以64KB的数据块为粒度，基于分布式哈希表（Distributed Hash Table，DHT）将数据块路由到不同重复数据删除服务器节点，并在节点内按数据块粒度进行重复数据删除。虽然采用该块粒度能够很好地平衡数据缩减率和元数据开销，但仍然不足以充分捕获和保持集群重复数据删除系统内的数据局部性。尽管块级别的基于DHT的数据路由策略能够有效地降低通信开销和跨节点数据共享，但由于进行重复数据删除的数据块粒度较大，导致节点内部获得的数据缩减率较低。

EMC通过挖掘数据局部性设计了基于超块（Super-Chunk）的数据路由策略[9]。它将数据按均匀的粗粒度超块进行数据路由以保持数据局部性和负载均衡来支持可扩展的集群重复数据删除性能，而节点内则按细粒度的数据块进行重复数据删除以提高数据缩减率。按照是否利用节点已存储数据的信息指导数据路由，基于超块的数据路由策略可以分为无状态（Stateless）和有状态（Stateful）两类。无状态数据路由就是常规基于分布式哈希表进行超块数据路由，它能很好地平衡小规模集群重复数据删除时节点的负载，但当集群系统规模扩大时数据缩减率较低且难以保持负载平衡。有状态路由被设计来支持大规模集群重复数据删除系统，每次超块路由前都需要查询其数据块与所有节点内已存数据块的重复块数，然后在考虑负载平衡的前提下尽量将其路由到重复数据块数最多的节点。这种策略固然能在保持数据分布平衡的前提下获得很高的数据缩减率，但其广播式的系统通信开销以及节点内频繁的块指纹查询操作严重影响了集群重复数据删除性能。

HP实验室和加州大学圣克鲁兹分校共同设计的支持集群重复数据删除的Extreme Binning策略采用了一种基于文件相似性的无状态数据路由机制[1]。基于Broder最小值独立置换定理选取备份文件中数据块的最小块指纹值作为文件数据的相似特征，利用分布式哈希表将相似的文件路由到相同的重复数据删除服务器节点。但当数据流中可检测的相似性较低时，只能获得很低的数据缩减率。另外，由于文件大小分布不均匀[22, 24]和其无状态路由本质，使得该数据路由机制不能很好地平衡数据分布。类似于Extreme Binning，Symantec公司研究实验室提出了一种基于文件相似度的数据路由策略[23]，但只提供了粗略的设计。

表7-1从路由粒度、消重率、吞吐率、数据分布和系统开销等方面比较了五种典型的集群重复数据删除技术。与Σ-Dedupe最接近的集群重复数据删除技术是HP公司的Extreme Binning和EMC公司的超块数据路由机制。相比于Extreme Binning，Σ-Dedupe开发均匀超块粒度的强相似性实现有状态数据路由来提高集群范围内的重复数据删除率，避免因为文件大小分布不均引起数据分布不平衡的问题。相比于超块数据路由机制，Σ-Dedupe开发等粒度的超块局部性进行路由，但采用了基于手纹技术的强相似性提取方法，并根据手纹来指导数据路由，仅通过局部有状态路由就可实现全局负载平衡和低系统开销。

表7-1 典型集群重复数据删除技术特征比对

集群重删机制	路由粒度	消重率	吞吐率	数据分布	系统开销
HYDRAStor	块	较高	低	均匀	低
Extreme Binning	文件	较高	高	不均	低
EMC Stateless	超块	较高	高	不均	低
EMC Stateful	超块	高	低	均匀	高
Σ-Dedupe	超块	高	高	均匀	低

7.3 基本模型与算法

本章提出的Σ-Dedupe是一种基于相似性和局部性的可扩展集群重复数据删除框架。传统的块级数据路由算法不能保持良好的数据局部性，Σ-Dedupe为保留备份数据流中的局部性，选取连续多个数据块构成的大粒度超块进行数据路由，将备份数据从备份客户端分配到重复数据删除服务器节点。为实现高效的数据路由算法，我们基于手纹技术来提取超块粒度的数据相似度，并根据超块手纹指导数据路由。下面我们将详细介绍手纹技术的理论基础及其在集群重复数据删除系统优化中的应用。

7.3.1 超块相似性分析

在基于哈希的重复数据删除机制中，往往应用MD5和SHA-1等加密哈希函数计算数据块指纹来保持哈希冲突的概率非常微小，避免由此而引起数据丢失。假设两个不同的数据块有不同的指纹值，并且可以使用Jaccard系数[24]来度量两个超块的相似度。给定加密哈希函数h，指定$h(S)$为h作用于超块S的所有数据块生成的块指纹集合。因此，对于任意两个包含相同平均块大小数据块集的超块S_1和S_2，我们可以根据Jaccard系数定义它们的相似度r:

$$r=\frac{|S_1 \cap S_2|}{|S_1 \cup S_2|} \approx \frac{|h(S_1) \cap h(S_2)|}{|h(S_1) \cup h(S_2)|} \tag{7-1}$$

Σ-Dedupe对相似性的开发依赖基于手纹技术的超块相似特征提取。这种特征提取方法是基于广义的Broder最小值独立置换定理[25]，在介绍该定理之前，我们先介绍最小值独立哈希函数。

定义1：一类哈希函数H = {hi：[n]®[n]}（其中，[n]={0, 1, ···, n−1}）称为最小值独立置换当且仅当X Ì [n]并且x ÎX，它能被形式化地表示为式（7-2），这里PrhÎH 表示从H中随机选取h的概率。

$$\Pr_{h\in H}(\min\{h(X)\}=h(x))=\frac{1}{|X|} \tag{7-2}$$

然而，真正的最小值独立哈希函数很难实现，实际系统往往只使用近似最小值独立的哈希函数，如MD和SHA家族的加密哈希函数。

定理1（Broder定理）：对于任意两个超块S_1和S_2，有$h(S_1)$和$h(S_2)$分别作为相应两个超块的块指纹集，这里h是一个从最小值独立加密哈希函数集中随机选取的哈希函数。我们可以得到式（7-3）所示的结果，它表明两个超块具有最小块指纹值的概率与它们的相似度相同。

$$Pr(\min\{h(S_1)\}=\min\{h(S_2)\})=r \tag{7-3}$$

我们考虑Broder定理的一种推广[16]，对于任意的两个超块S_1和S_2，如果k远小于超块中的数据块数目，min$k$表示一个数据集中最小的k个元素构成的子集，则我们可以将两个超块的块指纹集合中的最小k个元素构成的子集中存在相同元素的概率表示为式（7-4）。这里，我们定义超块S的块指纹集合$h(S)$中k个最小元素构成的子集min$k$[$h(S)$]为该超块的手纹（handprint），k为手纹大小，手纹中的这k个块指纹值为该超块的代表性指纹，k与超块中数据块数目的比率为手纹技术的取样率。相比于只基于一个代表性指纹的Extreme Binning

（即k=1的情况），从式（7-4）可以发现手纹技术具有更强的相似性检测能力。

$$
\begin{aligned}
& Pr(\min_k\{h(S_1)\}\cap\min_k\{h(S_2)\}\neq\varnothing) \\
& =1-Pr(\min_k\{h(S_1)\}\cup\min_k\{h(S_2)\}=\varnothing) \\
& \approx 1-(1-r)^k
\end{aligned}
\tag{7-4}
$$

我们定义$\hat{r}$为基于手纹技术估计两个超块的相似度，如式（7-5）所示。如果选择手纹大小k值越大，取样率提高相应的相似度估计越准确，但是需要消耗更大的存储空间来存储更大的超块手纹。在超块手纹中的指纹值一般是服从超几何分布。另外，由于手纹大小往往远小于超块中的数据块数目，我们可以使用二项分布来逼近超几何分布。在这样的假设下，可以计算基于手纹的超块相似度估计精度，如式（7-6）所示，其中，e是一个很小的误差因子。对于给定的两个超块的相似度值r，基于手纹的相似度估计$\hat{r}$值落在[r-e，r+e]范围内的概率正比于手纹值k。

$$
\hat{r}=\frac{\min_k\{h(S_1)\}\cap\min_k\{h(S_2)\}}{\min_k\{h(S_1)\}\cup\min_k\{h(S_2)\}}
\tag{7-5}
$$

$$
Pr\left(\left|\hat{r}-r\right|\leqslant\varepsilon\right)=\sum_{k(r-\varepsilon)\leqslant i\leqslant k(r+\varepsilon)}\mathrm{C}_k^i\cdot r^i\cdot(1-r)^{k-i}
\tag{7-6}
$$

为了验证手纹技术估计超块相似度的效果以及对其误差的估计，我们设计了试验来测试比较基于手纹的相似度估计值与真实值之间的差距。数据集为四对来自不同应用的文件组合，分别是：Linux 2.6.7和Linux 2.6.8内核版本源代码、两个更新日期很近的HTML网页文件、办公文档PPT和DOC文件各两个版本。我们选取各个文件的前8MB数据内容作为超块，采用具有双阈值和双均值的TTTD[14]分块算法来根据数据内容进行分块，分别以1KB、2KB、4KB和32KB作为最小阈值、次要均值、主要均值和最大阈值。TTTD分块算法是传统基于内容分块算法的变种，能够很好地平衡数据冗余发现能力和元数据量。

实验结果如图7-1所示：通过分别对比四个超块对中的所有数据块指纹值和不同大小的超块手纹，可以基于Jaccard系数计算出它们的真实相似度和基于手纹的估计值，相应的真实相似度值表示在各图例项中，估计值则随着手纹大小的增加而不断变化。从图7-1中可以看出，估计值随着手纹大小的增加而逐步逼近真实的相似度，并且超块手纹大小的合理值范围为4～16。相比于传统的只使用单一代表性块指纹的机制，如Extreme Binning等，手纹技术能够发现相似度少于0.5的文件对中的数据冗余，如相似度都很弱的PPT和HTML文件对。

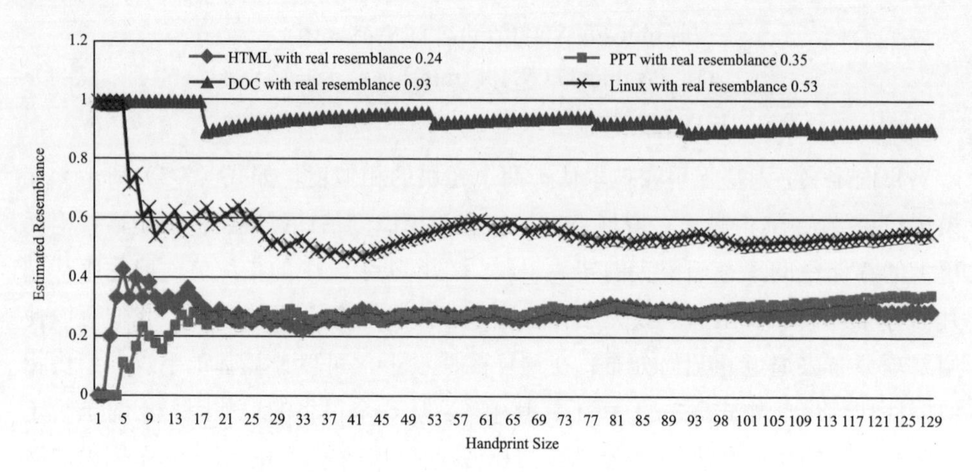

图7-1　基于手纹技术的超块相似度估计

7.3.2　基于手纹的数据路由算法

根据上一节的超块相似性分析，本节设计了一种新的有状态数据路由算法，它能将相似的数据路由到相同的重复数据删除节点，不同于EMC公司设计的超块有状态路由算法，本算法仅仅只要查询一个或者少数几个节点就可实现近似全局容量负载平衡，不需要很高的系统开销。备份数据流在划分为n个小数据块后，被组合为一个超块S，然后，通过加密哈希函数计算出超块中所有数据块的指纹$\{fp_1,fp_2,\cdots,fp_n\}$。根据以下算法步骤实现近似全局平衡、低开销、有状态数据路由算法。

算法7.1：基于手纹的有状态数据路由算法

输入：超块S的数据块指纹列表$\{fp_1,fp_2,\cdots,fp_n\}$。

输出：数据路由目标节点ID，i。

（1）对超块S的数据块指纹列表$\{fp_1, fp_2, \cdots, fp_n\}$进行排序后，选取$k$个最小的块指纹$\{rfp_1, rfp_2, \cdots, rfp_k\}$作为该超块的手纹中代表性块指纹，并将超块手纹发送到由N个重复数据删除服务器节点构成的集群内k个候选节点，这些节点的ID为$\{rfp_1 \bmod N, rfp_2 \bmod N, \cdots, rfp_k \bmod N\}$。

（2）在重复数据删除服务器集群中，通过在候选服务器节点已存超块的代表性指纹构建的相似索引中查询该超块手纹中的代表性块指纹是否存在，从而计算出各个候选节点内已存的代表性块指纹数$\{r_1, r_2, \cdots, r_k\}$，这$k$个值直接对应超块$S$与这些节点中已存数据的相似度。

（3）以一个候选服务器节点的存储使用率比整个重复数据删除服务器集群内节点的平均存储使用率来计算各个候选节点的相对存储使用率$\{w_1, w_2, \cdots, w_k\}$，利用这些相对存储利用率值可以为各候选节点的相似度加权$\{r_1/w_1, r_2/w_2, \cdots, r_k/w_k\}$，从而实现候选节点存储容量负载平衡。

（4）选择在候选节点中选取其ID i满足$r_i/w_i = \max\{r_1/w_1, r_2/w_2, \cdots, r_k/w_k\}$的重复数据删除服务器节点作为超块$S$的路由目标节点。

虽然基于手纹的数据路由算法只是通过自适应地调节k个候选节点的容量负载平衡，但下面我们可以证明：根据加密哈希函数随机地生成均匀分布的块指纹值的特点，基于手纹的数据路由算法可以实现全局负载平衡。

定理2： 如果每个超块手纹包含k个代表性块指纹值，它们在模运算下对应的k个候选节点内进行局部负载平衡，则整个重复数据删除服务器集群内的所有节点将可以接近全局负载平衡。

采用反证法来证明该定理。假设重复数据删除服务器集群有N节点，其中N远大于k。我们假设原命题为假，这意味着在整个重复数据删除服务器集群中，至少存在两个负载级别。我们将所有节点按负载级别划分为高负载的$\{H_1, \cdots, H_i\}$和低负载的$\{L_1, \cdots, L_j\}$两组，其中$i+j=N$。对于任意的超块，其手纹中的代表性块指纹通过模运算要么映射到高负载组，要么映射到低负载组。如果超块A的所有数据块指纹通过模运算映射到高负载组，而超块B的所有块指纹通过模运算映射到低负载组，则很容易构建一个超块C，它由一半属于超块A的数据块和一半属于超块B的数据块组成。而根据加密哈希函数均匀随机的指纹值分布，以及Broder最小值独立定理，超块C的手纹中具有一半的代表性块指纹来自超块A，另一半代表性指纹来自超块B。因此，我们可以发现超块C既不属于高负载组，也不属于低负载组。由此得出自相矛盾的悖论，因此，原命题为真。在第7.5节关于实验验证的部分，我们将进一步通过实际的数据集，并应用加密哈希函数来验证该定理的正确性。

7.4 系统设计与实现

在这节，我们阐述Σ-Dedupe集群重复数据删除系统的详细设计与实现。除了满足单个重复数据删除服务器节点的高吞吐率需求，任何集群重复数据删除系统都必须支持可扩展的性能，并能够获得近似单节点重复数据删除处理的整体容量节省。我们使用如下的设计标准来指导系统结构和数据路由机制的设计。

吞吐率：集群重复数据删除吞吐率随着集群中节点数的增加而扩展。通过删除索引查询磁盘瓶颈，单个重复数据删除节点应该进行近似裸盘的数据备份吞吐率；为优化Σ-Dedupe的Cache局部性，可以适当牺牲一些可接受的容量节省。

容量：在备份数据流中，相似的数据路由到相同的重复数据删除服务器节点，以获得高数据冗余删除率。集群内各个节点的容量使用应该平衡，以支持高可扩展性和简化系统管理；如果系统资源稀缺，重复数据删除效果可以适当牺牲来改进系统性能。

扩展性：通过在平衡节点之间的工作负载，集群重复数据删除系统可以很容易地扩展以支持海量备份数据管理。Σ-Dedupe的设计不仅要捕获和保持高度数据局部性优化节点内吞吐率，而且通过开发数据相似性来减少节点间数据路由的通信开销。

为了在仅有可忽略容量损失的前提下，获得高数据消重吞吐率和高系统扩展性，我们设计了一种可扩展的在线集群重复数据删除框架。在这一节，首先介绍Σ-Dedupe的系统架构；其次，阐述基于手纹数据路由的消息通信协议；最后，给出节点内相似索引查询优化机制。

7.4.1 Σ-Dedupe系统架构

Σ-Dedupe集群重复数据删除系统的体系结构如图7-2所示，它包括三个主要部分：备份客户端、重复数据删除服务器集群以及管理服务器。

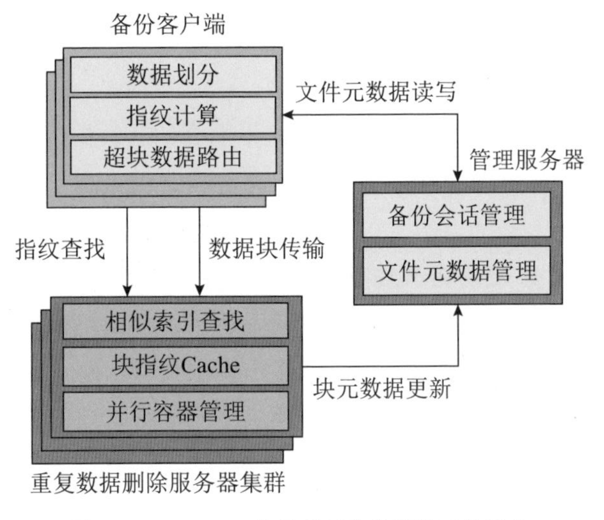

图7-2 Σ-Dedupe集群重复数据删除系统架构

备份客户端：一个备份客户端包含三个主要的功能模块：数据划分、块指纹计算和超块数据路由。备份客户端负责备份和获取数据流，按定长或变长进行数据分块，并在数据划分模块中将细粒度的数据块组合为粗粒度的超块，并通过MD5、SHA-1和SHA-2等抗冲突加密哈希函数计算数据块指纹，利用数据路由机制为每个超块选择一个重复数据删除服务器节点进行数据分配。通过节省数据备份过程中的网络传输带宽来改进集群系统的可扩展性，在数据块传输前，备份客户端访问重复数据删除服务器节点，按超块粒度分批查询块指纹来判断哪些数据块是重复的，只通过网络传输不重复的数据块。

重复数据删除服务器集群：在重复数据删除服务器模块中，包含三个重要的功能模块：相似索引查询、块指纹Cache以及并行容器管理。它实现了关键的重复数据删除和备份管理逻辑，包括返回数据路由过程中相似索引查询结果，在块指纹Cache中缓存最近频繁访问的块指纹来加速冗余数据块的查询处理，以及按大粒度的容器并行地存储唯一数据块。

管理服务器：负责记录重复数据删除服务器中的文件，并管理这些文件信息以支持数据备份和恢复。包括备份会话管理和文件元数据管理。备份会话管理模块对相同客户端属于相同备份会话的文件分组管理；文件元数据管理模块负责管理文件到超块的映射以及重建文件所需的其他信息。

7.4.2 数据路由消息通信

为了更清晰地描述Σ-Dedupe的行为，下面介绍其数据备份和恢复过程中的消息交互操作细节，包括基于手纹的有状态数据路由机制指导的数据备份操作和数据恢复操作。

一个用户或者应用发送文件备份请求到备份客户端。首先，备份客户端在数据划分模块中将文件划分为数据块或者超块，并在块指纹计算模块通过加密哈希计算出块指纹值；其次，由数据路由模块提取出超块手纹并进行数据路由。实际的数据备份操作是在数据路由模块中通过与管理服务器和重复数据删除服务器交互完成。详细步骤如下：

（1）客户端发送一个PutFileReq消息给管理服务器，该消息包含文件ID、文件中的超块数、超块的校验和以及文件大小。其中，文件ID为文件内容的抗冲突哈希值，也可用作文件恢复过程中文件完整性校验。一旦接收了PutFileReq请求，管理服务器利用基于手纹的数据路由算法建立超块到相应路由节点的映射。因此，管理服务器只需保持文件级的元数据管理，而不是超块粒度，使得管理服务器可以负责更大容量的数据管理，整个系统具有更高的扩展性。在完成PutFileReq之后，管理服务器给备份客户端发回一个PutFileResp响应。

（2）客户端为文件中的每个超块发送k个PutSuperChReq消息给对应的k个候选重复数据删除服务器节点（这里，k为超块手纹大小），包含超块的ID、超块中数据块的数目和指纹列表以及超块大小。重复数据删除服务器通过查询节点内已存数据块信息判断超块中的哪些数据块是未存的新数据块，并将相应的已存数据块数目和新数据块指纹列表通过消息PutSuperChResp发回备份客户端。备份客户端通过数据路由算法分析出最优的候选节点作为最终的数据路由节点，并将超块中所有新的数据块发送到对应的路由节点。路由节点在成功接收超块后，发送一个SuperChunkAck消息给管理服务器，该消息中包含超块ID和相应的校验和来检测传输后的数据完整性。一旦传送失败，路由节点请求客户端重新发送超块中的新数据块。

（3）重复上述超块消息交互过程，直到管理服务器收到文件中所有超块传输完成的消息响应，则发送一个EOF消息给备份客户端，表示该文件的备份操作完成。

数据恢复过程相比备份过程要简单许多。一个用户发送到客户端的文件读请求可以引发数据恢复操作。备份客户端给管理服务器发送一个GetFileReq

消息，指定需要获取的文件ID。管理服务器通过查询将相应文件的超块ID列表、这些超块对应存放的重复数据删除服务器节点信息、超块校验和等以GetFileResp消息返回客户端。客户端向每个超块对应的重复数据删除服务器节点发送GetSuperChunk请求超块内容，并下载文件中的每个超块，通过超块校验和验证其完整性。

7.4.3 相似索引查询优化

为了支持高重复数据删除的吞吐率和低系统开销，数据块指纹Cache和两种关键的数据结构——相似索引和容器，对节点内的重复数据删除优化起着至关重要的作用，如图7-3所示。

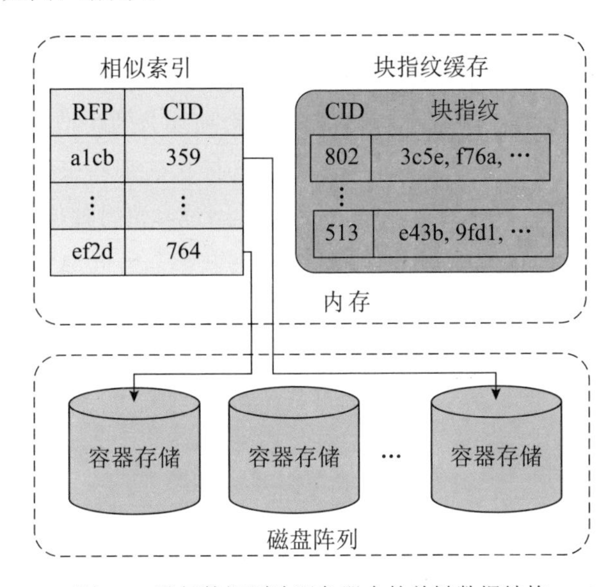

图7-3　重复数据删除服务器中的关键数据结构

相似索引是一种基于哈希表的内存数据结构，每一项包含了从超块代表性指纹到其所存容器的ID。由于手纹技术只需要非常低的取样率，其大小远小于传统块指纹到容器映射的磁盘索引。为支持相似索引上多核重复数据删除节点在多个数据流下的并发索引查询操作，我们通过为每个哈希桶或连续若干哈希桶分配一个锁来设计一个并发的相似索引查询和同步机制。

容器是一种自描述的数据结构保存在磁盘上来保持局部性，包含存储唯一数据块的数据段部分和存储相应块指纹、偏移和长度等元信息的元数据段部分。我们的重复数据删除服务器支持并行的容器管理来并发地分配、回收、读、写和可靠存储容器。对于并行数据存储，每个数据流都保留一个打开的数据容器，如果容器填满则创建并打开新的容器。所有的磁盘访问是在容器粒度中实现的。

除了两个重要的数据结构，块指纹Cache对改进重复数据删除服务器的性能起关键作用，它保存最近访问数据容器的所有块指纹在内存中。一旦代表性块指纹在一个相似索引查询请求中被访问到，相应数据块所在容器内的所有块指纹预取到块指纹Cache来加速块指纹查询操作。块指纹Cache是一个Key-Value型的结构，由一个双链表索引的哈希表构建。当Cache存满时，这些容器内的指纹对加速块指纹查询效果不显著，则采用最近最少访问策略来替换历史记录。

为了备份一个超块，通过数据路由算法选定重复数据删除服务器供超块路由，并在相似索引中查询代表性块指纹。当查询超块指纹中的代表性指纹时，先在块指纹Cache中查找对应超块映射的容器。如果容器的块指纹信息已经在Cache中，则比较该超块的块指纹和容器内元数据部分的块指纹，否则，我们从容器中预取其元数据部分包含的所有块指纹。最后，那些未找到的块指纹对应的数据块将被存储到一个打开但未满的容器。通过容器管理保持强块指纹Cache局部性，我们设计的相似性索引查询优化能够获得高吞吐率且仅使用很少的内存空间。

7.5 性能评估

为了验证Σ-Dedupe集群重复数据删除系统的设计，我们在Linux平台的用户空间使用C++和Pthreads实现了原型。在单节点多核重复数据删除服务器上完成了真实的系统实现以验证并行数据消重效率，同时，使用跟踪记录驱动模拟来验证集群重复数据删除技术在新数据路由算法作用下的容量节省、扩展性和系统开销。此外，我们也进行了敏感度分析来回答以下重要的设计疑问。

- 为获得单节点内的高重复数据删除效率，如何选择最合适的数据块大小？
- 相似索引的锁粒度如何影响代表性指纹查找性能？
- 超块指纹大小如何影响集群重复数据删除的数据缩减率？

7.5.1 实验平台和工作负载

我们使用两台服务器作为实验平台来验证单节点并行重复数据删除的效率。它们都运行Ubuntu 11.10操作系统，使用主频为2.53GHz的4核8线程的Intel X3440处理器，16GB内存和250GB三星硬盘。其中一台服务器既作为备份客户端，又作为管理服务器；另一台作为重复数据删除服务器。我们的集群重复数据删除原型系统使用GBit以太网进行内部通信。为了获得高吞吐率，备份客户端基于事务驱动和流水线思想设计，其通过TCP上的消息传输实现异步RPC通信，所有的RPC请求分批地处理最小化通信往返开销。我们选择两台服务器中的一台作为模拟平台来验证集群重复数据删除技术。

我们收集了两种真实的数据集和两种类型的应用跟踪记录。Linux数据集是由Linux内核源代码版本1.0～3.3.6构成[26]。VM数据集是由8个虚拟机服务器进行两个按月全备份得到的，包括：3个Windows虚拟机和5个Linux虚拟机。Mail和Web是从两台大学计算机服务器上收集的跟踪记录，来源于网站[27]。这些工作负载的关键特征见表7-2，其中，“大小”为数据集原始大小，“数据缩减率”为采用4KB定长分块和均值为4KB变长分块进行重复数据删除前后数据集大小之比。

表7-2 真实数据集和跟踪记录工作负载的特征

数据集	大小/GB	数据缩减率
Linux	160	8.23（CDC）/ 7.96（SC）
VM	313	4.34（CDC）/ 4.11（SC）
Mail	526	10.52（SC）
Web	43	1.9（SC）

7.5.2 验证度量

我们采用一些度量来综合评估Σ-Dedupe原型系统与其他集群重复数据删除机制，包括：重复数据删除效率、归一化的数据消重率、归一化的有效数据消重率、指纹索引查询消息数，以及节点内消重内存使用。

重复数据删除效率：一个包含重复数据删除过程中容量节省和系统开销的单一度量。它由数据消重率DR和数据消重吞吐率DT来定义。数据消重率是数据集逻辑大小与物理大小之比。数据消重吞吐率则为数据集逻辑大小与消重处理时间的比值。为了更好地定义和比较各种重复数据删除技术的消重效率，我们采用了一种度量“每秒节省字节数”来定义在同一平台上针对相同数据集进行重复数据删除的消重效率，它能表示数据集逻辑大小L与物理大小P之差与消重处理时间T的比值。因此，重复数据删除效率DE可以表示为式（7-7）。

$$\mathrm{DE}=\frac{L-P}{T}=\left(1-\frac{1}{\mathrm{DR}}\right)\times \mathrm{DT} \tag{7-7}$$

归一化的数据消重率和归一化的有效数据消重率：归一化的数据消重率用来定义集群重复数据删除的效果。它是集群重复数据删除的数据消重率与单节点精确重复数据删除的消重率之比，表明了集群重复数据删除方法在容量节省方面如何接近理想情况。考虑集群重复数据删除效果和存储负载不平衡的单一度量。归一化的有效数据消除率可以表示归一化的数据消重率除以1加上物理存储使用量的标准方差σ与重复数据删除服务器平均存储使用量α的比值。根据归一化数据消重率为集群消重率CDR与单节点消重率SDR之比的定义，归一化有效数据消重率NEDR可以定义为式（7-8）。它表明数据路由机制解决重复数据删除服务器节点信息孤岛的效果。

$$\mathrm{NEDR}=\frac{\mathrm{CDR}}{\mathrm{SDR}}\times\frac{\alpha}{\alpha+\sigma} \tag{7-8}$$

指纹索引查询消息数：这个重要度量表示集群重复数据删除过程中严重影响集群系统扩展性的通信开销。它包含数据块指纹查询过程中节点间的消息数和节点内消息数。这些开销都是很容易通过我们的系统模拟获得的。

节点内消重内存使用量：在重复数据删除服务器中与数据块索引查询相关的关键系统开销。由于服务器节点有限的内存开销，整个块指纹磁盘索引往往太大而难以全部存放到内存中。内存使用量表示块指纹索引查询优化对改进节点内重复数据删除性能的效果。

7.5.3 单节点并行重复数据删除效率

重复数据删除是一种资源密集型的任务。因此，我们利用Pthreads多线程编程开发现代商用服务器上的多核或众核资源来支持多数据流的并行重复数据删除。在我们的试验中，采用内存文件系统来存储工作负载以消除磁盘I/O性能瓶颈。通过并行地读取内存中的不同文件，创建多个数据流，同时，为每个数据流分配一个重复数据删除进程。为了测试数据分块模块的开销，由于定长的静态分块开销可以忽略，主要测试基于Rabin哈希的变长内容分块方法的吞吐率。根据Cumulus[3]项目中平均块大小为4KB的源代码实现，而指纹哈希计算是基于OpenSSL库实现的。图7-4所示为在备份客户端随数据流数变化基于内容分块方法CDC和基于加密哈希函数MD5或SHA-1指纹计算的吞吐率。因为采用4核8线程的处理器，数据分块和指纹计算的吞吐率呈线性增长，直到在4个数据流或8个数据流时达到峰值（CDC峰值为148MB/s，SHA-1峰值为980MB/s，MD5峰值为1890MB/s）。虽然CDC能够发现更多的数据冗余，但它很可能因其低吞吐率会严重影响重复数据删除的性能。另外，尽管MD5的吞吐率差不多是SHA-1吞吐率的两倍，我们仍然选择SHA-1来进行指纹计算以减少哈希碰撞。

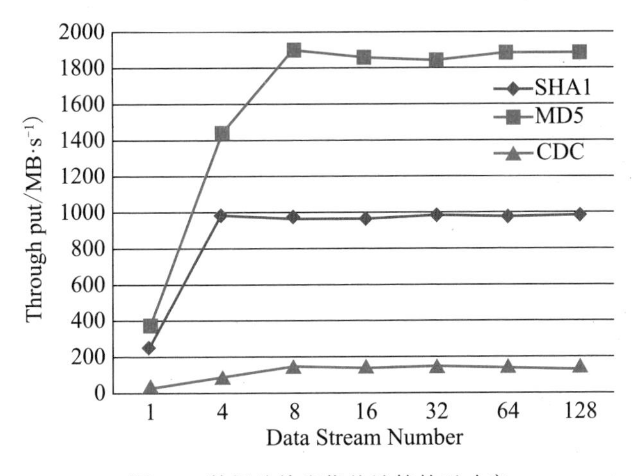

图7-4　数据分块和指纹计算的吞吐率

为了开发重复数据删除服务器节点的多核或众核资源，我们研究了单个重复数据删除服务器并行相似索引查询性能。对于我们设计的多数据流并行消重，每个数据流有一个独立的重复数据删除线程，但每个服务器节点内的所有消重线程都共享一个基于哈希表的相似索引。为了保证数据一致性，我们按单个哈希桶或连续多个哈希桶粒度均匀地为相似索引加锁以支持并发查询，并测试了所有索引数据放在内存中的并发相似索引查询性能。为了避免单个备份客户端引起的性能瓶颈，我们预先生成所有块指纹。

图7-5所示为随着数据流数目和锁数目变化的相似索引并行查询性能。随着锁数量的增加，多数据流并行查询的性能会不断提高。当锁数量大于1024时，因锁开销不可忽略而整体性能下降。由于处理器最多支持8个线程并行运算，并

且在8个数据流并发查询的性能最高，当达到16个数据流时，如果锁数量超过16，则性能会急剧下降，这主要是因为内存与Cache之间的数据频繁替换的开销引起的性能损失。

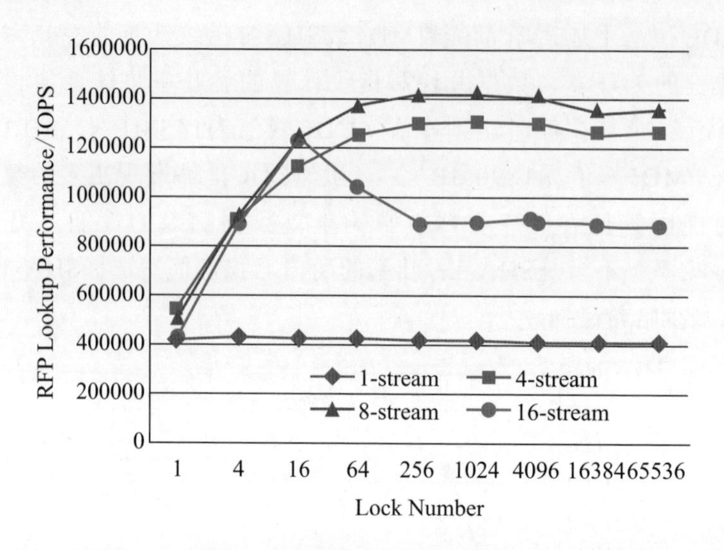

图7-5　相似索引并行查询性能

根据7.5.2节关于度量的定义，我们测试了单个备份客户端和单个重复数据删除服务器配置下的重复数据删除效率来平衡容量节省和数据消重开销。为了避免磁盘存储瓶颈的影响，我们将整个工作负载存放到内存中，并忽略唯一数据的存储步骤。采用基于内容分块方法CDC取代静态分块SC，或者使用更小的分块粒度，可以获得高数据消重率。然而，为获得高数据消重率往往需要增加元数据开销来管理增多的数据块和变长的块大小，从而影响重复数据删除处理性能。我们测试了在Linux和VM两种负载中数据块大小变化对以“每秒节省字节数”为单位的重复数据删除效率的影响。实验结果如图7-6所示，重复数据删除效率随数据块大小动态变化，也受工作负载的影响。由于静态分块SC的数据分块开销远低于动态分块方法CDC，前者较后者能够获得更高的重复数据删除效率。Linux内核源代码工作负载以4KB静态分块能够获得最高的消重效率，虚拟机磁盘镜像（VM）则要按8KB块大小进行静态分块才能获得最优效率，而以基于内容分块方法CDC进行消重时，两种负载都在2KB块大小时大小最优重复数据删除效率。为了获得高重复数据删除效率，我们采用4KB块大小进行基于静态分块的重复数据删除。

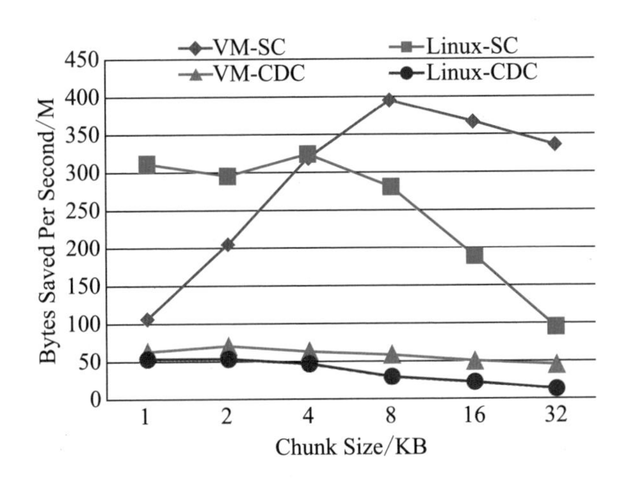

图7-6 单个服务器节点的重复数据删除效率

在Σ-Dedupe设计中，相似索引是超块手纹中的代表性块指纹到超块所存容器ID的映射，手纹技术在基于相似索引的重复数据删除优化中起到了至关重要的作用。手纹作为一种确定性取样技术的新应用，其取样率为超块手纹中代表性块指纹数与超块中所有数据块数之比，这一取样率既影响数据消重率，又影响节点内的内存使用。为了验证基于手纹的重复数据删除效果，我们关闭了传统的块索引查询模块，只考虑相似索引查询作用下的数据消重率。Linux内核源代码负载在仅应用相似索引优化下的重复数据删除率，与传统单节点按4KB块大小进行基于静态分块的精确消重率之比，得到其归一化数据消重率。

图7-7所示为归一化数据消重率与手纹技术的取样率和超块大小的关系。

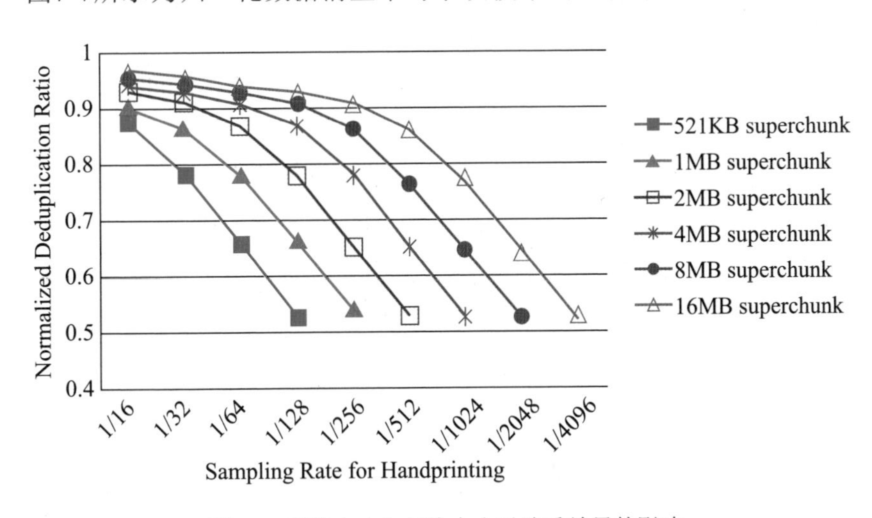

图7-7 手纹大小与超块大小对消重效果的影响

数据消重率随着取样率的减少和超块大小的减少而下降，并且16MB超块大小和1/512取样率是潜在的重复数据删除效果与内存使用平衡点，它对应8个代表性块指纹构成手纹。同时，实验结果表明：如果取样率降低一半，而超块大小同时增加一倍，对应的数据消重率几乎不变。由此可见，超块手纹中取8个代表性块指纹就可以获得近似精确重复数据删除方法的数据消重率，并具有高内存使用率。特别地，当我们选择超块大小为1MB和手纹大小为8时，Σ-Dedupe使用仅有传统数据块索引1/32的内存容量来存储相似索引就可以获得大约90%的数据消重率。

基于磁盘的块索引往往太大而不能整个放入有限的内存中，需要一种有效的内存数据结构来改进索引查询性能和保持高数据消重精度。在EMC基于超块数据理由方法的集群重复数据删除策略中，Bloom Filter被用来优化整个数据块索引查询以节省内存空间。Extreme Binning策略在磁盘块索引之上使用了一种文件级内存主索引结构来获得高内存效率。Σ-Dedupe设计了一种存放在内存中的相似索引来加速快指纹索引查询过程。我们比较了这三种集群重复数据删除方法在四种工作负载下进行重复数据删除时节点内的内存使用情况，见表7-3。

表7-3　节点内重复数据删除内存使用情况

集群重删机制	Linux	VM	Mail	Web
Stateless & Stateful	9.9MB	37MB	25MB	11.3MB
Extreme Binning	118.5MB	47.2KB	3/4	3/4
Σ-Dedupe	6.2MB	23.1MB	15.6MB	7.1MB

这里，Bloom Filter是平均每个数据块使用1字节的内存空间，Extreme Binning是每个文件使用48字节内容空间，Σ-Dedupe每个相似索引项使用40字节内存空间。由于Mail和Web两种工作负载没有文件元数据信息，我们不能估算出它们的内存使用情况。但可以很清楚地看出，Σ-Dedupe在缩减内存使用方面远优于EMC基于有状态和无状态路由集群重复数据删除方法和小文件负载时使用Extreme Binning的情况。当数据集中大文件占主导时，如VM负载，我们的Σ-Dedupe会比Extreme Binning占用更多的内存空间，但由于具有更高的数据消重精度能够获得更多的容量节省。如图7-7所示，如果能够容忍更多的数据消重率损失，就可以通过调整超块大小和手纹大小进一步节省内存空间。

7.5.4 集群重复数据删除效率

在Σ-Dedupe设计中，为了支持高性能的集群重复数据删除，按超块粒度进行数据路由以保持数据局部性，同时在每个节点内部进行数据块粒度的重复数据删除。由于超块大小直接影响索引查询性能和集群重复数据删除容量节省，文献对超块大小进行了敏感度分析，并已证明1MB是合理的超块大小来平衡集群范围内的系统性能和容量节省。我们也选择1MB作为超块大小来进行测试，以便能够与EMC集群重复数据删除机制进行公平地比较。下面我们首先进行敏感度分析来为Σ-Dedupe选择合适的手纹大小，然后通过实验模拟比较Σ-Dedupe与已有经典集群重复数据删除技术在容量节省和系统通信开销上的差别。我们使用一系列独立块指纹查询数据结构来模拟每个节点，所有试验结果是系统模拟生成的。

基于手纹的有状态数据路由通过开发数据相似性能够准确地将相似数据分配到相同的重复数据删除服务器节点。我们进行了一系列试验来验证基于手纹重复数据删除技术的集群重复数据删除效果。图7-8所示为随着手纹大小变化，不同集群规模下进行集群重复数据删除的归一化数据消重率。由于Σ-Dedupe是一种近似的重复数据删除机制，归一化的数据消重率都低于1；但随着具有强相似检测能力的手纹大小变大，相应的数据消重率也升高，越来越接近理想值1。从试验结果我们可以看出，当手纹大小超过8时，所有集群节点规模下的归一化数据消重率得到很大的改进。这意味着对于绝大多数的超块查询，我们能够将超块路由到与内容重叠最多的重复数据删除服务器节点。因此，为了平衡集群范围内的数据消重率和系统开销，并且与单节点优化中的手纹大小匹配，我们选择8个代表性数据块指纹构成的超块手纹来进行后续的验证。

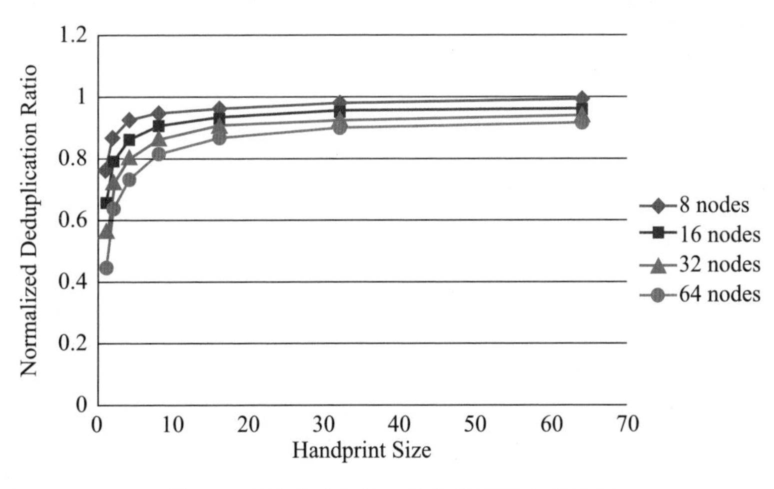

图7-8 手纹大小与归一化数据消重率的关系

为了比较Σ-Dedupe与现有集群重复数据删除机制，我们采用归一化的有效数据消重率来验证集群数据消重效果和负载平衡。我们基于多种数据集对比研究了Σ-Dedupe与当前的一些研究现状，如HP公司的Extreme Binning策略、EMC基于超块的有状态路由方法Stateful和无状态路由方法Stateless。

图7-9所示为四种数据集和四种方法在不同集群规模下的归一化有效数据消重率。由于Mail和Web不包含文件级信息，我们不能进行基于文件级相似度分析的Extreme Binning方法测试。当集群规模达到128个节点时，在四种负载下Σ-Dedupe能够达到EMC有状态方法90.5%～94.6%的归一化有效数据消重率。随着集群节点规模从1到128变化时四种工作负载的平均归一化有效数据消重率能够达到EMC有状态方法的95.9%～97.8%。由于集群范围内的数据缩减率低和负载分布不平衡，EMC无状态方法比Σ-Dedupe和EMC有状态方法都要差。对于以大文件为主的VM工作负载，因为文件大小分布严重不均，Extreme Binning不如EMC无状态方法。128个节点构成的集群重复数据删除系统使用Linux和VM两种负载时，Σ-Dedupe要比Extreme Binning策略在归一化有效数据消重率上高出32.8%～228.2%；128个节点的集群重复数据删除系统在四种工作负载下，Σ-Dedupe的有效数据消重率比EMC无状态方法优25.6%～271.8%。并且，从试验所得曲线的趋势看，随着集群规模的扩展，有效数据消重率将会有更多的改进。

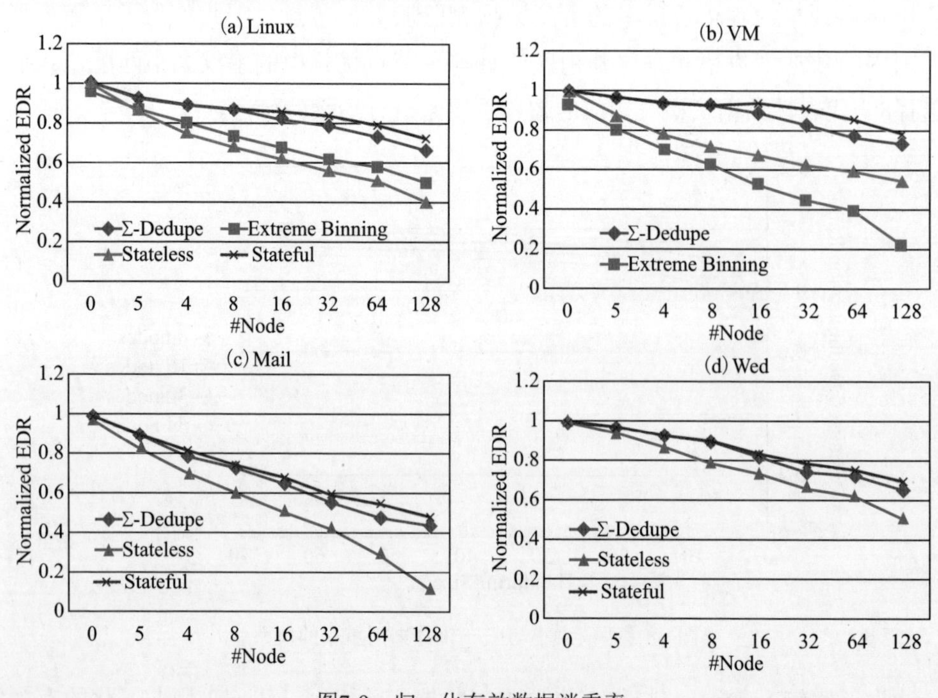

图7-9　归一化有效数据消重率

在集群重复数据删除系统中，由于磁盘查询I/O操作代价高，指纹查询已成为重复数据删除服务器固有的瓶颈，并且指纹查询引起的高通信开销会严重影响系统的扩展性。数据块指纹索引查询消息数成为一种主要的系统通信开销，与节点内的内存开销一起作为最主要的系统开销。我们测试了Linux和VM两种真实工作负载下，四种集群重复数据删除方法的块指纹查询消息数。图7-10所示为各种集群规模下的指纹查询消息总数。

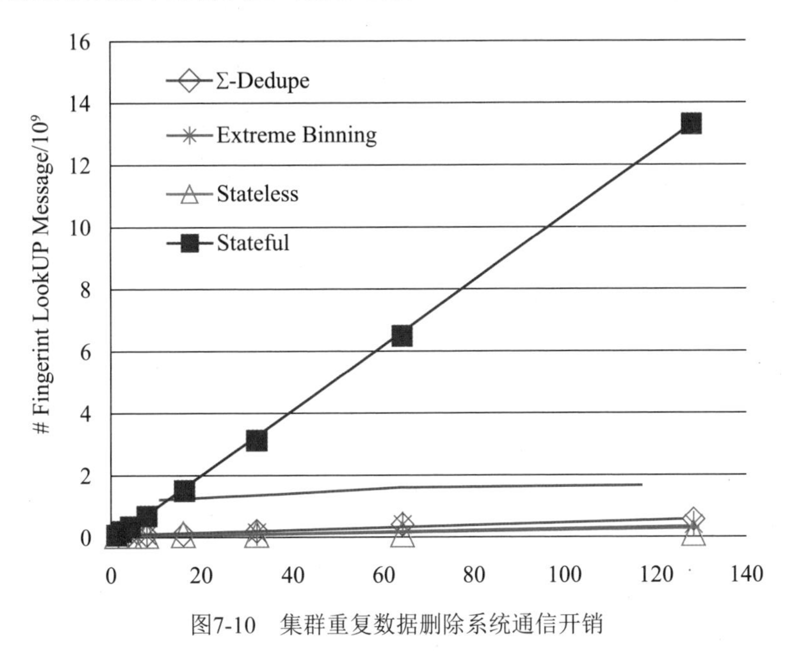

图7-10 集群重复数据删除系统通信开销

从图7-10中可以看出：Σ-Dedupe、Extreme Binning和Stateless方法具有常数级的指纹查询消息数，而Stateful方法的消息数呈线性增长。这主要是因为Extreme Binning和Stateless方法都是采用1对1的客户与服务器指纹查询通信模式来支持数据路由，但Stateful方法的每次指纹查询都要基于1对多的广播式查询，自然其消息数会随系统规模而线性增长，尽管它采取了取样技术来减少节点内的指纹查询请求数，但还是不能改变节点间广播查询的本质。Σ-Dedupe进行数据路由前，只需要查询最多8个候选节点，而在节点内只需要查询1/32取样率的代表性块指纹，其数据路由后的指纹查询数与Extreme Binning和Stateless方法差不多。因此，在各种集群规模下Σ-Dedupe的指纹查询消息总数不会超过Extreme Binning和Stateless方法的1.25倍。

7.6 本章小结

本章我们描述了一种支持大数据备份的可扩展在线集群重复数据删除框架Σ-Dedupe。它通过同时开发备份数据流中的相似性和局部性，很好地平衡了集群范围内的数据消重率和可扩展系统性能。采用基于手纹的局部有状态数据路由算法，将数据按超块粒度从备份客户端分配到各个重复数据删除服务器节点，以较低的系统开销来减少节点间的数据冗余，并利用基于相似索引的查询优化，以非常低的内存使用改进节点内的重复数据删除效率。

最后，通过真实数据集驱动的验证清楚地表明Σ-Dedupe相比于以前的集群重复数据删除技术在大规模集群系统中具有很大的优势：一方面，它能获得高代价、低扩展的EMC有状态方法超过96%的全局数据消重率，并只有比高可扩展的Extreme Binning和EMC无状态方法稍微高一点的系统开销；另一方面，它能极大地改进EMC无状态方法和Extreme Binning策略在集群范围内的有效数据消重率，同时保持这些方法的低系统开销和高可扩展性。通过开发备份数据流中的相似性和局部性，在每个节点内部也能获得很高的并行重复数据删除效率。

参考文献

第8章

重复数据删除存储案例分析

重复数据删除已经成为存储行业非常热门的话题和一大类商业产品。随着数据量的爆炸性增长，接近一半的数据中心管理员都将数据增长评为三大挑战之一。重复数据删除可以帮助企业减轻存储预算的压力并帮助存储管理员应对数据的增长。近年来，国内外各大存储厂商纷纷推出自己的重复数据删除技术，现在基本上所有存储厂商都有支持重复数据删除功能的产品。重复数据删除不仅是一种能减少数据存储容量的优化技术，也可以通过减少数据迁移带来性能上的好处。它可以应用在数据生命周期上的不同点上，包括数据的起始来源、传输过程、存储目标；重复数据删除相关的技术可以应用到任何一个数据存储和传输的地方，包括备份、主存储、WAN（广域网）优化、归档和灾难恢复等场景。

本章我们主要讨论在企业实际应用场景下的重复数据删除缩减率评估，现有国内外主流存储厂商的重复数据删除产品，以及不同行业中重复数据删除技术应用案例分析。

8.1 重复数据删除缩减率评估

重复数据删除的出现使很多的重复冗余数据无处藏身，如何对数据进行识别和去重是现在主流重复数据删除产品的主要区别。由于每个厂家的产品各不相同，以及对这种技术的不了解，导致许多的存储管理员在选择重复数据删除产品时感到茫然。用户在选择重复数据删除相关产品之前，首先需要解决的问题就是如何估算自身数据集的重复数据删除比率。

重复数据删除效果往往用缩减率来衡量，它代表受管理数据的逻辑容量和实际存储的物理容量的比率。10∶1的比率表示相对于实际占用的物理空间，重复数据删除技术可处理10倍的数据量，2TB存储空间能够至多管理40TB数据量。但是现实中重复数据删除的缩减率是多少呢？ESG研究报告发现[1]，接近29%的用户反映他们发现容量需求缩减率仅为10%，56%的用户认为减少在

10%～20%。在实际应用场景下，存在不少因素能够影响重复数据删除处理的缩减率[2]，主要包括：数据类型、变化频率、管理策略、重复数据删除技术和性能要求等。

- 数据类型：一些数据天生比较容易出现重复。由于虚拟机镜像之间容易出现相同操作系统和应用数据，虚拟机镜像库就容易得到比较高重复数据删除缩减率。办公室工作人员创建的文档和邮件通常包含冗余数据，并经常分发或复制，而从自然界中直接获得的视频和音频等多媒体数据通常是独一无二的。由于压缩处理会使得原来相同或相似的数据生成完全不同的编码内容，压缩数据的重复数据删除缩减率不高；对于已经压缩过的数据，如JPEG、MPEG、ZIP文件，再次进行重复数据删除则基本不会有什么效果。但若在重复数据删除处理后进行数据压缩，则可进一步获得约2∶1的压缩比，因此，厂商产品宣传的重复删除的数据通常已包含压缩功能来处理删除后的数据。如重复数据删除的缩减率是15∶1，通过压缩可以达到30∶1。
- 变化频率：通常数据被修改的频率越低，在其他拷贝中发现重复数据的概率也就越高。频繁的更新、复制或添加操作使得一些算法更难检测出重复数据。例如，文件头增删一个字，会使得定长分块方法无法检测出前后两个文件版本中的重复数据。当引用数据占活动数据总数的百分比增加，由于引用数据未更改，这也意味着重复数据删除率应该更高。此外，只要数据增长不是简单的复制，数据的高速增长就会引起更低的重复数据缩减率。
- 管理策略：在存储系统上已有的数据管理策略也会极大地影响重复数据删除的效果。相对于增量备份和差异备份，存储系统进行全备份的频率越高，重复数据删除的潜力也就越大，因为每天的数据有大量的重复。例如，数据每天变化1%甚至更少，每天进行全备份并保留30个备份副本，那么每个备份99%的数据都是重复的，30天之后，重复数据删除缩减率可以达到30∶1。假如每周备份，并保留一个月，缩减率只有4∶1。数据在存储系统上保存的时间越长，重复数据删除引擎发现重复数据的可能性也越大。此外，企业政策也可能会影响存储在业务系统上的数据类型；如果公司不允许备份MP3、JPEG或禁止创建PST文件，则数据不适合进行重复数据删除。
- 重复数据删除技术：在重复数据删除处理过程中，数据分块粒度和查询比对范围都会影响最终的重复数据删除效果。一般数据分块的粒度越小，重复数据删除的缩减率越高；动态数据分块机制比静态分块方法能够获得更高缩减率。在重复数据块的查找和比对过程中，查看和比较的范围越大，发现重复数据的可能性也就越大。例如，本地重复数据删除意味着只在本地数据源中寻找重复数据，而全局重复数据删除检查多个数据源来去掉重复块，可以获得更高的重复数据删除比率。

- 性能要求：对于高数据吞吐率的应用，受限于数据块索引大小和系统性能瓶颈，重复数据删除的缩减率也会受到影响。为提升应用的数据吞吐能力，往往需要降低重复数据的检测能力来减少计算负载，但这会减少重复数据删除处理的数据缩减率。

正因为用户应用数据集的重复数据删除效果受上述诸多因素的影响，要准确地评估其进行重复数据删除处理的效果并不简单。然而，潜在用户在选择重复数据删除相关技术产品的时候，必须对其应用数据集客观地进行重删效果评估，从而判定是否值得采购产品在高端存储系统上进行重复数据删除处理。估计重复数据删除效果可以在特定环境执行冗余建模或分析工具，反映所需的努力程度和期望的准确性。评估重复数据删除缩减率的难点在于需要搜索大规模应用数据集。大数据搜索问题本身就是一个难题，而要在有限内存和计算资源的情况下准确地估计缩减率则更加困难。

当前市场上存在两种评估方法：一种方法是基于已有数据分析后的先验知识来简单估计相似数据集的重删缩减率。例如，在虚拟桌面架构环境下有报告统计出平均6∶1的缩减率，但在实际情况下真实的缩减率会在2∶1到50∶1的范围内波动，因此，这种粗略的估计很不准确。另一种方法是基于已有数据进行完全扫描，在实际应用场景中，为准确评估缩减率需要完整扫描尽可能多的数据。这种方法存在的挑战在于为获得更高的准确度，进行完整数据扫描需要耗费大量内存空间和磁盘I/O操作。近年来，IBM公司研发者提出了一种高效的重复数据删除缩减率评估方法[3]，不需要读完整的数据集就可以准确地评估大规模应用数据集的缩减率，它采用Unseen算法实现这种评估方法，并允许逐步执行：首先获取一个小样本并评估其结果，如果评估结果波动范围过大，则继续增加样本大小；当达到足够严密的估计时，该方法可以提前停止。

如图8-1所示，通过测试表明，15%的样本足以对所有工作负载进行良好估计，一些现实生活中的工作负载在样本小于或等于3%时就能做到良好估计，并且该方法在磁盘存储系统上的计算速度比传统完全扫描方法快3倍以上。

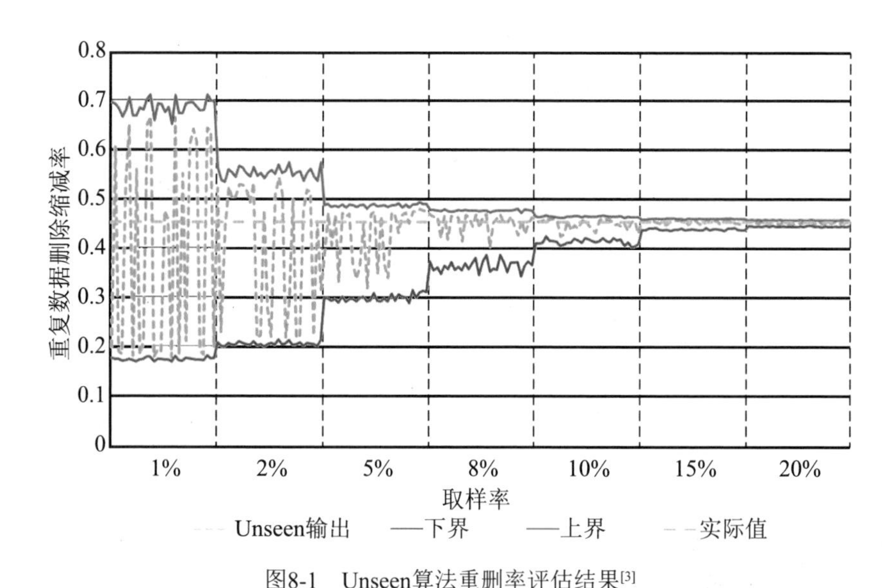

图8-1 Unseen算法重删率评估结果[3]

8.2 主流厂商相关产品应用案例

重复数据删除技术目前已成为存储行业最为热门的技术，不仅众多厂商极力推荐其重复数据删除产品，广大用户也在热切关注着重复数据删除技术。这种热闹局面主要是由当前经济大环境不景气的外部原因和企业自身数据飞速增长的内部原因共同形成的。我们将对重复数据删除领域的主要供应商的相关产品做简单介绍，并对它们的应用案例进行分析。

8.2.1 Dell EMC公司产品案例

EMC（易安信）为一家美国信息存储资讯科技公司，主要业务为信息存储及管理产品、服务和解决方案。EMC公司创建于1979年，总部在马萨诸塞州霍普金顿市。该公司2002年4月推出的Centera是世界上第一个内容寻址存储（Content Addressed Storage，CAS），提供快速、易用的在线存取能力，并支持内容原真性以及 PB 级扩展能力。2006年收购Avamar公司，其源端重复数据删除产品在全球有2500多个客户案例、4500个安装实例，又在2009年收购Data

Domain公司，其目标端重复数据删除产品在全球有4300多个客户案例、12000个安装实例。2015年10月，EMC公司被DELL公司收购。

❶ Centera内容寻址存储

EMC公司Centera网络存储系统是世界上第一款针对固定内容的内容寻址存储CAS网络存储解决方案[4]。Centera的CentraStar软件操作环境采用了一种创造性的内容寻址系统来简化存储管理，确保存储内容的唯一性，提供了固定内容存储需求从TB级至PB级的可扩展性。Centera网络存储系统大大降低了管理整个存储系统的开销。

Centera网络存储系统实现了软硬件的完美结合，非常理想地解决了固定内容存储需求。对于网络存储客户而言，Centera系统的重要价值在于它的软件系统，通过丰富的API，用户可以非常容易地实现对整个网络存储系统的使用和管理。当存储一个数据对象时，Centera首先根据所存储数据的二进制内容，按照特定算法计算出一个128比特序列的奇偶校验，接着，Centera把这一比特序列转换成一个独特的27个字符的标识符，叫作内容地址。这个内容地址源自所存储数据片段的内容本身，同样对于数据片段而言也是唯一的标志或称作数字指纹。内容寻址（Content Addressing）是Centera区别于其他网络存储技术的关键所在，而其他网络存储技术如SAN、NAS等都是基于位置寻址（Location Addressing）的，基于内容寻址的网络存储技术降低了整个存储系统理解、管理、操纵存储介质上的信息的物理或逻辑位置的难度。

如图8-2所示，Centera系统的体系结构主要由四个部分组成：所要存储的数据对象、应用服务器、Centera存储服务器和客户端数据库。整个数据的存储可以分为五个过程。

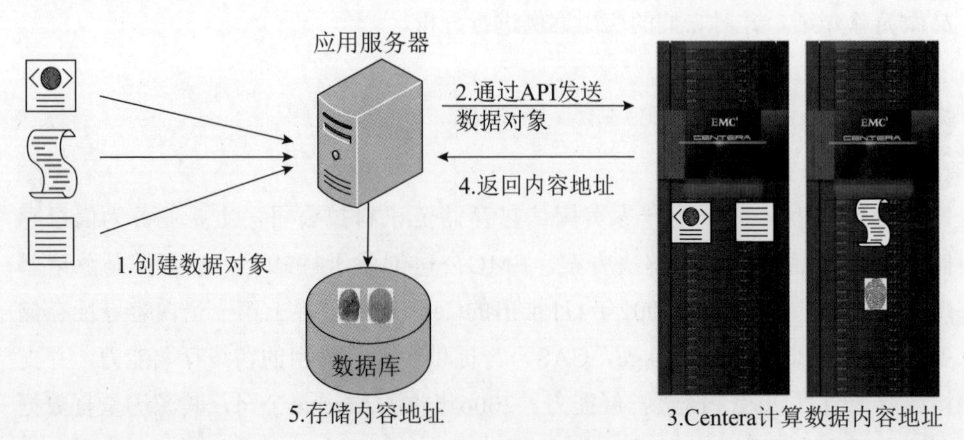

图8-2　Centera系统架构

（1）由应用软件服务器创建或使用数据对象；

（2）应用软件服务器在IP通路上通过一套Centera的标准API把数据对象发送给Centera存储服务器；

（3）Centera存储服务器按照特定算法针对所存储的数据内容的本身生成全局唯一的内容地址；

（4）Centera存储服务器把这一内容地址返回给应用软件服务器；

（5）内容地址由应用服务器保存在专用数据库中，以备客户端用户存取。

Centera的CAS网络存储服务器采用了一套独特的、可以避免任何单点故障的、独立节点的冗余阵列RAIN存储体系结构，与CentraStar操作环境一起实现了一套集TB-PB安全高效扩展、自管理、自修复和自动重配置于一体的内容寻址存储系统。整个系统由很多节点构成，所有节点分为存储节点和访问节点，其中前者主要用于存储和保护数据，而后者主要为外部提供API访问。

EMC Centera存储系统较传统网络存储技术能够更好地适应信息急剧增长的实际需求，具有广阔的发展前景，可以广泛地应用到企业级内容/文档管理、HSM解决方案、PC备份和归档、E-mail服务、医疗影像等诸多领域[5]。

（1）企业级内容/文档管理。

Centera在这类商业应用中使存储内容的可靠性和信息保存符合一般的企业级存储需求，并可以与应用程序简单地集成在一起，提高了可访问性；它高效率地利用存储设备，自配置、自管理和自恢复带来了低管理开销；存储内容与位置无关并使商业服务具有连续性。英国电信是欧洲、美洲和亚太地区网络中央控制信息和通信技术解决方案的世界领先提供商之一。作为有效的企业存档组件，EMC Centera在信息生命周期管理服务的存储基础架构中扮演着重要的角色。如图8-3所示，凭借EMC Centera，英国电信能够为客户提供充满吸引力、功能强大、高扩展性和安全可靠的解决方案，以帮助他们解决在归档方面所面临的各种问题。

（2）电子邮件服务。

电子邮件是日常业务活动中的重要工具。EMC Centera为管理和保护用户的电子邮件信息提供了一些可扩展、高性能的企业存储平台。将用户的电子邮件基础结构整合到这些平台上，可为用户带来最高级别的信息可用性和生产效率。同时，电子邮件还必须以一种能够随时存取的合适的格式长期保留，以满足证券交易委员会SEC 法规要求。EMC Centera 提供了一个在线内容寻址存储（CAS）平台，它确保了法规遵从性，同时与传统的磁带和光学介质相比，它还以更低的成本极大地改进了存档电子邮件信息的性能和管理。Centera 使用一种创新的内容寻址系统来存储管控的固定内容，并提供对这些内容简单、可扩展和安全的存取；它能够减少30%存储成本，减少备份和还原80%时间。

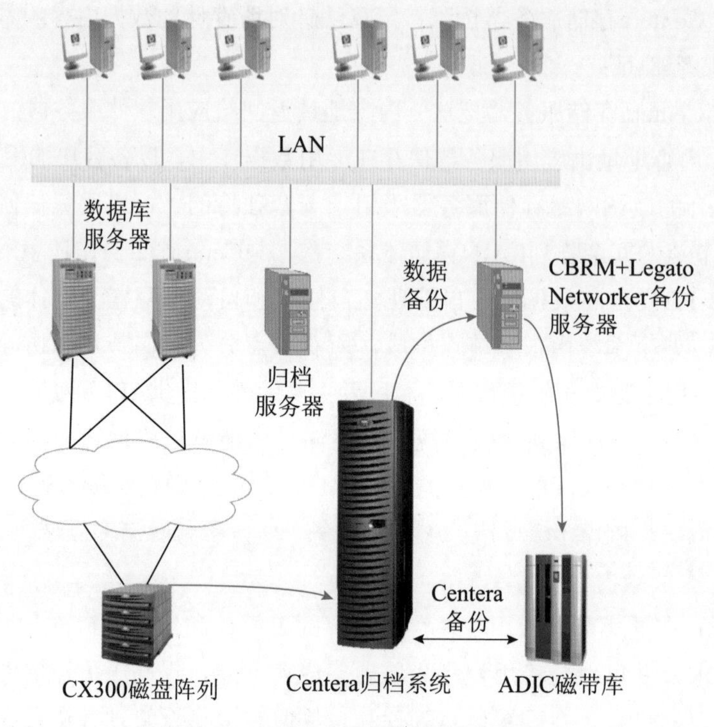

图8-3　英国电信信息生命周期管理

（3）医疗影像管理。

青岛大学医学院附属医院信息化建设起步于1991年，始终坚持自主开发HIS软件，从2001年开始实施PACS、RIS、LIS等系统，并同HIS系统紧密集成。但是随着业务的不断发展，原有的数据存储系统已经无法满足业务数据的海量增长。对PACS系统而言，产生的影像数据对数据归档设备有着保存时间长、查询速度快、不可更改的要求。所以该归档设备应该基于管理方便、安全、自动化、扩展性强的基础上为用户提供访问海量影像数据的能力。

如图8-4所示，PACS存储系统分为两级存储，其中一级存储SAN由EMC Clariion CX700构成，用于存储应用程序的数据库和短近期的医疗图像的缓存，满足经常和快速的访问要求，而通过IP连接的EMC综合归档平台Centera则作为长期的图像归档，保证数据共享和快速在线访问。

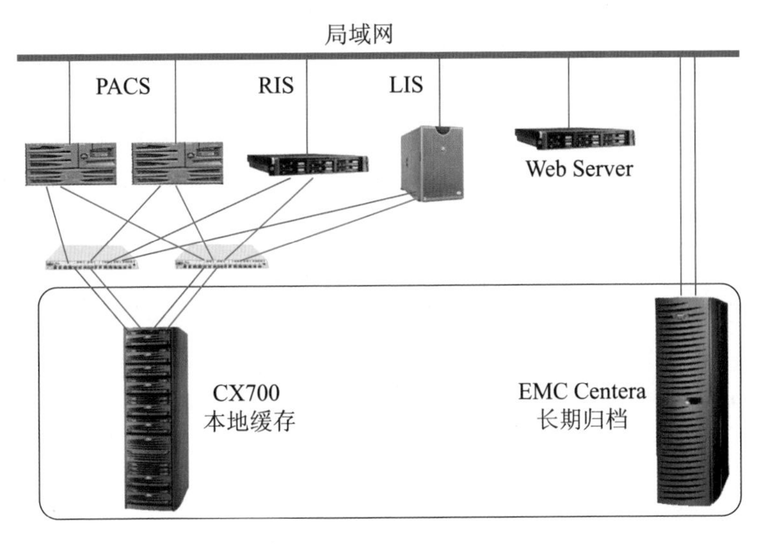

图8-4 青岛大学医学院附属医院PACS系统

② Avamar备份软件系统

Avamar是EMC公司的一款基于源端重复数据删除的企业备份软件系统，旨在将数据传送到定制的后端磁盘目标端。如图8-5所示，该软件在将要受到保护的服务器上安装一个代理，然后将备份软件传送到一个由互相连接的服务器和存储节点所组成的网络存储系统。和其他解决方案不同，Avamar的客户端软件进行了大部分的重复数据删除处理工作，并同服务器进行通信以确保跨客户端的数据得到了重复数据删除。这种方式的好处是只有变化了的数据部分才会通过网络传送到磁盘目标端。在来源端重复数据删除的方式下，大部分时间是在确认需要进行备份的数据，而目标端重复数据删除技术的大部分时间是在网络上传送所有数据。来源端重复数据删除意味着用户可以最小化LAN（局域网）/WAN（广域网）网络带宽的消耗，减少备份传输窗口，不过，备份存储的最小化当然是要以来源端处理器的利用率为潜在代价。

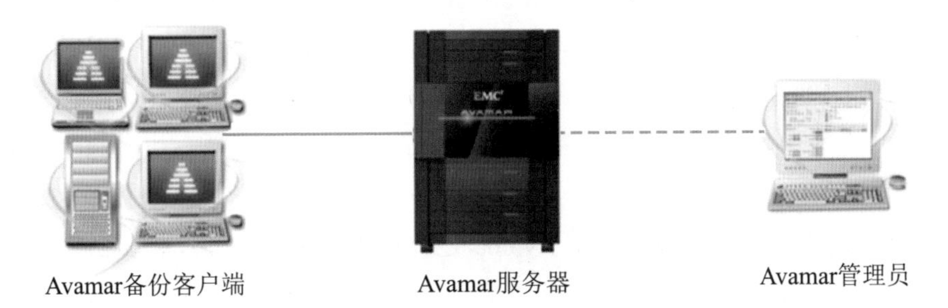

图8-5 Avamar备份系统架构

Avamar重复数据删除的大致机制如下：

（1）Avamar客户端遍历要备份的所有目录，并与本地文件缓存作比较来判断要备份的所有文件是否已经在本地文件缓存中有了。如果文件已经在本地缓存中有了，说明该文件之前已经备份过，属于重复数据，那么Avamar就不会再备份它。

（2）如果本地文件缓存中没有找到相匹配的文件，该文件会被分成多个可变长度的数据块。数据块会先被压缩，然后被哈希。哈希用于快速确定该数据块是否之前已经被存储过。客户端会比较本地哈希缓存来确定是否该数据块之前已经备份过，如果找到相匹配的数据块，说明该数据块之前已经备份过，属于重复数据，Avamar就不会再备份它。

（3）如果本地哈希缓存中没有找到相匹配的数据块，客户端会将该数据块哈希添加入本地哈希缓存从而更新本地哈希缓存，并且询问Avamar服务器是否之前已经备份过其他客户端上的相同数据块。如果Avamar服务器上已经存有该数据块哈希，则说明已经备份过其他客户端上的相同数据块，该数据块属于重复数据，不会再被备份。

（4）如果Avamar服务器上没有找到相匹配的数据哈希，客户端会将该数据块哈希和相应的数据发送给Avamar服务器。Avamar服务器会保存该数据块哈希和相应的数据。

通过以上流程的层层过滤，最后真正被Avamar备份的数据量显著减少了。然而，客户端的处理器利用率一直被看作是来源端重复数据删除技术的问题之一。当然，服务器处理能力有了飞跃提升，同时重复数据删除备份软件的整体效率也有提升。如果客户对此有所担心，他们可以将CPU资源的使用调整到限定比例。

虽然源端重复数据删除方式可能会稍微延长备份时间，但是它可以维持正在进行备份的主机的服务水平。在VMware环境下，这种服务水平的维持尤其重要，因为VMware环境对CPU在备份上的消耗很敏感，同时如果CPU过分使用，vMotion和其他措施经常会被触发。在非结构化数据环境中，Avamar可以将数据量减少99%。备份数据收到后将写入Avamar Data Store上的磁盘中，每个节点在数据存储上应用的是RAID 5数据保护框架，同时跨节点应用独立节点冗余阵列RAIN。除了RAID和RAIN以外，Avamar还提供数据恢复认证功能。数据每天确认两次，确保备份中的数据始终处于可恢复状态。由于Avamar不依赖“完全恢复+增量恢复”的恢复框架，因此Avamar的所有恢复都来自逻辑完全备份的一次性恢复。这意味着用户不需要最近一次周末的完全备份和隔夜的增量备份就可以进行恢复操作。

作为重复数据删除领域的元老，Avamar通过成熟的产品成功地在市场竞争中生存下来，并充实各种功能来瞄准主要的市场机遇，比如远程办公室备份、VMware备份、NAS备份以及最近的桌面和笔记本的备份。

（1）银行异地数据备份。

随着银行业务信息系统的不断升级和完善，数据保护问题面临着越来越大的挑战。各业务系统的数据采用分散的模式各自独立保存，其数据备份方式一般采用磁盘、磁带、光盘、移动介质等方式，且大多在本地保存，很难满足数据异地备份需要。2008年下半年，中国人民银行郑州中心支行（以下简称郑州中支）决定建设独立的、覆盖重要业务系统的异地数据备份系统，通过现有网络每天提供迅速、可靠的完整备份和恢复，将数据异地保存。数据压缩—网络传输—异地备份郑州中支的数据总量相对较大，保存期复杂，因此，如果采用传统的备份方式，数据总量和备份窗口都很成问题。在郑州中支的技术方案选型过程中，EMC公司基于重复数据删除技术的磁盘备份技术方案很快进入郑州中支的视野[7]。

EMC Avamar重复数据删除解决方案的部署很简单，地市中心支行不需要部署硬件，只要在业务系统服务器上安装备份代理即可。在中心支行部署两个EMC Avamar节点，完成双节点的冗余、互备、复制和负载均衡。而且，安装备份代理没有数量限制，只要备份服务器节点的容量不超出，就可以无限扩展。郑州中支的分支机构众多，应用服务器的数量比较大，总共安装了近100个备份代理。因此，EMC Avamar重复数据删除解决方案非常适合郑州中支的需求。

EMC Avamar的备份代理软件负责在源端进行重复数据删除工作，而且它能够感知应用，达到非常高的重复数据删除效率。在郑州中支的应用环境中，经过初步测算，郑州中支所有设备（包括地市中支）初次完全备份下来的重复数据删除率大概为3∶1，之后的备份由于有基础数据，重复数据删除率大大提高，可以达到300∶1的水平。

这样，不仅节省了大量的备份空间，而且节省了广域网带宽，使异地备份和恢复成为可能。同时，删除重复数据之后采用磁盘备份方案，跟传统的备份介质和备份方案相比，在数据可靠性、可用性、数据备份和恢复速度方面都有数量级的提高。系统的可管理性也提高了，系统管理员可以在一个统一的平台上，方便地看到每一个应用系统、每一个支行、每一个时间点的备份数据，也可以集中地管理和执行每个应用系统的备份策略。这些在以前几乎都是不可能实现的。

（2）电子企业灾备系统。

大型电子集团对各个子公司实行集团化管理，在集团总部部属财务、Web网站、人力资源、OA、CRM等多套集团信息系统，对子公司的业务运营进行集中支持和管控。集团的数据量越来越大，对信息系统的依赖性越来越高。信息中心作为信息系统的责任部门，最担心的就是数据丢失。系统故障总是可以恢复的，只不过是时间问题，换一台设备、重建系统也相对容易。数据丢失的风险则要大得多，信息中心的责任重大。

为了确保业务连续性和数据安全性，2007年年底南京熊猫电子集团开始建设新一代的数据备份系统，目标是提高数据保护的级别，实现更高标准的RTO（恢复时间目标）和RPO（恢复点目标）。熊猫电子集团有限公司（以下简称“熊猫电子”）在每周全备份和每天增量备份至本地磁带库的同时，在相距5千米的地方建一个数据容灾备份系统，两地间连接的是商用IP网络，其带宽为2Mb/s。由于带宽小，可以通过的数据量非常有限，因此需要一套先进的方案，有效降低对带宽的要求，同时又能可靠地进行备份。信息中心经过多方考察，发现重复数据删除技术是一个比较理想的方案。备份数据的重复率是非常高的，例如，办公自动化系统中，文件流转、版本修订比较普遍，一个文件可能抄送给多个人，一个文件可能有多个版本，这其中有大量的重复数据。尤其是文件比较大的时候，备份时重复的存储空间占用相当可观，而重复数据删除技术就能解决这个问题。所有重复的数据，系统在备份时只保留一份，在重复出现的地方，只保存一个数据地址。恢复数据时，数据能够自动还原。

2008年，熊猫电子选择EMC Avamar重复数据删除技术，建成了当时同行业中最领先的数据备份系统[8]。备份数据经过EMC Avamar去除重复数据以后，再通过IP网络传输到容灾备份中心，备份到这里的Avamar Data Store存储阵列上。在熊猫电子的应用环境上，Avamar的重复删除率达到100∶1。由于传输的数据量非常小，大大节省了带宽，缩短了备份时间，也节约了备份空间。原来每天要备份好几个小时，现在每天只要几十分钟就完成了。综合比较下来，采用EMC Avamar新一代备份方案，比传统的备份方式代价低得多，RTO和RPO却提高了很多。

Avamar数据保护方案简化了数据恢复操作。与传统解决方案不同，Avamar备份每天都是生成的完全备份，而不是传统备份方式的“完全备份+增量备份”，Avamar只需操作一次就可以恢复所需要的时间点数据。Avamar对文件的恢复很简单，既可以使用传统的恢复操作，也可以通过Web页面的下载方式进行。由于数据是备份到存储阵列的，存储阵列上有RAID冗余磁盘技术，可以随时、自动地对数据进行校验，可靠性提高。从数据恢复速度看，磁盘备份比磁带备份的速度高一个数量级，数据可用性的提高不言而喻。

为了充分利用已有投资，多提供一重数据保护，除了用Avamar进行异地备份外，熊猫电子将之前的本地磁带库备份继续保留。EMC Avamar的扩展性不错。将来熊猫电子的其他分支机构或厂区如果需要备份数据时，只要和Avamar的服务器建立网络连接，就可以将数据备份至Avamar上。如果需要加强数据的保护级别，可以再增加一个节点，和现有节点之间做数据镜像。如果未来的数据增长非常快，则可增加多个Avamar节点组成EMC专利的RAIN结构，既增加了备份空间，又使数据的保护更加可靠。

③ Data Domain重复数据删除存储系统

EMC Data Domain重复数据删除存储系统具有高速在线目标端重复数据删除功能，带来了磁盘备份、灾难恢复和远程办公室数据保护的变革。备份数据平均可减少到原来的 1/30～1/10，使得磁盘备份存储成为长期现场保留的经济型方案，并提高了到灾难恢复站点的网络复制的效率。EMC Data Domain全局重复数据删除阵列（Global Deduplication Array，GDA）是适合企业备份应用程序的、业内性能水平最高的线内重复数据删除存储系统[9]。GDA 跨两个 EMC Data Domain DD890 控制器为备份应用程序呈现一个重复数据删除存储池。TB字节的数据集在各控制器之间动态、透明地得到平衡负载处理，简化了容量管理、性能管理和备份管理。

如图8-6所示，全局重复数据删除阵列是一个针对典型企业数据集和备份策略可提供多达28.5 PB逻辑存储的可扩展系统。数据超过200 TB的企业可使用GDA来存储和保护磁盘保留数据两个月之久，而相同占地面积的其他存储系统一般只能提供数天的磁盘转储。全局重复数据删除阵列的吞吐量达 26.3 TB/小时，能更快完成更多备份，同时减轻有限备份窗口上的压力。全局重复数据删除文件系统能同时利用两个控制器，并利用这一处理能力来扩展性能。在一个8小时的备份窗口中，可备份超过175 TB的数据到GDA，也可以利用它的性能显著缩小备份窗口。类似地，GDA使用两个控制器来扩展恢复性能，以确保必要时快速恢复。

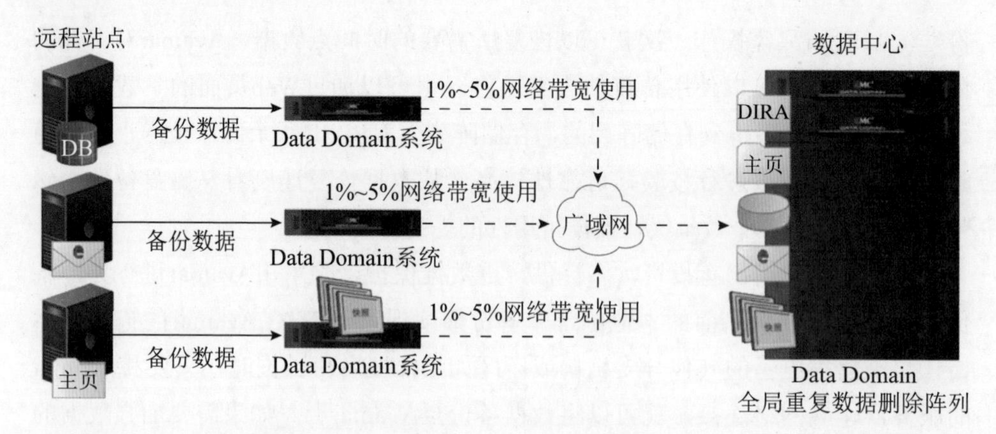

图8-6 Data Domain全局重复数据删除阵列架构

全局重复数据删除阵列使用 EMC Data Domain Boost 软件选项可无缝集成到使用EMC NetWorker、Symantec NetBackup和Backup Exec的备份环境。DD Boost软件为用户提供了包括线内重复数据删除以及异地灾难恢复保护托管复制等功能所带来的保留和恢复好处。或者，使用EMC Data Domain Virtual Tape Library软件将GDA作为虚拟磁带库通过光纤通道连接到用户的备份服务器。GDA 适用于所有主流企业备份软件，可轻松集成到现有基础架构而无须更改数据中心或分布式办公室数据保护。

全局重复数据删除阵列能轻松满足扩展性要求而不增加复杂性。它允许多个备份服务器同时使用一个组合磁盘池，简化了管理。通过向GDA添加更多存储即可满足更大型数据集要求。很多大型企业备份基础架构必须保护数千个客户端，并要求多个并发备份作业以适应每日备份窗口。GDA可容纳大型备份策略，同时支持多达270个并发备份作业，使用户为增长的备份环境留有余地，而无须管理数百个物理磁带设备的相关复杂工作。对于多达数百太字节（TB）的备份环境，管理员可将一个GDA用作所有备份策略的目标，并使用一个共同的重复数据删除存储环境。

GDA本身具有的创新全局重复数据删除技术最大限度减少了重新配置复杂备份策略或负载平衡策略以便进行性能或容量管理的需要。如此一来，可轻松保护超大型数据集，管理也很简便，同时最大化总体重复数据删除效率，最大限度减小物理存储容量。

全局重复数据删除阵列利用 EMC Data Domain Replicator 软件，能包括在灵活复制拓扑中，这种拓扑能满足多个远程站点和大型数据中心的多种灾难恢复配置要求。使用DD Boost托管文件复制，GDA复制所需的带宽可减少99%，这大幅缩短了创建备份的重复备份以用于整合或灾难恢复所需的时间。

通过广域网传输的数据减少了，基于网络的复制也相应变得快速、高效、可靠。对于配有大型数据中心的组织，可将一个或多个GDA系统部署为本地备份策略的目标。系统还可以作为地理位置分散的数据中心的主要灾难恢复目标。将整个备份内容镜像到位于远程容灾站点的另一GDA，即可实现多站点保护。使用DD Boost托管文件复制时，还可以使用GDA来整合来自多达270个远程站点的备份。跨站点重复数据删除跨所有远程站点和本地备份发生，这进一步减少了带宽使用，因为在任一WAN网段都只传输数据的第一个实例。如果要求机密性，在Data Domain系统之间复制时可即时加密经重复数据删除和压缩的数据，无论使用何种复制拓扑。

目前，EMC Data Domain 客户提供的见解清楚表明，使用基于磁盘的重复数据删除服务与数据复制服务，可显著影响与备份/恢复及灾难恢复过程相关的费用和问题。组织的数据保护、灾难恢复和长期数据管理需求在未来几年只会增长，因此，EMC进一步扩展Data Domain解决方案的规模和范围到以下案例[10]。

（1）加拿大国家铁路公司案例。

加拿大国家铁路公司（Canadian National Railway，CNR）拥有超过22 000名员工，其中有725名IT支持人员。其IT部门设有3名专职人员来管理Data Domain。主数据中心位于蒙特利尔总部。该公司的全部27个北美办公室的存储要求一直在不断增长。加拿大国家铁路公司于2007年部署了 EMC Data Domain重复数据删除存储系统，以便利用该解决方案的重复数据删除功能提高备份和恢复能力。目前在上述每个位置都配有Data Domain设施和一个中央系统，用来将数据复制到主数据中心。CNR用以下两种方法来使用Data Domain：第一种方法，IT 部门从它的众多分支机构位置将数据复制到蒙特利尔总部办公室。第二种方法，该公司使用位于费城的专用Data Domain系统执行灾难恢复。在实施之前，CNR需要用卡车将所有灾难恢复磁带运送到费城。

该Data Domain部署非常适合CNR的业务需求，因为该公司目前使用的磁带机即将报废并且有必要进行某种形式的存储升级。CNR终止了磁带服务和维护合同，这样每年可为公司节省约100 000美元的开支。该公司还避免了磁带硬件故障维修，估计每年又可为公司节省175 000美元。同时考虑到为满足不断增长的新存储要求，该公司总共免去了购买50～60台新磁带机的需求。随着存储要求每年以25%的平均速度增长，公司经理们估计他们每年将从新磁带购买事项上节省超过100 000美元。以前为提高传输速率，公司估计每月花费高达30 000

美元，而现在由于Data Domain复制功能的功效而省去了这笔费用。

在部署Data Domain之前，所有CNR站点都在使用磁带备份。每个站点都会安排人手在早晨从磁带机中取走磁带，并装上下一个新磁带。他们需要花费15～20分钟时间到达服务器、取出磁带、进行归档并放入新磁带。自从实施Data Domain磁盘备份系统之后，已完全免去了这些工作。估计每天CNR公司可从所有办公室共计节省9个小时。该IT部门平均每周执行20～30次数据恢复。在部署Data Domain之前，如果磁带位于现场，恢复工作将需要花费3～4个小时。但是如果磁带不在现场，恢复时间会增加到两天。目前，Data Domain复制功能已经准备就绪，该公司仍然能够从站点灾难中得到很好的保护，并且由于可恢复数据一直保留在现场，所以在两个小时内即可完成恢复。在执行数据恢复时，因为不再需要在蒙特利尔和费城之间移动磁带，CNR将省去大约20个小时的供应商运输时间。

CNR的工作人员也从Data Domain部署中受益。在过去，如果某个报告意外删除，用户将必须从头重新创建该报告。但是借助Data Domain，该报告只需不到两个小时就能恢复，并且可避免用户重新输入数据。Data Domain具有带宽调节功能，IT部门可借助该功能决定数据传输速率。显然，IT部门不希望在使用高峰期执行大型备份，利用此功能，CNR可在一个工作日结束时开始备份，并在第二天早上8点之前完成备份。在正常工作时间，工作人员会降低Data Domain传输速率，以便性能不会受到负面影响。在过去，IT部门每天都要将同一条数据写入磁带，但是自从部署了Data Domain重复数据删除以后，每条数据只需要写入一次，CNR节省了大量的磁盘空间。此外，由于CNR已经不再使用外部供应商，异地数据管理已经得到了改进，不像以前IT生产效率都可能受到简单物流问题的负面影响。

（2）全球通信公司案例。

由于EMC Data Domain重复数据删除存储系统的高效数据备份方法，某一全球通信公司部署了该系统。在此之前，该公司的存储需求不断增加，以致IT 部门根本负担不起继续备份到磁带的费用。Data Domain采用的数据压缩方法和重复数据删除方法，能够以千兆级的线速率备份数据。Data Domain运行的算法适用于非常高的吞吐量，DD500系列的规格为200MB/s，这些计算机整夜以该吞吐量工作。

Data Domain现在是首要的备份目标，该全球通信公司已经大幅度减少了在整个组织中所使用的磁带和磁带硬件数量，估计在磁带和相关硬件方面每年每个站点大约节省385 000美元。如果从部署27个站点节省的总额来算，每年可节省1040万美元，以标准的三年硬件生命周期来算可节省3000万美元。通过使用Data Domain，该全球通信公司购买了比原计划要小的备份服务器，从每个站点的每台服务器上节省约35 000美元，这相当于每年另外节省94.5万美元。由于部署了Data Domain，异地灾备存储和传输数据成为可能，这样可以使该公司保持良好的法规遵从性。

该全球通信公司员工在管理备份时省去了研究磁带使用趋势、补充磁带、制作标签和存储备份方面花费的时间。公司设有3名专职人员处理磁带，但是他们在这些任务上花费的时间已经减少15%，现在他们能够用节省的时间处理其他任务。现在数据备份比过去所用的时间减少了，这是因为Data Domain系统的数据传输速率比磁带的传输速率更高。该公司估计平均每周22名员工在加载数据方面至少节省10个小时。在过去，恢复过程需要4～6个小时。自从部署Data Domain 以后，所用的时间减少到不足1个小时。Data Domain部署仅需要约两个小时来安装存储单元并且不再需要任何维护时间。这比其他解决方案效率更高。该公司估计IT员工每年每个Data Domain系统可在存储分配任务方面节省15～20个小时。另外，Data Domain部署让数据的可移植性变得更强。

（3）金融服务公司案例研究。

某金融服务公司管理着1800亿美元的教育贷款，2008年5月开始部署EMC Data Domain重复数据删除存储系统。该公司做出此决定的推动因素是它需要通过消除自身对磁带备份的依赖来降低成本。在公司总部，设有三名人员管理备份。

导致成本降低的两个最重要的因素是在磁带方面的节省和在相关维护方面的节省。该金融服务公司的技术设计师估计，在部署后的第一年，公司在磁带费用上节省了超过800 000美元，在维护成本上节省100 000美元。公司设有12个远程站点，过去要定期购买新磁带并管理站点自身独立的磁带备份环境。自从部署了 Data Domain，包括购买磁带、磁带机维护和运输等方面的费用已完全消除。由于公司使用Data Domain，它在磁带刷新上节省的成本已超过500 000美元。公司现在已经能够削减所有的磁带库或完全消除磁带库。这12个远程站点已完全不再使用磁带，数据现在保存在主数据中心。公司每年至少可以少买三台介质服务器，这样每年可节省超过30 000美元。此外，公司省去了与旧备份系统有关的每年一度的软件更新和维护续订费用。该技术设计师估计这些方面的节省每年总共可达25 000美元。

该金融服务公司在每个站点安排一名全职员工，提高公司的IT生产效率。如果全部12个站点都能实现此项时间节省，在员工时间上收益可超过700 000美元。由于不再使用磁带，能够减少运输合同并且每天可为管理员节省3～4个小时的时间。在过去，为了防止潜在的磁带故障并最大限度减少等待恢复所花费的时间，公司会复制所有磁带，将一套磁带保存在现场，另一套保存在异地。在过去，公司每个月为这些复制磁带备份三四次，但是自从部署Data Domain以后完全避免了该过程。另外，在执行恢复所需的时间量上已经有显著改善，所需的时间已经从1小时减少到了30分钟。在部署Data Domain之前，公司通常每天会经历一次磁带故障，修理故障平均需要占用内部技术人员约3个小时。另外，如果公司管理员必须与供应商协调合作来帮助解决问题，这通常将使故障解决过程再延长3个小时。借助Data Domain的功能，与使用磁带机相比，公司可更快地恢复数据和更早地恢复到时间点。

（4）全球设备供应商案例研究。

某塑料制品行业的全球设备供应商，为客户生产定制注塑成型机。客户使用这些定制模具制造各种产品，包括汽车、手机、玩具和家庭存储装置等。2005年，该公司在重要关头选择EMC Data Domain重复数据删除存储系统。存储需求决定了要么刷新整个磁带环境，要么寻找另一种能够满足不断增长的数据需求的技术。公司面临的一个难题是，要么购买已不再受支持的LTO-1格式的新磁带，要么找到另一种全新的解决方案。部署Data Domain只需花费很少的时间，从开始部署到员工利用Data Domain执行备份只需要约8个小时。在将Data Domain 系统投入生产之前，该公司另外花 1天时间对数据进行验证。在部署Data Domain 后的前三个月内，该公司就已经能够从流程中减少约1000个磁带。该公司仅保留了一个磁带库处于可用状态而且仅用于从旧磁带中恢复数据。

自从部署 Data Domain 以后，该塑料制品公司已不再购买新的磁带和新的磁带机。公司估计，在过去5年中，他们已经省去购买至少12个磁带机，而每个磁带机将花费11 000美元。公司还节省了服务器开支，提高公司当前服务器的利用率。在部署Data Domain之前，磁带机导致瓶颈问题，服务器平均利用率只有20%～25%。但是自从实施Data Domain以后，备份速度加快，平均利用率提高到大约80%。Data Domain系统创造更高的数据管理效率，这使该公司免去雇用更多IT员工。

自从部署Data Domain以后，公司塑料制品从执行备份过程中节省不少IT员工工作时间。在过去，每个月员工在管理备份中需要花费约40个小时，而现在每个月只需要4个小时。IT员工现在能够从事更多促进业务发展的任务。自从实施Data Domain之后，该公司的数据错误、系统错误和磁带错误大大减少。该公司估计每100个磁带会有1个磁带完全损坏，在过去平均每个月会发生25个基本磁带错误。自从部署Data Domain以后，该公司仅通过避免与磁带相关的错误平均每个月至少就能节省两个小时。该公司现在有了更一致的备份窗口，从而减少了恢复时间。以前，在向磁带写入数据时可能要花费6个小时运行备份，而恢复时间长达12～14个小时。自从部署Data Domain以后，备份和恢复时间各自都减少到了仅用4个小时。

8.2.2 IBM公司产品案例

IBM System Storage包含重复数据删除解决方案，这些解决方案旨在满足企业数据中心基于磁盘的数据保护需求，同时大幅降低基础设施成本。特别是IBM TS7650G ProtecTIER重复数据删除网关解决方案[11]，如图8-7所示。

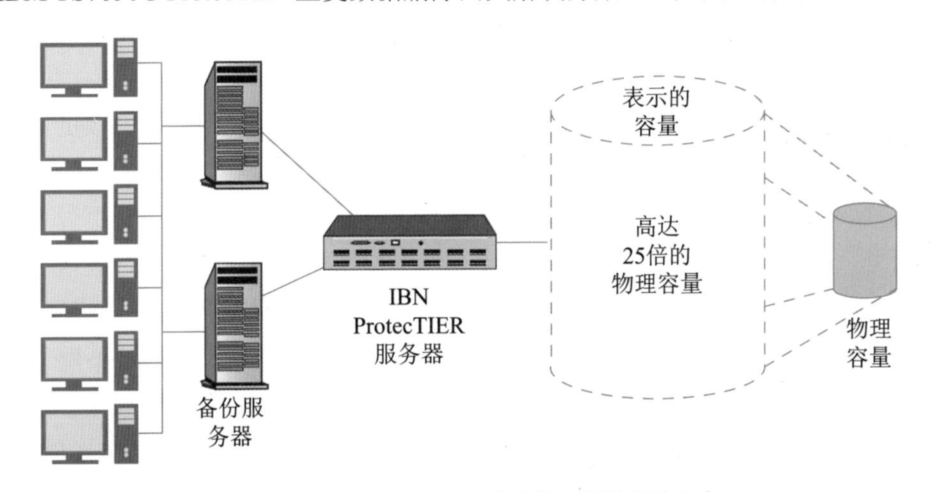

图8-7　IBM System Storage重复数据删除解决方案

IBM TS7650G ProtecTIER重复数据删除网关解决方案可为虚拟磁带库（VTL）提供高性能的重复数据删除，这些虚拟磁带库特别适合企业组织，因为企业通过自己可以充分利用现有备份应用程序和流程。并且，事实上，根据企业策略集团公司（ESG）的调查，企业级组织都倾向于采用VTL作为在数据保护基础设施中实现磁盘存储的技术手段。VTL解决方案均无中断，因为这些解决方案为重复数据删除提供了目标端方法，即在备份软件处理数据后进行重复数据删除操作，而非在受保护机器上进行重复数据删除操作。IBM解决方案经过特别设计，可轻松集成到现有数据中心环境，无须更改现有备份策略、实践或程序。

IBM解决方案架构还设计有无中断特性，意味着解决方案运行不会因宕机或可用性问题导致生产活动中断。IBM TS7650G采用在线重复数据删除方法，其中实时进行重复数据删除，这样，当数据写入磁盘时已经进行了重复数据删除操作，从而降低了宕机的风险。这与某些解决方案所采用的后处理重复数据删除方法恰恰相反，后者往往在执行重复数据删除操作之前将备份映像写入磁盘，所以更容易出现宕机。这也是在企业级环境中使用在线方法尤为重要的原因，因为企业级环境中可能难以容忍宕机。

现有实施证据表明，IBM正在申请专利的HyperFactor 技术采用模式算法，可将备份环境中存储所需的空间容量降低到25倍。重复数据删除所带来的容量扩展通常以一个比率来表示，基本上是额定数据与所用物理存储空间的比率。例如，10∶1的比率表示所管理的额定数据比存储所需的物理空间大10倍。重复数据删除已经实现了18∶1甚至更大比率的容量节省，IBM解决方案中该比率高达25∶1。

考虑不同重复数据删除解决方案需铭记的重要一点是，所报告的额定数据与所用存储空间之间的比率在不同解决方案中会大有不同，甚至会高达30∶1或者更高。似乎更高的比率表示解决方案更卓越，但事实并非如此。其中一个原因就是，得出的重复数据删除比率很大程度上取决于数据保留期限、数据更改速率以及备份实践等变量。例如，数据保留天数对比率有着直接影响。另一个原因是，更高比率并不代表解决方案更好，重复数据删除比率可以按不同方式计算。例如，如果计算忽略系统所需的磁盘开销，则将会人为地影响比率。因此，仅关注给定数据流的重复数据删除比率。这就是为什么比率为500∶1的解决方案不一定能够比比率为20∶1的解决方案提供更出色的重复数据删除操作。

IBM解决方案所实现的容量节省可归功于持续的高性能，而更持续的高性能反过来则又归功于其粒度和可扩展性。

- 粒度是指针对冗余所检查的数据块的大小。数据块越小，可以比较的块就越多，删除数据冗余的能力越高。IBM TS7650G解决方案以相当精细的粒度查找和消除数据，捕获与2KB大小匹配的少量数据，这样就能够在典型数据保护环境中实现高达25倍的重复数据删除。
- 可扩展性与解决方案的可持续吞吐量有关。在IBM解决方案中，双节点集群拓扑结构达到1000 MB/s的可持续吞吐量。最终可带来企业级性能，满足最苛刻的数据中心要求。IBM解决方案最多可扩展至1 PB的物理存储空间，约超过25 PB用户数据，从而可以轻松地扩展性能和容量。

业务需求和法规不断推动对基于磁盘的长期现场数据保留的需求，企业级的高效解决方案必须允许每个系统上管理数百太字节（TB）的存储库。对小于20TB的存储系统支持将导致需要管理越来越多孤岛存储空间。这对IBM TS7650G解决方案来说根本不是问题，因为我们的解决方案可为每个存储系统提供多达1 PB存储容量。

在高容量环境中，一些重复数据删除解决方案会因其查找和处理数据冗余的方法带来数据完整性的风险。例如，采用哈希算法进行重复数据删除的解决方案会因哈希冲突带来数据丢失的风险。但这种风险出现的概率很低，可能会在非常大的环境中出现。当出现风险时，只有在数据需要检索/恢复时才会对它有所了解。因此，IBM选择了一种模式识别算法来查找和处理数据冗余；在大型环境中，此类算法不会像哈希算法那样存在数据丢失的风险。

IBM在多个配置中提供灵活的、基于磁盘的存储空间选件，可针对性能和高可用性进行优化，以满足特定磁盘存储空间需求。例如，在要求较高可用性和/或较高性能的环境中，可部署集群配置，以便在节点故障的情况下提供硬件冗余，从而实现备份和恢复操作的连续性。除冗余外，集群配置使在线重复数据删除性能的吞吐量提高了1倍，同时保持通过两个集群节点中的任一节点可访问存储库。

鉴于重复数据删除的新颖性和复杂性，选择业界验证的产品至关重要。可根据生产部署时间以及生产中的客户数量等因素进行评估。IBM ProtecTIER Deduplication解决方案自2005年以来一直受财富500强企业的数据中心的青睐。到2011年全球已有200多家公司的500多个系统部署该解决方案，管理的磁盘容量超过20 PB。

美国KBR集团公司应用案例

凯洛格·布朗·路特（KBR）集团公司是一家总部位于美国的全球工程与建设公司，主要服务于石化产业设施的建造、设计、咨询和服务等业务，在全球总共拥有70 000名员工。该公司亟须用新的解决方案来替代现有磁带备份基础设施。该解决方案必须能够支持KBR每周在四个站点备份100 TB 的生产数据。

站点的现有备份基础设施基于IBM TSM和LTO-1和LTO-2磁带技术。新基础设施最初基于将LTO-3磁带作为备份介质默认标准的全球标准。但是相反，为了更加经济高效，决定采用新的架构，利用包括磁盘在内的多种类型的备份介质。在此架构中：

- 物理磁带将用于“快速”客户端，而磁盘上的虚拟磁带将用于大量慢速流。
- 重复数据删除将被用于在整个保留期内实现所有主要虚拟磁带备份映像经济高效的存储。
- NetBackup Vaulting 将被用于提供所有物理和虚拟备份映像到物理映像的透明复制。

公司主要基于下列标准评估多个VTL 解决方案。

- 在线重复数据删除：为了最大限度地减小重复数据删除对现有操作的影响，KBR 需要一款采用在线重复数据删除的解决方案，而不是采用后处理重复数据删除的解决方案。借助在线重复数据删除，完成备份后即可完成向物理介质的传送，无须后处理。
- 性能：KBR需要一种解决方案，既能够处理相对比较慢的备份数据流，也能够处理80 MB/s或更快的速度驱动磁带的流。
- 无中断部署：该解决方案必须能够同现有硬件厂商的产品及系统一起部署，并能够与现有磁盘管理软件集成。
- 无中断运行：该解决方案必须以最小的宕机风险提供高可用性和稳定性。
- 可扩展性：该解决方案容量必须可扩展至1 PB存储空间，从而既能够满足公司当前的需求（100 TB数据），也能够满足公司未来的规划。近期的目标是用4 GB描述1 PB备份映像，并找到重复数据删除的相似性。
- 开放存储VTL：开放存储对于使所有介质管理处于NetBackup 控制之下，并确保在虚拟介质和物理介质之间移动备份映像没有问题，这至关重要。

如图8-8所示，KBR选择IBM System Storage ProtecTIER 重复数据删除解决方案，将其作为软件解决方案在KBR现有双四核服务器硬件、交换机以及HBA上实施[12]。此解决方案采用在线重复数据删除，可扩展至1 PB数据，并能够同时处理大量慢速流，以及以80 MB/s或更快的速度驱动磁带的流。KBR选择了特定高可用性解决方案，该解决方案配置了备用ProtecTIER节点，以便实现快速故障切换，从而有助于在KBR的业务关键型数据环境中最大限度地减小宕机风险。生产中系统的稳定性早在2007年年初KBR部署该解决方案后得到了充分证明。现在，通过新IBM TS7650G Gateway的可用集群选项，高可用性配置在活动的双核ProtecTIER服务器模式中可以实现。

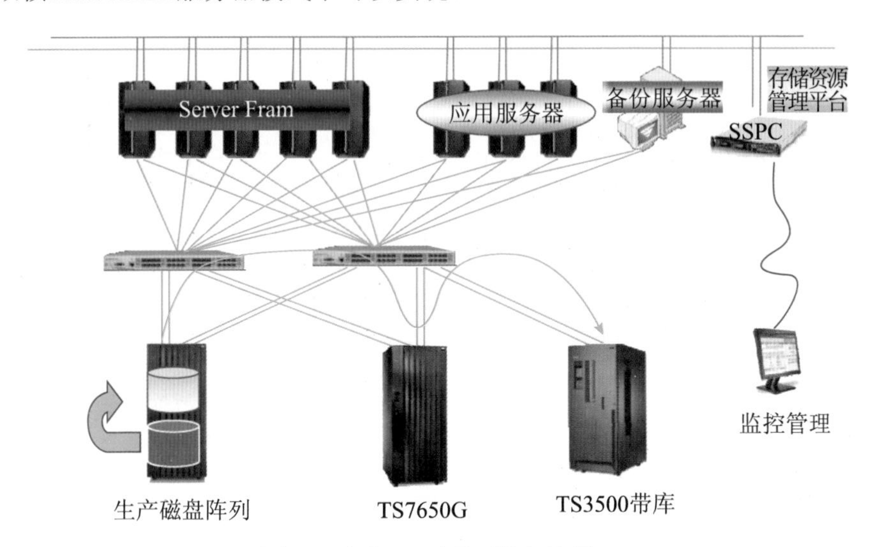

图8-8　企业IBM存储系统架构图[12]

借助采用在线重复数据删除的VTL解决方案，KBR受益颇多。该解决方案为公司提供了新型备份介质，其独特性与物理磁带相得益彰，为最初规划的仅物理磁带解决方案提供了卓越超群的解决方案。IBM部署使公司能够在磁盘上保留整整一年的数据，与仅物理磁带的备份相比，大大缩短了其恢复时间。

8.2.3　飞康软件公司产品案例

美国飞康软件公司（Falconstor Software Inc.）（以下简称“飞康公司”），是全球数据备份与容灾技术市场的核心技术厂商。2000年创立于美国纽约，2001年纳斯达克成功上市。飞康公司所提供的历经验证的数据备份及容灾解决方案[13]，真正以快速恢复、保证企业最佳业务连续性为首要目标，凭借创新、独特的技术手段，不仅彻底解决企业所有的备份与容灾难题，同时引领整个行业的技术变革与发展。

飞康公司以完全开放的IPStor虚拟化平台为核心的备份与容灾产品[14]，包括新一代连续数据保护器（CDP）、内置重复数据删除技术的虚拟磁带库

（VTL）、网络存储服务器（NSS）以及文件重复数据删除服务系统（FDS）等，如图8-9所示。飞康公司创新的数据备份与容灾解决方案最大限度地提高了数据可用性和系统在线时间，确保了企业无间断的业务生产能力，同时还简化了数据管理，提高生产效率，帮助企业极大地降低了运营成本。

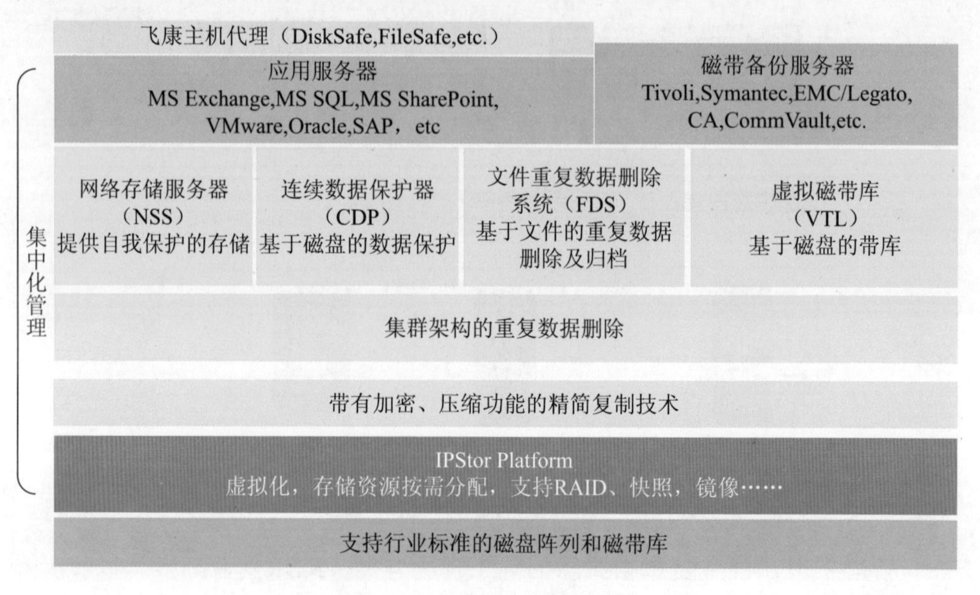

图8-9　飞康IPStor虚拟化平台

飞康公司一直以来都活跃于CDP、VTL等存储领域内，不过公司也在新的区域内进行着摸索和突破。2009年飞康公司发布（File-interface Deduplication System，FDS）重复数据删除管理器产品，使用了与飞康VTL相同的块级重复数据删除技术核心，支持CIFS/NFS等文件传输协议，在LAN环境下可以对数据进行快速的备份、恢复以及重复数据删除。同其VTL重复数据删除产品相比，飞康FDS可在更为广泛的领域，包括数据库、用户共享数据、备份数据、归档数据、虚拟机数据在内的各类业务。飞康FDS帮助企业提升备份速度，节省备份与归档存储空间，降低远程容灾的网络带宽占用，提升管理效率并节省成本。FDS的目标是将重复数据删除技术广泛应用于几乎所有类型的应用和数据。通过使用这种数据存储削减技术，用户可以优化存储从而节约大量资金。FDS能够提供全域的重复数据删除，并可以将分散在多个远程站点的备份数据复制到中央存储库上，集中去除冗余数据以节省空间，降低成本。FDS还拥有很好的扩展性，可以被部署到任意的物理或虚拟环境中，以管理器或网关模式部署。同时，FDS可以设置为并发或后处理的重复数据删除策略，使得用户能够按需管理，同时减少对备份性能的干扰。

飞康FDS是业界首个提供高可用（HA）架构的重复数据删除方案，可以将两台FDS设置为动态HA架构，当主设备发生故障时可以自动执行故障切换。HA架构消除了NFS/CIFS去重存储系统的最大弱点——单点故障，满足了紧张的备份窗口需求，关键数据库的转存也得以完成，另外，FDS使归档数据库保持始终可用，达到了服务水平协议的要求。

FDS可以提供后处理及并发的块级处理两种重复数据删除方式，可以将数据备份的性能发挥到最佳（1500 MB/s或5.4 TB/h），可用于备份与恢复、归档，保护企业的应用系统（Oracle、Microsoft Exchange、Microsoft SharePoint等）、虚拟数据及备份数据。所有数据都被写入一个共用的存储库中，然后再删除重复的数据，因此源文件并不会受到影响。重复数据删除的处理完全在后台进行，不会对备份窗口产生任何影响。FDS还提供了先进的数据验证功能，由用户设定、客户化的数据一致性检查功能，以确保数据的恢复能力、长时间的数据保留能力、可用性和可恢复性。

利用FDS企业无须在远程办公地点设置专人进行磁带管理，即节省了成本也无须再担心磁带管理、运送、存储所带来的问题。FDS可以为远程办公地点提供高效的块级重复数据删除，从而优化本地的存储容量、实现快速恢复。同时，FDS支持远程办公地点到数据中心的全域重复数据删除。而强大的FDS管理控制台，最多可以同时管理150个远程站点，并可以进行实时监控。内置的WAN优化复制功能，确保在全域范围内只对单一不重复的数据块进行传输，因此大幅减少了异地备份的网络流量。以20∶1的重复数据删除比率来说，就能节省95%的带宽占用，用户不用再购买网络加速器或租用昂贵的专线，就能轻松实现异地备份。与Symantec OST结合应用，可以进一步削减Symantec NetBackup进行备份时的带宽占用。

FDS提供了多种部署模式及配置选项，以达到各种企业规模的端到端备份需求。FDS具备强大的扩展能力，无论是为远程办公地点提供经济高效的小型部署方案还是适用于大型企业数据中心的逻辑存储容量在PB级以上的机架式解决方案，FDS都可以满足。所有方案都可提供企业级的功能性，并支持NFS/CIFS、Symantec OST、远程复制。单一节点的物理容量可以从1 TB扩展到68 TB，在20∶1的重复数据删除比率下，逻辑存储库的容量可以从20 TB扩展到1.36 PB。

飞康公司2017年正式发布第8代备份/重删一体化解决方案，从而为用户提供更强的备份和重复数据删除功能。飞康备份/重删解决方案整合了飞康公司VTL虚拟磁带库和 FDS重删解决方案两款现有产品的全部功能，将两者有效地合并到一个统一平台，利用通用用户界面提供备份及重复数据删除服务。用户通过使用飞康公司的备份/去重一体化平台，可以获得高达50%的成本节约，以及高达65%的性能与效率提升。随着新产品的发布，飞康公司正在逐步兑现自己对市场的承诺：将自己的全部技术整合为一体化的统一平台，为用户管理数据提供最佳的自由性，并确保数据在用户随时随地的可用性。

利用飞康公司的备份/重删一体化解决方案，用户可以在单个节点上同时管理基于块和文件的备份及重复数据删除，所需硬件将减少50%。该重复数据删除解决方案最多还能减少95%的存储容量需求，从而进一步降低解决方案成本。8.0版本的备份/重删解决方案具备可以提升容灾能力的级联复制功能，进一步确保了企业关键数据的随时可用。通过飞康公司的专利技术WAN优化的重复数据删除复制技术可以提供更快的数据传输和恢复，同时使网络传输成本及带宽开销降低85%之多。

飞康公司的备份/重删一体化解决方案部署灵活，几乎能在任何环境中使用，用户不仅可在进行扩展时保持性能不变，也可以在单一节点下进行扩容。这种灵活性也直接带来了成本节约，可以在保护用户现有投资的同时，最大限度地减少为满足当今数据激增而扩充解决方案所需要的额外硬件及软件。

总之，该解决方案的主要性能优势包括：

- 备份耗时更短：与 7.0 版本相比，NAS 接口的备份速度提升达300%，持续吞吐量平均为6TB/h。
- 性能更好，成本更低：与 7.5 版本相比，VTL接口的备份速度提升达35%，单一节点的持续吞吐量为11.2TB/h。
- 单节点持续性能：等于或超过竞争对手的多节点解决方案，并且不影响备份服务器性能。
- 提升容灾能力：级联复制实现更高的可用性及可靠性，同时通过WAN优化复制在复制过程中节省95% 的带宽。
- 减少复杂性：优化的、即用式的解决方案，通过智能向导执行本地及远程部署，同时针对存储及增长管理提供统一报告。

目前，从中小型企业到财富1000强企业，全球超过4000家公司在自己的IT环境中选择部署了飞康公司的解决方案，从而实现甚至超过了他们最为迫切的恢复时间目标（RTO）和恢复点目标（RPO）。飞康公司的客户遍及各行各业，包括金融、政府、教育、医疗卫生、航空航天、能源生产、法律、制造业、通信等。同时，飞康公司不仅与微软、VMware等软件厂商保持着密切的合作关系，而且凭借着业界领先的技术能力，成为EMC、IBM、Sun、H3C等全球知名存储厂商的重要OEM合作伙伴，为他们的存储产品能够具备更强大的备份与容灾能力提供了核心技术支持。

大型石化公司FDS异地灾备

国内某大型石化公司，隶属世界500强企业，集工程设计、承包、监理、炼油化工工艺和设备研究于一体的科技型企业，是国内第一批授权实施工程总承包的单位之一[15]。自成立以来，共完成石油炼制、石油化工、天然气、医药及化工领域的工厂、装置、油库、长输管理及市政设施等大中型工程建设项目800多项，业绩遍布全国29省、市、自治区。

公司原以磁带库为中心的备份机制，已无法应对TB级数据量的备份工作，经常失败且成本越来越高。大量重复数据版本被重复备份，极大浪费存储资源。现有4Mbps带宽的严苛条件下，无法实现1500km距离的异地数据备份。随着信息化建设的日益完善，石化工程公司的IT系统越发复杂，70余台服务器及重要终端包含的上百TB数据，给企业带来了巨大的备份和存储压力。传统的备份方式完成如此海量的数据备份不仅效率极低而且无法保证备份/恢复的成功。另外，上百TB数据中包含了大量的重复数据版本，再经过多次重复备份，不仅使备份的性能更糟，也造成了存储资源的极大浪费。

飞康FDS是即插即用型的设备，它利用安装在服务器端的FileSafe客户端直接将指定服务器和重要终端上的变化数据按照策略备份到飞康FDS上，FileSafe向FDS备份变化数据的过程中进行第一级去重；数据备份到FDS后，FDS利用内置的块级重复数据删除引擎，将备份数据进行扫描比对，仅保留唯一不重复的数据块与备份数据的索引，这便完成了第二级去重。经过两级去重，使得存储空间的利用率提升10倍以上，同样的存储空间可以备份更多数据。用户无须再购买大批存储设备，大幅节省购置成本的同时，也极大削减了管理成本。

为了进一步保护数据安全，用户需要在本地与分公司之间搭建异地备份系统，如图8-10所示。然而，从本地生产中心到分公司的容灾中心的距离有1500千米，而原有带宽只有4Mbps，要想在不增加带宽成本的前提下，实现TB级的数据传输根本不可能，FDS则为用户解决了这一难题。FDS具备远程复制功能，在执行数据复制时FDS会扫描比对备份数据和单一存储库内是否有相同数据，仅有单一不重复的数据才会被传输到远程的FDS设备中，大幅减少了异地备份的网络流量，带宽占用节省了95%以上。

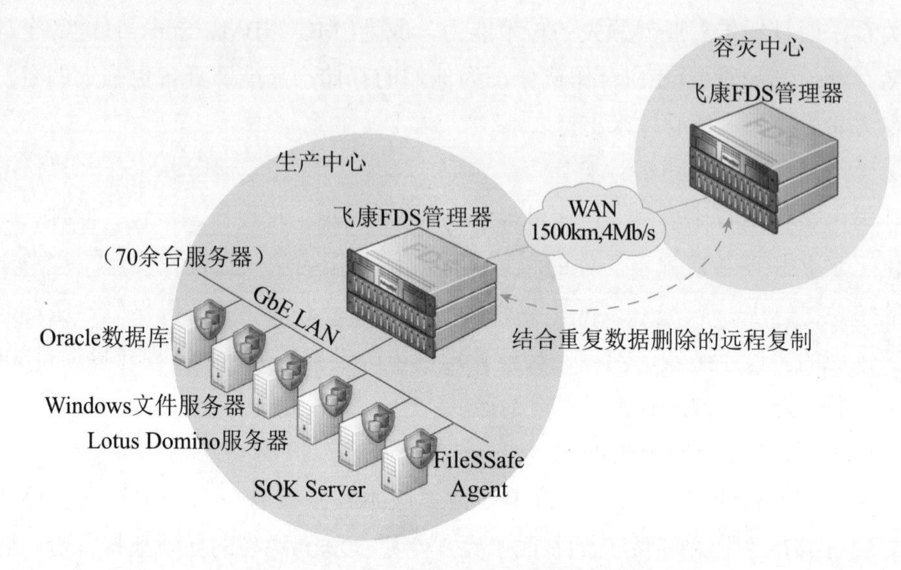

图8-10　石化工程公司FDS重删存储系统[15]

8.2.4　富士通公司产品案例

富士通公司（Fujitsu）（以下简称“富士通”）是世界领先的日本信息通信技术企业，提供全方位的技术产品、解决方案和服务，致力于根据企业规模为特定的企业需求匹配最适合的科技。富士通推出ETERNUS CS系列数据保护设备简化并整合备份和归档基础设施[16]，其系统提供的高级功能包括重复数据删除、复制、归档和跨媒介整合，如图8-11所示，从而降低风险、最大限度地缩短停机时间并保护业务免受网络攻击。

ETERNUS CS系列可为所有公司规模和需求提供数据保护解决方案：CS200c是一款集成备份设备，可为小型和中型环境提供完整的解决方案，无须附加备份软件。CS800是具有重复数据删除功能的设备，专门为小型和中型环境提供极具成本效益的磁盘备份。一体化数据保护设备CS8000可帮助大中型全面整合开放系统和主机的备份和归档基础设施。这种统一的数据保护方法可以整合来自云、应用程序和数据中心等来源的数据，从而解决了如何应对不断增长的数据量的挑战。

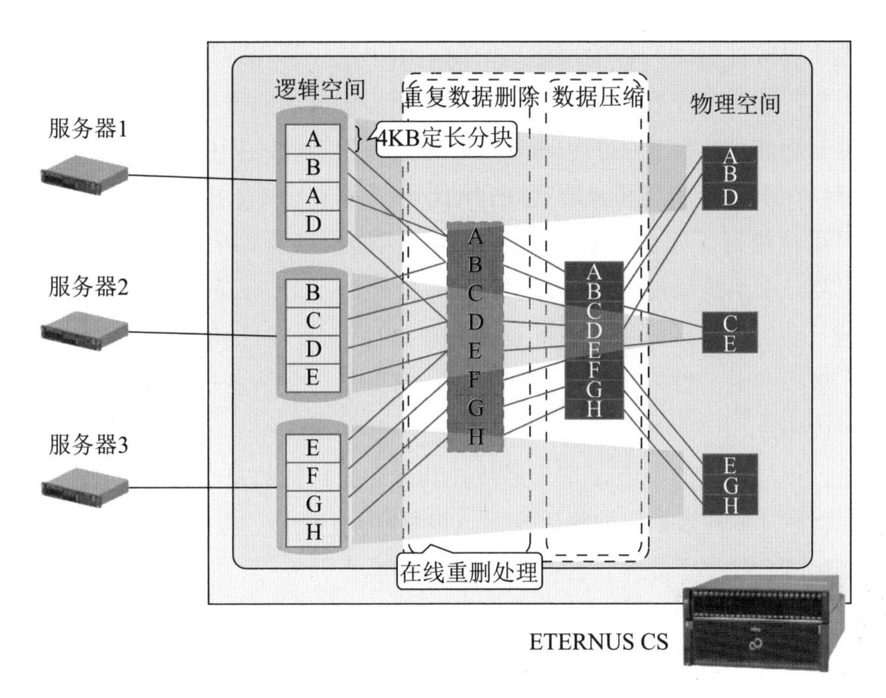

图8-11 ETERNUS CS系列数据缩减技术

ETERNUS CS200c目前支持涵盖20多款云存储平台的云备份能力，而且其设置过程的自动化程度亦有所提升[17]。该系统配备的授权许可不设任何客户数量限制，而且提供基础与高级两个版本。其中，基础版为基本许可，而高级版则提供基础版本软件包所包含的全部标准功能，同时添加了对Windows、Linux/Unix、甲骨文以及SAP应用的支持能力；另外，提供快照、快照复制、磁带以及云支持等可选项目。CS200c是一款小巧的2U设备，包含面向磁盘的备份与恢复功能，同时提供复制与重复数据删除方案，适合中小型企业客户选择。

ETERNUS CS800数据保护设备易于操作，提供领先的重复数据删除技术[18]，所需的磁盘存储容量可降低95%。通过将重复数据删除与复制相结合，它可以在低带宽的环境下对IT站点迸行备份还原，而且可以将进程备份收集到中心站点。它支持所有的主流备份套件，是数据拷贝的理想整合平台。通过深度集成VEEAM和VeritasOST功能，与备份过程紧密整合，包括在磁带上获得备份副本的同时减少了对额外硬件的投资。轻松的可扩展性可为数据快速增长的环境带来投资保护。它为数据保护策略提供了基础，可最大程度地提高应用程序的可用性并可靠地保护数据丢失和灾难。

ETERNUS CS8000是一体化的数据保护设备，可全面整合开放系统和主机的备份和归档基础设施[19]。它是为大型且苛刻的环境而设计的，包括金融机构、电信服务提供商和传输网络运营商。由于统一管理磁盘、重复数据删除磁盘和磁带，因此可在容量、速度和成本方面提供灵活的服务水平。集成数据镜像和复制功能可实现全面的灾难恢复理念。使用智能流程自动化和池化存储容量，可以在不同存储层和介质之间自动管理数据和副本，具体取决于所需的性能和可用性级别。凭借灵活的SAN和以太网连接以及VTL、NAS和WORM支持，只需一个系统就能完成备份和归档。此外，还支持云网关功能，使CS8000成为统一和优化的数据保护基础设施的理想且不会过时的解决方案。它的多功能性、效率和灵活性，再加上易于管理，有助于将复杂备份环境的总拥有成本降低多达60%。

根据不同行业的特点，富士通依托其专业完善的信息平台和全面整合的通信资源制订了多种数据保护解决方案，其中包含了政务、零售、医疗等行业。

（1）日本Right-on株式会社数据保护案例。

日本Right-on株式会社（以下简称“Right-on”）是一个面向年轻人为主的时尚休闲服饰品牌，在日本已有482家零售连锁店。在2011年3月11日遭受地震灾难性打击之后，Right-on开始重新思考业务连续性战略。为解决现有数据保护挑战并实现更高水平的连续性，Right-on将其关键任务SAP系统从公司的服务器机房重新部署到富士通的数据中心。同时，公司更换为最新技术解决SAP基础架构老化问题。新的升级后的SAP系统采用富士通存储ETERNUS DX410 S2磁盘阵列和ETERNUS CS800 S3重复数据删除设备[20]，以及改变保护重要业务数据的方式，如图8-12所示。

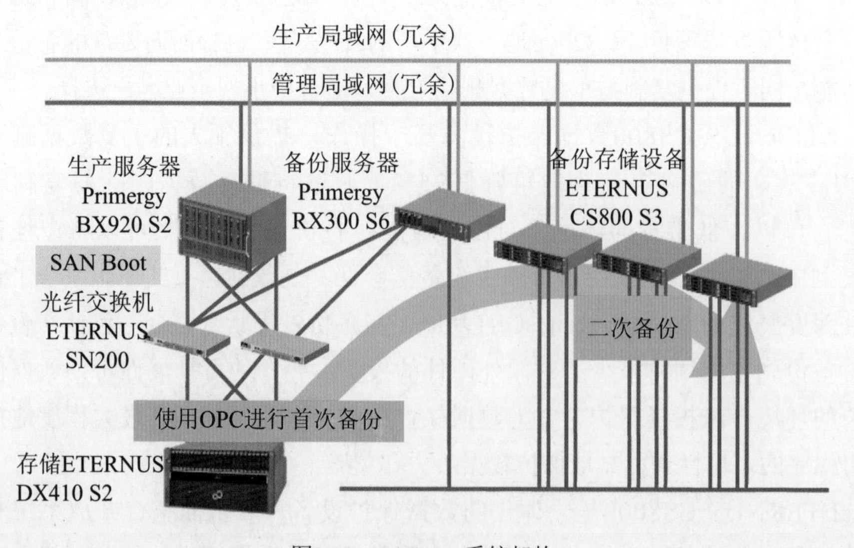

图8-12 Right-on系统架构

在经历了地震意外的灾难之后，Right-on决定在2011年12月启动一个新项目，旨在将公司老化的SAP系统重新部署到富士通数据中心，并替换旧的基础设施，以实现更高的可靠性和健壮性。在构建新的SAP系统时，Right-on的主要重点是建立更高效和有效的备份策略，因为公司关注传统备份过程的安全性和可行性。以前，SAP系统需要运行45个小时（从周五晚上到周日下午）才能将备份数据传输到磁带并创建第二组数据副本。随着公司业务数据的持续增长，这种耗时的每周备份开始引起人们对工作无法及时完成的担忧。为了解决备份不断增加的数据量方面的这些关键挑战，富士通采用了最新的存储解决方案来支持新的SAP系统。Right-on已经意识到使用ETERNUS DX410 S2磁盘阵列的高速OPC（单点拷贝）功能，将允许他们执行每日备份，以及维护七代备份数据。同时，该公司还希望每天执行第二次备份，即使在数据丢失的情况下，系统也可以从最新的备份中恢复。然而，问题仍然存在，因为该公司需要对七代数据进行完整备份，这相当于在一个工作日内备份多达20TB的数据。这意味着潜在的存储容量短缺也是一个主要问题。

为了解决这些挑战并使二次备份能够在24小时内完成，富士通建议使用三个ETERNUS CS800 S3入门型设备。此外，采用10Gbps高速技术连接备份服务器和安全交换机。之后，在安全交换机和每个ETERNUS CS800 S3单元之间部署了完全冗余的路径，因此可以充分利用10Gbps的能力。由于备份数据的数量因应用程序而异，Right-on创建了一个有助于提高备份效率的作业流。此外，在使用重复数据删除的存储端时，使用不同的备份数据类型组合可进一步实现最佳效率。Fujitsu Storage ETERNUS CS800 S3是一个易于使用的交钥匙解决方案，可以从标准的Web浏览器进行配置，因此它大大减少了部署备份环境所需的时间。SAP升级项目始于2012年4月，新系统于同年10月投入使用。利用虚拟化技术，Right-on的ICT以前需要五个机架，现在可以整合成两个，大大减少了数据中心的占地面积和成本。在新的环境中，使用ETERNUS DX410 S2磁盘阵列和Fujitsu服务器PRIMERGY BX920 S2刀片服务器部署了从SAN引导配置。SAN引导环境与VMware HA功能相结合，使Right-on能够自动将正在运行的工作负载故障转移到备用服务器。这样，即使在服务器发生故障的情况下，系统的可用性和连续性也得到了显著提高。

曾在Right-on总部附近发生了一次因强雷暴引起的停电事故，Right-on的新系统运行良好，没有任何问题。现在Right-on系统在富士通数据中心内得到了全面保护，确保他们有信心不会出现系统中断。与旧系统上的前45小时相比，现在可以在14小时内执行到ETERNUS CS800 S3的辅助备份。新的磁盘到磁盘数据备份方法也有助于消除手动更换和存储磁带设备的过程。利用重复数据删除技术，将要备份的数据量减少了83%，大大减少了存储空间需求。新系统的另一个亮点是共享存储环境中的虚拟精简资源调配分配方案。这使得优化可用存储的利用率成为可能，有助于快速轻松地增加容量，以满足公司未来五年不断变化的存储需求。

（2）斯洛文尼亚统计局备份系统案例。

斯洛文尼亚共和国统计局（SORS）是国家统计调查方案的主要编制者和协调员。除了联系和协调统计系统外，统计系统最重要的任务还包括国际合作、确定方法和分类标准、预测用户的需要、收集、处理和传播数据以及数据保密。在授权生产者的帮助下，统计局向公共行政机构和组织、经济和公众提供经济、人口和社会领域以及环境和自然资源领域的现状和趋势数据。

SORS员工面临的最大挑战之一是使用较旧的数据库，用户在工作过程中必然需要这些数据库，但他们的数据存储介质通常缺乏所需的存储容量。因此，未使用的数据通常被传输到其他更便宜的媒体，储存时间越长，成本就越高。对于非常旧的数据，由于存储媒介的质量不同，数据有时甚至必须重写。

富士通在SORS上实现了他们的数据备份系统ETERNUS CS800 S2[21]。该系统使统计局能够快速复制和处理来自各种存储介质的数据。使用强加密确保敏感数据安全地复制到备份位置。该系统基于先进的重复数据删除技术，减少高达95%的备份数据量，使备份副本能够经济高效地存储到大容量磁盘系统，从而降低拥有该解决方案的总体成本。富士通提供在现有的信息环境中实现ETERNUS CS800解决方案，并确保它与其他工作系统和网络相连接。SORS选择了一个高级数据备份解决方案，其特点是速度和可扩展性。

富士通ETERNUS CS800 S2备份设备保证高数据安全性，并提供独特的数据备份方法。这是通过灵活和经济高效地使用磁盘和（虚拟）磁带介质进行数据处理和存储来确保的。为了提高存储性能，该系统使用可变长块的在线重复数据删除技术，将所需的数据存储容量减少了95%。CS800 S2设备自动管理与重复数据删除和数据副本生成软件和硬件设置相关的所有功能。系统还根据网络拓扑自动优化数据安全。该解决方案支持简单的可扩展性，最大容量可达160 TB，并且只需连接到现有的数据保护环境。CS800 S2设备可确保简单快速地备份到选定的存储介质。所应用的技术允许使用虚拟内存库，从而加快备份副本的创建并缩短备份所需的时间。通过CS800 S2实现虚拟磁带库可支持更快的备份和数据恢复过程，SORS将数据备份时间减少了40%，恢复备份数据的速度也大大加快，在实施的环境中达到3.6 TB/h的速度。所实施的解决方案允许客户更简单、更快和更便宜的存储敏感数据。

安全可靠的数据存储对任何组织都至关重要，特别是对于统计局等高级政府机构而言。富士通解决方案大大缩短了备份数据和统计过程所需的时间。新系统的主要优点是数据备份速度和系统可扩展性。使用重复数据删除技术，可以大大减少数据存储所需的存储容量。

（3）日本LIFE超市灾备案例。

LIFE CORPORATION在日本各地经营232家超市，主要分布在关西和东京大都会地区。专注于与客户建立可信赖的关系，LIFE CORPORATION的目标是开设400家门店，实现8000亿日元的收入。2012年，LIFE CORPORATION开始实施下一代商业计划，将着眼于为员工推出一种新的创新工作方式，并在五个领域建立一个全面的战略：新店开业、商品、客户满意度、成本优化和未来规划。为了确保这五项战略得到充分实现，优化信息和通信技术的使用将是一个重要方面。近年来，建设一个能够降低成本和应对商业环境变化的信息和通信技术基础设施已变得至关重要。LIFE CORPORATION构建一个虚拟化基础架构，以便在业务中集成不同的服务器和存储。富士通的ETERNUS DX410 S2存储解决方案因其高可靠性、高性能和能够有效保护日本境内所有232家商店的业务数据而被选中。为满足备份存储需求，ETERNUS CS800 S3采用数据压缩和重复数据删除增强其灾难预防规划。

LIFE CORPORATION有大约40个系统，每个系统都针对特定的业务功能进行了优化，包括考勤管理、工资管理、财务和群件。随着时间的推移，服务器数量逐渐增加，管理系统的成本和复杂性也随之增加。此外，随着基础设施数量的不断增长，其适应不断变化的业务环境的能力也在下降。着眼于未来，公司选择采用利用虚拟化技术的服务器和存储解决方案，富士通被选为LIFE CORPORATION的合作伙伴，并构建有助于未来规划的集成虚拟化基础设施。在选择备份存储解决方案时，在功能方面，优先考虑重复数据删除和可扩展性。

针对LIFE CORPORATION的集成虚拟化基础架构解决方案于2012年2月开始实施。在过去，LIFE公司主要使用磁带备份，但是现在有了ETERNUS CS800 S3，它们可以降低与更改和存储磁带相关的操作成本[20]。在新的虚拟基础设施平台内，部门的不同服务器已集成到ETERNUS NR1000F3 NAS存储设备中，以提高运营效率。集成的虚拟化基础架构也支持这一点，它确保使用重复数据删除优化磁盘容量和集群提高可靠性。虚拟解决方案可以将资本投资成本降低37%，维护成本降低64%，公用事业和其他运营成本降低44%，还将环境足迹减少一半。通过在虚拟化环境中处理系统备份，数据压缩率最高可达90%。如图8-13所示，ETERNUS CS800 S3备份还能确保物理服务器的系统备份和数据备份进行统一管理，还能使用其远程加密复制功能来开发一个灾难预防计划。

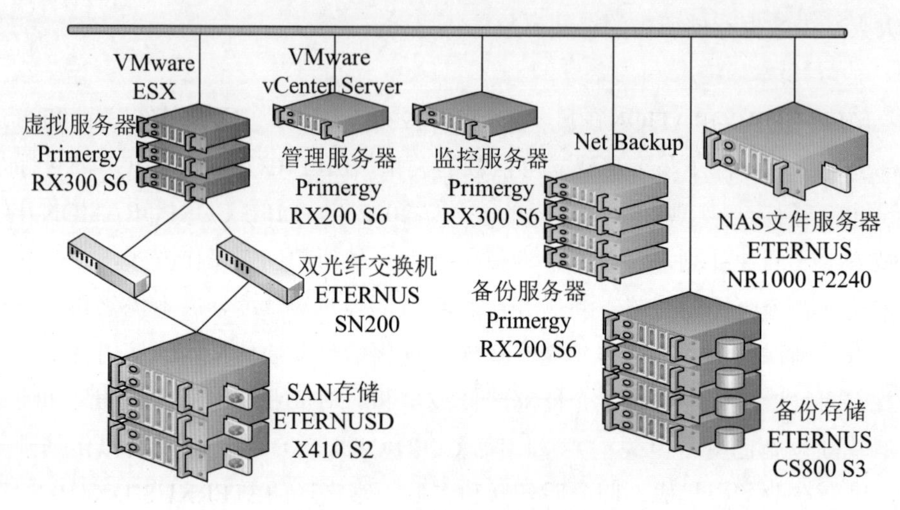

图8-13　LIFE超市虚拟化基础架构

（4）中国台湾医院备份系统案例。

中国台湾三军总医院（TSGH）为军人、医保患者和公众提供临床治疗，同时也开展培训和研究项目。为应付迅速变化的医疗环境，改善军事医学教育和业务，2000年决定建造一个新的中心设施。这一新设施将巩固现有的地方医院，提高业务能力，并扩大医疗服务领域。在迁往新设施的同时，医院管理层希望利用最新的信息和通信技术来加强其业务流程。随着新设备的出现，医院看到有效利用信息和通信技术将提高医疗服务的效率和质量。为维持其在卫生署的排名，使其成为一流的医疗设施，卫生署正推行电子病历交换计划。因此，他们需要一个安全的数据存储和灾难恢复解决方案，可以处理不断增长的医疗记录数据库。

富士通提出取代原有的平台产品的方案：通过Hyper-V虚拟化技术进行集中管理和分布式计算，将数据从旧的UNIX架构迁移到新的Windows系统平台[20]。为新的信息和通信技术基础设施提出以下建议。

- 迁移和整合：使用14台富士通RX200S7、1U工业服务器和2台富士通

RX600S6高端服务器迁移和构建数据库和应用服务器平台。

- 虚拟化解决方案：安装微软Hyper-V作为管理程序和虚拟化管理工具。
- 灾难恢复解决方案：使用富士通ETERNUS DX440 S2存储系统和ETERNUS SF ACM作为跨不同站点的备份管理软件。
- 重复数据删除解决方案：使用ETERNUS CS800 S3虚拟磁带库满足高级重复数据删除要求。

Hyper-V虚拟化解决方案通过替换HP安腾芯片，迁移到PRIMERGY服务器，从而降低总体拥有成本。新基础设施通过服务器整合、对安腾平台的ISV和IHV支持以及安装Windows服务器操作系统可以节省成本，并通过配置PRIMERGY服务器、高性能Intel Xeon芯片和ETENUS DX440S2存储系统提供全面卓越的性能。基于ETERNUS DX440 S2和ETERNUS SF-ACM的容灾方案通过远程数据复制功能提供主站点和辅助恢复站点的机房之间同步数据备份功能。这不仅增强高可用性和改进备份管理，还确保在发生自然灾害或人为影响时的业务连续性。最后，富士通的ETERNUS CS800 S3虚拟磁带库通过重复数据删除功能建立高效的数据备份，消除重复的数据拷贝，增加备份容量，并加快处理速度。

8.2.5 NetApp公司产品案例

NetApp公司不断以创新的理念和领先的技术引领存储行业的发展，是向数据密集型企业提供统一存储解决方案的居世界最前列的公司，其Data ONTAP是全球首屈一指的存储操作系统。自1992年创立以来，NetApp团队一直在率先提供一流的技术、产品和合作关系，提升IT效率和灵活性的储存和数据管理解决方案，不断推动存储业的发展。NetApp 公司的存储解决方案涵盖专业化的硬件、软件和服务，为开放网络环境提供了无缝的存储管理。

NetApp公司的重复数据删除和数据压缩功能内嵌于Data ONTAP统一存储平台[22]，因此重复数据删除技术可在该公司的光纤连接存储FAS、V系列虚拟网关和虚拟磁带库VTL等平台上运行，如图8-14所示。它们既可用于SAN环境，也可用于NAS之中，实现了应用层与存储层无关。其中，V系列虚拟网关可对其他品牌的磁盘阵列进行重复数据删除，能精简虚拟服务器环境中第三方磁盘35%的容量。NetApp团队关注虚拟服务器环境因其重复数据删除比率相对较高，在不影响性能的情况下，VMware环境中容量一般能节约70%左右。NetApp公司所销售具有后处理重复数据删除功能的系统数量巨大，已成为重复数据删除技术市场的领军人物。

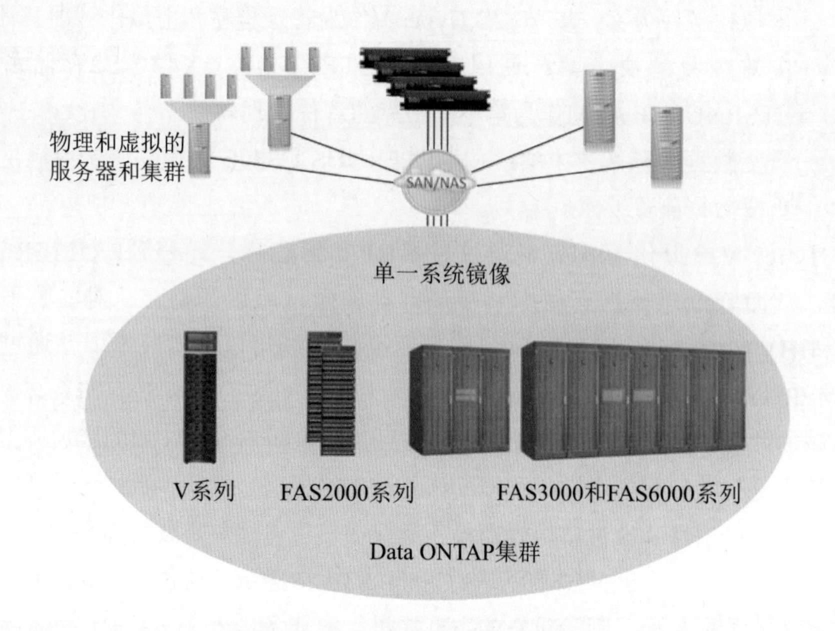

图8-14 Data ONTAP统一存储平台

NetApp 团队早在2007年就推出了重复数据删除技术，该技术可找到相同的数据块，在执行字节级验证检查之后，以引用单个共享块的方式将其替换，从而删除位于相同卷或 LUN 中的冗余数据块，降低存储容量要求。从本质上讲，NetApp 团队重复数据删除依赖的是引用计数。过去，Data ONTAP 仅跟踪数据块确保其是闲置还是在使用。现在，借助重复数据删除，它还能跟踪数据块的使用次数。对于 NAS 和 SAN 配置，借助重复数据删除，单个块最多可引用 255 次。

Data ONTAP启用重复数据删除之后，它会计算卷中所有在用数据块的指纹数据库。完成此初始设置之后，即可对数据执行重复数据删除。为避免减慢常规操作的速度，重复数据搜索作为单独的批处理任务来执行。在正常使用期间，Data ONTAP上的WAFL文件系统会在写入数据时创建该数据的指纹目录。启动重复数据删除过程之后，以更改的块的指纹作为键值开始排序操作。然后，此排序列表将与指纹数据库文件合并。只要两个列表中存在相同的指纹，就有可能将相同的块合并为一个。在这种情况下，Data ONTAP 会弃用其中一个块，而以引用另一个块的方式将其替换。因为文件系统时刻在变，只要两个块确实仍在使用且包含相同数据，我们当然就可以执行这一操作。为确保两个块确实相同，在确定适合重复数据删除的块之后，会进行逐字节比较。

NetApp 团队重复数据删除的实施利用了WAFL的一些特殊功能，可以最大限度地降低重复数据删除的成本。例如，磁盘上的每个数据块都使用校验和进行保护。NetApp 团队使用该校验和作为指纹的基础，由于无论如何都会计算校验和，相当于无偿获得，因此不会给系统增加任何负担，且由于WAFL从不覆盖正在使用的数据块，因此在释放数据块之前，指纹将保持有效。NetApp 团队重复数据删除与 WAFL的紧密集成也意味着更改日志的操作将会非常高效。其结果是：重复数据删除可用于大量的工作负载，而不仅仅用于备份，这与其他重复数据删除实施方案是不同的。

在典型的 VMware 或 VDI 环境中，可能有大量的虚拟机（VM）全部安装着几乎相同的操作系统和应用程序，产生了大量的重复数据。如果有100台VM运行相同的操作系统，每台虚拟机需要10～20 GB的存储，就会有1～2 TB的存储被几乎相同的副本专门占用。应用 NetApp 团队重复数据删除可以删除大部分本质上冗余的数据。实际上，客户在VMware ESX VI3 环境中通常能够节省50%，甚至更多的空间；而在VDI环境中，客户通常节省空间多达90%。

NetApp 团队开发可提升IT效率和灵活性的存储和数据管理解决方案。以NetApp 团队存储方案为基础，可实现资源的持续利用和企业的快速发展，其客户领域包括通信、金融、能源、政府、制造、教育及各类媒体、各种企业和服务提供商。许多行业的知名公司也在使用其解决方案进行存储管理及技术的开发。

（1）宁波智慧城市案例。

大数据潮流的推动和国家新一轮“城乡一体化”相关政策的相继出台，使各地建设智慧城市、促进现代社会智慧发展面临着难得的历史机遇。作为开放的前沿窗口，为顺应工业化、信息化、城市化、“城乡一体化”发展的新趋势，将宁波打造为现代化的国际港口城市，宁波市委市政府2010年出台《宁波市委市政府关于建设智慧城市的决定》，将智慧城市建设写入了“十二五”规划。智慧城市的建设涉及宁波各个行业和部门，包括以下医疗和政务两个案例[23]。

1）宁波妇儿医院智慧医疗。

随着医院信息系统数据存储量和数据调用频率呈几何级增长，宁波妇儿医院的数据中心和IT系统面临着硬件规模的提升和软件更新换代的紧迫性，这为IT 预算本就有限的医院带来压力。同时，数据中心规模的提升也为医院IT运维人员增加了管理的工作量，病毒的破坏、软件的安装与升级、硬件的管理与维护等，都给运维人员提出了更高的技术和专业要求。

针对所出现的一系列问题，NetApp 团队和医院沟通后引入新的解决方案——建设新一代云数据中心。通过云计算服务模式，医院的新数据中心不再需要购买大量的本地存储空间和硬件设备；机房的所有数据可以存储在云数据中心，各种应用软件运行于云数据中心，这就降低了数据中心建设的成本。同时，由于多重权限的设置，数据的安全性也能得到保障。根据建设医院云数据中心的需要，NetApp 团队针对医院的应用业务系统采用私有云与公有云相结合的方法来解决大规模用户访问所需的并发访问。而针对医院云数据中心必须按照其所承载核心数据和信息管理的需求，NetApp 团队决定运用虚拟化技术，打造医院私有云，以灵活、高效和经济为前提，建设新一代数据中心，满足医院 IT 升级换代的需要。

确定目标后，NetApp 团队利用当今数据中心最先进的云计算数据中心作为数字化医院各应用平台的基础支撑平台。云数据中心部署思科UCS统一计算系统、最新高性能的刀片服务器，并且将新部署的部分刀片服务器做虚拟化部署，以此实现了高级的容错功能。而高级容错功能的实现都需要高可靠级别的共享存储，因此NetApp 团队的FAS3220和Data ONTAP统一存储平台成为NetApp团队的首选推荐，其可靠性级别可达到99.999%，并且具备良好的可扩展性，而且也让医院有限的IT预算也真正地落到实处。

为实现宁波市妇女儿童医院北部院区数据中心关键数据的集中存储和管理，NetApp团队借助CISCO统一计算与NetApp存储更紧密的结合，为医院提供计算与存储的完美的解决方案，如图8-15所示。NetApp FAS3220和统一存储平台可扩展同时支持NAS、IP-SAN、FC-SAN。随着数据量的不断增加，后期运维只需增加硬盘即可。通过统一互联阵列，存储设备可以和刀片服务器直接连接起来。这样不仅轻松实现了服务器和存储的整合，而且大大地降低了用户在数据中心的建设成本、空间成本、管理成本和使用成本。

云计算为医院信息化提供所需的基础设施和软件环境，不仅能帮助医院摆脱资金不足、技术人员匮乏等各种困扰，而且其在医院信息化管理中的应用前景十分广阔。宁波市妇女儿童医院新一代数据中心的建设开启了医院实现智慧医疗的第一步。医院的云数据中心建成后，所有的服务都将在数据中心运行，新增的业务需求都由数据中心统一分配网络、服务器、存储资源，提供统一的运行环境。

2）宁波市中级人民法院智慧政务。

宁波市中级人民法院（简称“市中院”）下辖13家基层法院。信息化系统的重要性在市中院日常工作中日益突出，在重要性日益增强的同时，数据的流量也在大幅度增加，信息系统的安全性和应用高可用性问题也日益突出。目前，市中院和各基层法院所有核心业务系统均在本地信息中心运行，数据和应用缺乏全面的安全保护手段，信息中心的存储设备、应用服务器、网络设备等可能因为硬件故障、机房空调甚至UPS停电等物理原因造成业务系统故障，同时，由于软件错误、病毒、人为误操作、黑客入侵等逻辑故障，都可能造成业务系统的非法宕机和关键业务数据损坏，甚至数据丢失的风险。

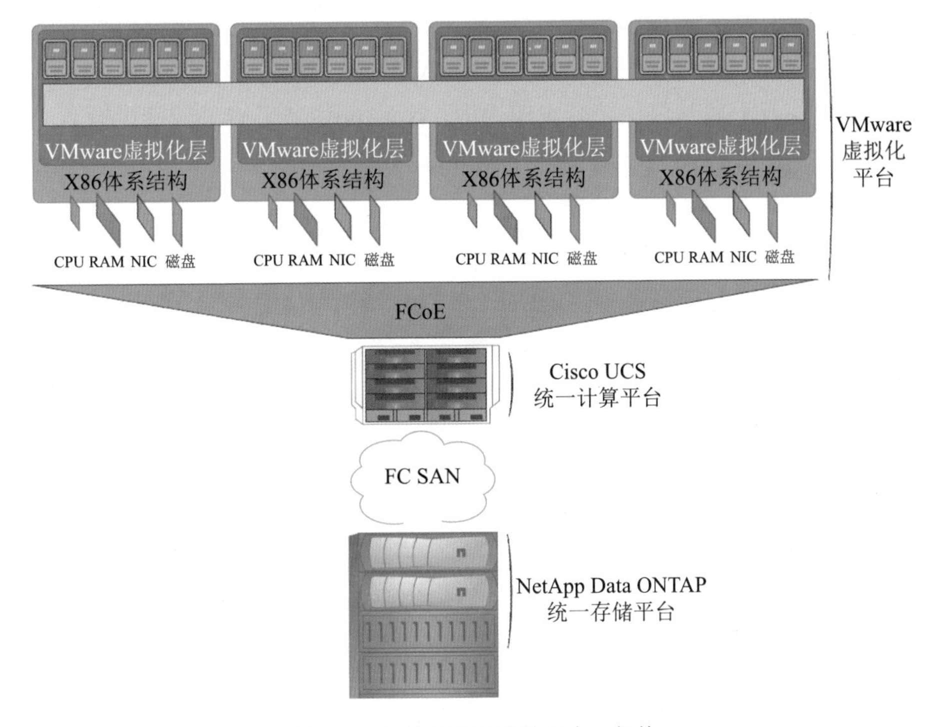

图8-15 宁波妇儿医院数据中心架构

经过多年的建设，市中院及下属基层法院的信息系统已有一定规模。为实现宁波市两级法院办公信息化系统的高效、安全和可靠，经过NetApp 团队和市中院双方的评估和分析，市中院急需建立的是一套整合优势资源，并且能快速解决市中院及下属基层法院信息系统问题的异地容灾系统。根据市中院所处行业对IT的运维要求，这套系统的需要符合多方面标准：技术成熟、具备高性能和稳定性，能够支持复杂的异构环境、具备高度自动化、可管理、易操作；更重要的是，容灾系统必须遵循国家相关的建设法律规定。市中院要求确保在宁波市两级法院业务系统发生软硬件故障或区域灾难情况下业务系统的持续运行能力。

在进行容灾备份方案建设时，NetApp团队充分考虑地市基层院发展及新业务系统增加，本次异地容灾备份的建设，采用具有高扩展性的灾备产品及可伸缩型容灾备份架构，方案可满足大于15个节点的本地、异地应用级容灾备份。其中，数据的存储与管理是异地容灾建设的重中之重。NetApp团队建议市中院的存储平台必须提供FCP/iSCSI/NFS/CIFS 协议的支持，这样一来，市中院用户就能非常灵活地利用存储平台来满足各种应用系统对数据存储和访问的不同需求。而这些协议都可通过NetAppData ONTAP 统一存储平台操作系统提供核心支持，不需要任何形式的网关等设备进行协议转换。这使得任何形式的应用均可以利用NetApp团队的存储来进行统一管理，充分利用NetApp团队提供的超值数据管理功能。

在市中院及下属基层法院容灾建设中，NetApp团队采用了云模式构架，服务器设备和统一存储系统都虚拟化，让所有的服务都在数据中心运行，新增的业务需求都由数据中心统一分配网络、服务器、存储资源，提供统一的运行环境[23]。NetApp团队采用NetApp FAS3240存储系统来满足市中院及下属基层法院数据集中存储需要；同时市中院的NetApp FAS3240存储空间可分配给容灾系统使用，提供四所基层法院数据的远程保护存储。

容灾备份中心的建立，可确保法院系统的各种核心关键业务能进行统一和集中的监控、管理与备份，利用合理的规划、整合优势的信息设备资源，保证业务及应用系统高可靠运行，成为一个集多功能信息查询、业务应用分析、本地备份、异地容灾为一体的综合平台。比如图8-16所示平台。

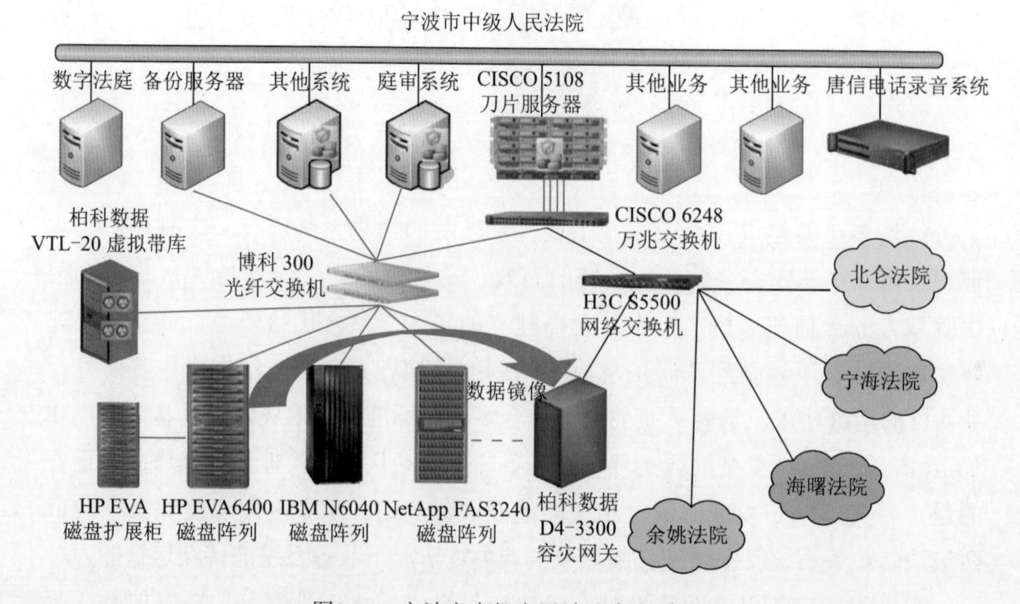

图8-16　宁波市中级人民法院容灾系统

（2）上海大学校园信息化案例。

上海大学是一所国家“211工程”重点建设的综合性大学。上海大学计算机校园网作为中国教育科研网的联网单位，目前已通过光缆连通了上海大学三个校区，均具有冗余链路，已经实现校区间万兆、出口千兆、校内汇聚千兆和百兆到桌面的格局。上海大学曾借助NetApp V3100系列虚拟化存储及MetroCluster软件，构架了统一的存储系统平台，实现了统一SAN加NAS应用部署，统一化的存储管理，并为一卡通、邮件服务器、SAP等核心业务提供高性能和高安全数据保护。但是面对目前学校规模的日益壮大，信息化建设的深入发展，所需的应用数量及存储空间极速增长，上海大学急需一个能够简单无缝扩展的IT基础架构，以实现存储的高性能扩展。一个灵活且富有弹性的IT基础构架，配合网络资源、服务器虚拟化实现整体IT构架的虚拟化，以提高存储效率。一个永不停机的IT存储架构，坚实可靠地提供持续可用性。一个可以轻松管理的集中式自动化IT基础架构，即使在快速发展期间，也能简化应用部署的时间，尽可能地将更多时间投入到达成业务的工作上。

NetApp团队集群模式Data ONTAP优化上海大学的100%虚拟化环境中的高可用性、集中化管理、无中断运行以及纵向扩展和横向扩展功能[24]。如图8-17所示，上海大学的FlexPod解决方案部署在主数据中心，包括4节点的NetApp FAS2240存储系统以及Cisco统一计算系统UCS B系列刀片式服务器和Cisco UCS 6248 XP互联交换矩阵，提供2×48个万兆高性能统一交换阵列和配置管理平台。

集群模式Data ONTAP与FlexPod相结合的一个关键优势，就是针对NetApp、思科和VMware技术要素的内置集中式管理。VMware vCenter提供一个中心框架，用于将FlexPod资源作为虚拟数据中心资源池进程管理。NetApp虚拟存储控制台和Cisco UCS均与VMware vCenter集成，从而实现跨服务器、网络层、存储层统筹安排妥善管理。NetApp存储集成包括VMware vCenter插件，并支持 VMware vStorage API。通过这种紧密集成，虚拟化基础构架管理员可以使用 VMware vCenter直接执行存储和数据管理操作，而无须存储管理员的协助，从而大大提高工作效率。

上海大学通过部署集群模式Data ONTAP，将计算、网络和存储整合到一个系统中，实现灵活弹性的统一纵向扩展和横向扩展，满足了上海大学IT系统对高效灵活、高可用性、集中化管理、无中断运行及容灾的需求。集群模式Data ONTAP提供了全面的在线操作能力，提供永久在线的可靠性和可用性保证；所有的硬件实现了全冗余设计，任何硬件故障都不会影响系统的正常运行，任何部件均可以实现在线更换，为上海大学整体IT系统的持续运行提供了坚实的保障。通过NetApp存储系统内置的重复数据删除、数据压缩、基于指针的克隆、存储空间动态精简分配等功能实现存储效率的极大提升，一方面加快了带宽和数据备份的速度，另一方面为学校节省了大量的物理存储空间。

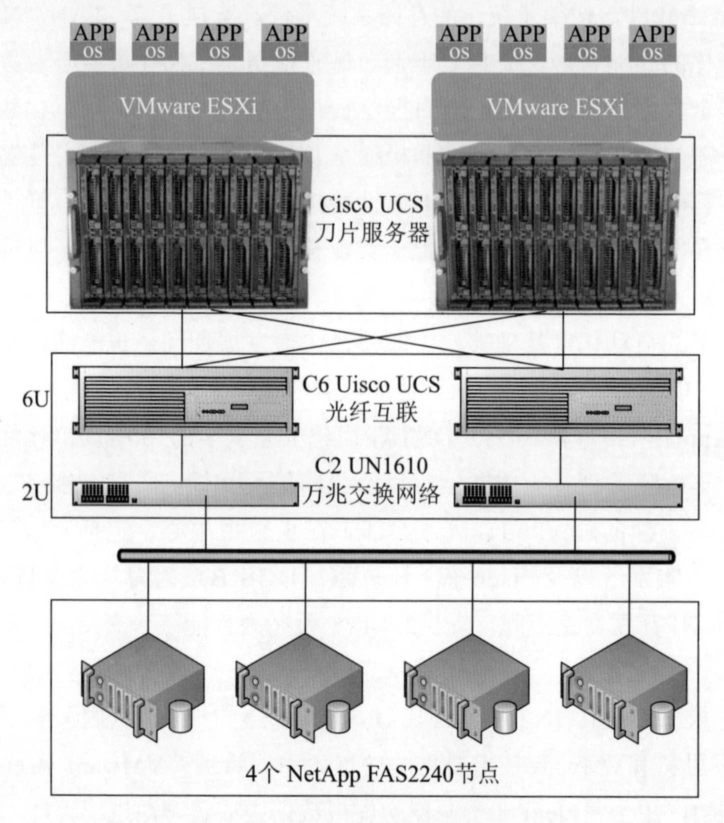

图8-17　上海大学FlexPod解决方案

8.2.6 Quantum公司产品案例

Quantum公司是专门提供备份、恢复和存档解决方案的全球领先的存储公司。通过结合针对性的存储专业技能、客户驱动的创新以及平台不相关的特点，Quantum提供了全系列的磁盘、磁带、介质和软件解决方案，并有世界级的销售和服务机构做后盾。作为一家长期、可信的合作伙伴，Quantum与广泛的经销商、OEM以及其他供应商密切合作，以满足客户不断发展的数据保护需求。

Quantum DXi系列磁盘备份与复制设备利用重复数据删除技术为RAID磁盘系统提供快速恢复，更可以保存比传统方式多达10～50倍的备份数据量。这样IT部门可极大降低磁盘备份的成本，提供高速、可靠的恢复，增加可用的数据恢复点，并减少介质管理。对于分布式环境中的灾难恢复，DXi系列设备通过大大减少在站点之间安全转移备份数据所需的带宽，使自动化WAN复制变得切实可行。DXi系列解决方案是集成的设备，安装简便，并能与所有领先的备份软件配合使用。除了光纤通道和iSCSI连接之外，它们还提供最佳的性能以及灵活、易用的接口选项，包括NAS、虚拟磁带库或混合接口。如图8-18所示，DXi系列设备是综合性备份解决方案包的组成部分，由全球领先的备份、恢复与存档专家提供维护和支持。

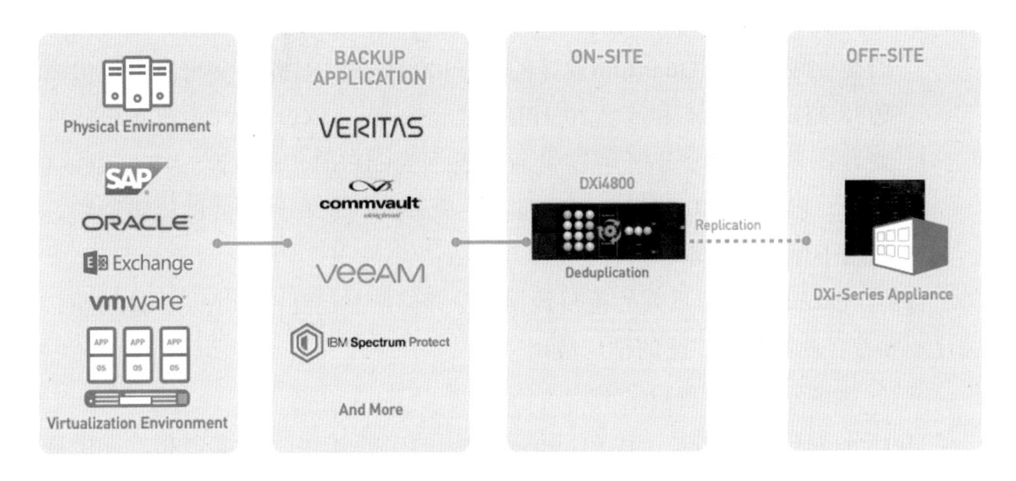

图8-18 DXi系统自动容灾保护方案

Quantum公司首款整合重复数据删除和复制技术的基于磁盘备份方案为DXi3500和DXi5500系列设备[25]。该设备消除了冗余数据，使处于中档和数据中心存储环境的用户在快速恢复磁盘上的备份数据容量扩大数十倍，并经济高效地将数据保留时长由数日延长至数月。该设备还提供基于WAN的备份数据远程复制，成为各站点间灾难恢复的实用手段。DXi系列设备适于广泛的IT环境，易于安装管理，此外，Quantum公司凭借在备份、恢复及归档领域的长期专业经验及丰富的存储产品线，在满足客户基于磁盘备份需求方面获取独到的优势。

当前，Quantum公司DXi系列重复数据删除存储[26]的代表性产品有如下几款。

- DXi V系列是专为小型企业或远程站点保护而设计，是虚拟设备模型中的重复数据删除解决方案；它很好地结合了可变长重复数据删除的强大功能与虚拟机的简单性和灵活性。

- DXi4700和DXi4800是为中小型企业和企业项目远程站点提供数据保护解决方案的核心产品。它提供高性能和按需容量扩展，可作为端到端解决方案的超融合重复数据删除设备，在虚拟机上运行备份应用程序。
- DXi6900和DXi6900-S是多站点企业数据保护解决方案的核心产品。DXi 6900-S利用固态硬盘支持元数据操作，提供业界最佳密度和超高性能。这两种机型都由功能强大的Quantum StorNext文件系统提供支持，并使用可变长重复数据删除来最大限度地减少数据，并提供独特的按需容量扩展能力。
- DXi9000是Quantum数据保护系列的新产品，旨在提供简单、经济高效的企业级保护。Quantum设计的DXi9000在仅10U机架空间内可提供高达38.4TB/h的性能和高达20.4PB的逻辑容量。DXi9000与主流备份软件兼容，多达128个分区可以灵活地表示为CIFS/NFS共享、VTL或OST LSU。它的标准功能有复制、加密、全硬件冗余和到集成的磁带通路，有助于保持低成本和可预测性。

目前，Quantum DXi系列的重复数据删除存储产品已经在制造业、建筑业、医疗业和教育业等得到广泛的推广应用。

（1）建筑公司数据备份案例。

Mortenson建筑公司是一家总部位于美国的家族式传统建筑企业，提供规划、项目管理、施工前、总承包、施工管理、设计和建造服务。该公司在芝加哥、丹佛、密尔沃基、明尼阿波利斯、凤凰城和西雅图设有办事处，在加拿大和中国设有国际业务。Mortenson公司拥有1500名员工，在美国各地和海外同时进行着数百个项目，其员工之间必须进行频繁的通信，共享设计方案、项目细节和物流调度。公司成立服务器管理和备份策略小组，为企业9个分支机构之间的通信提供保护，对企业的成功运营至关重要。通过采用以具备重复数据删除功能的昆腾DXi6500磁盘备份设备为核心的备份策略，Mortenson 将备份性能提高了3倍多，将管理时间减少了95%，并在一年之内就收回了投资成本。

老式的磁带库系统会随着企业数据的增加而变得难以管理。面对需要一整夜的备份时间窗，每晚只备份三台电子邮件服务器中的一台，有三分之二的数据无法获得保护。失败的备份作业将导致某些数据直到三天后再次轮到该服务器备份时才能获得保护。

数据中心解决方案和服务提供商Datalink对本公司的备份需求进行了评估。Datalink很快推荐采用重复数据删除和复制技术的Quantum DXi6500磁盘备份设备。DXi解决方案与NetBackup更紧密地集成这一优势使该解决方案可以利用Symantec的OpenStorage（OST）接口帮助提升备份性能，并借助NetBackup 的存储生命周期策略实现备份流程自动化。

Quantum DXi系统部署到位后，三台服务器现在每天晚上将数据备份到DXi6500中，备份数据可以在本地存储一个月。以前需要每天进行一次异地磁带制作和发送，如今只需每月进行一次。新策略为 Mortenson的整体备份速度提高了3倍多，全部三台服务器都可以在每晚进行成功备份，并在第二天早上运营开始前结束备份。借助DXi的重复数据删除技术，数据将只占用很少的存储空间：133TB的月度备份数据在DXi6500上只需占用3TB的磁盘空间，空间占用减少98%。恢复性能的提升更加显著。如果使用老式系统，要花费3～4个小时甚至一天多的时间进行恢复，新系统在几分钟之内就能完成。Mortenson公司考虑再购买另一台DXi设备放置于不同的地点，能够利用两台DXi设备可轻松进行远程复制的优势，并借助NetBackup的存储生命周期策略，实现灾难恢复流程自动化。

（2）空客防务与航天公司数据备份案例。

空客防务与航天公司是一家为众多国际客户设计、制造、部署和管理通信卫星的世界领先技术公司。该公司图卢兹卫星运营中心（TSOC）扮演非常重要的角色，它的航天器操作工程师从卫星离开运载火箭时起一直控制卫星，直到它们安全地进入轨道，该设施为每颗卫星提供监测，不断下载和分析遥测数据，并与客户合作控制和管理其星载硬件。该中心为数十家客户监视和管理60多颗卫星，有赖于超强存储和保护万亿字节不可替代的数据。然而，该公司对虚拟化的广泛使用使这项任务变得更加复杂。

VMware将其数据备份存储在同一个SAN上用于生成遗留虚拟化基础架构。事实上，这很难完成备份，系统的几个虚拟机根本没有备份。遥测数据不仅对TSOC任务至关重要，而且每天24小时不间断地传输，因此从来没有一个安静的时间来执行传统的备份。需要一个能够备份所有虚拟机的系统，并能快速可靠地恢复数据和单个虚拟机。

通过将Veeam软件和DXi设备组合在一起，总拥有成本最低，TSOC选择Veeam和DXi无缝协作解决备份问题[28]。如图8-19所示，新的解决方案满足TSOC的所有要求。Veeam和DXi结合备份速度很快，所有遥测数据的更新备份只需16分钟就完成了，而且备份过程非常顺利，很难看到对操作有任何影响。由于

Veeam的活动目录支持，可以直接从DXi快速恢复数据和任何单个虚拟机。

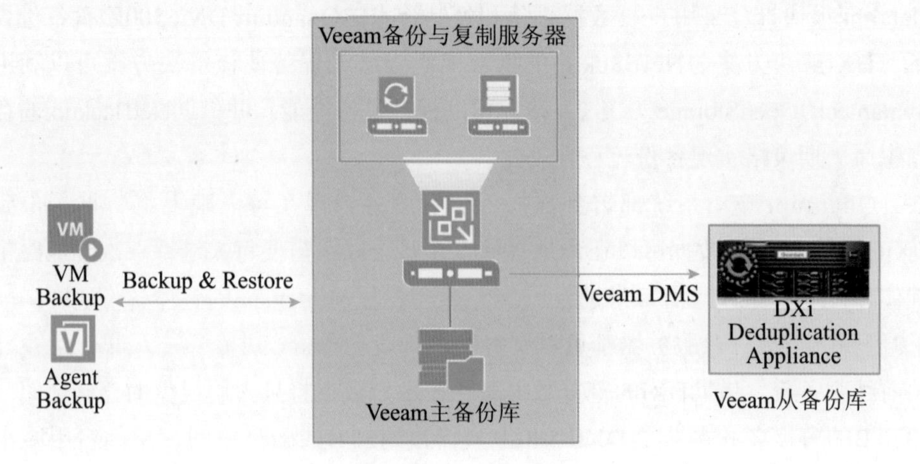

图8-19　DXi与Veeam Data Mover集成

TSOC配置的DXi系统整体重复数据删除率接近90%，使用更少的磁盘空间，可以保留更多的备份。在未来开发新的卫星系列增加管理数据量时，DXi的按需容量扩展优势使TSOC团队能够轻松地增加容量。

（3）OSI食品集团多站点备份案例。

美国OSI国际食品集团是世界著名的肉类食品加工巨头，长期为世界知名快餐业提供肉类食品加工，全球拥有75家食品加工厂，业务遍及美洲、欧洲、亚太地区、中东及非洲，雇员逾22 000名。跨所有地点不断增加的数据量将OSI的备份和复制基础架构推向极限。Quantum通过安装一个可靠的备份基础设施，帮助食品制造商应对挑战，并利用公司的虚拟基础设施，确保对生产过程的影响最小。

2009年OSI集团的高数据增长已经威胁到生产设施的性能。不论是位于金兹堡总部，还是丹增根、杜伊斯堡、巴德伊堡和纽斯等分支机构的传统磁带备份系统都因为备份窗口太长，已无法满足不断增加数据量的需求。为了应对这些挑战，该公司在其最大的两个地点：金茨堡总部和最大的分公司丹增根，用Quantum DXi3500磁盘设备替换了旧的磁带库。将本地备份写入设备，通过每日进行复制提供异地数据保护。通过复制消除了这些地点的日常磁带使用，消除与生产计划的冲突，备份窗口减少50%。

新设备完美运行五年，但到2014年这些网站的数据增长一倍多，包括在多个地点使用的新数据库、正在添加的新网站以及该公司90%以上的服务器实现了虚拟化。这种结合带来了新的数据保护难题：虚拟机很容易消除重复数据，但它们占用了备份系统中相当多的存储空间。

由于OSI集团IT团队对最初的DXi系列运行情况印象深刻，总部的DXi设备换成了更大、更可扩展的型号DXi6700，新的DXi设备安装在丹增根、巴德伊堡、杜伊斯堡、萨尔茨堡和乌克兰卡扎丁的一个新地点[29]，如图8-20所示。2015年，在英国斯肯索普安装了两台相互复制的新型DXi设备。由于地点众多，它不仅需要考虑容量，还需要考虑如何建立一个复杂的远程复制系统。在新系统中，总部网站在周末执行6 TB的完全备份，并且在一周内每天创建增量备份。在所有其他位置，每天都会创建完全备份，以便可以随时执行完整还原。

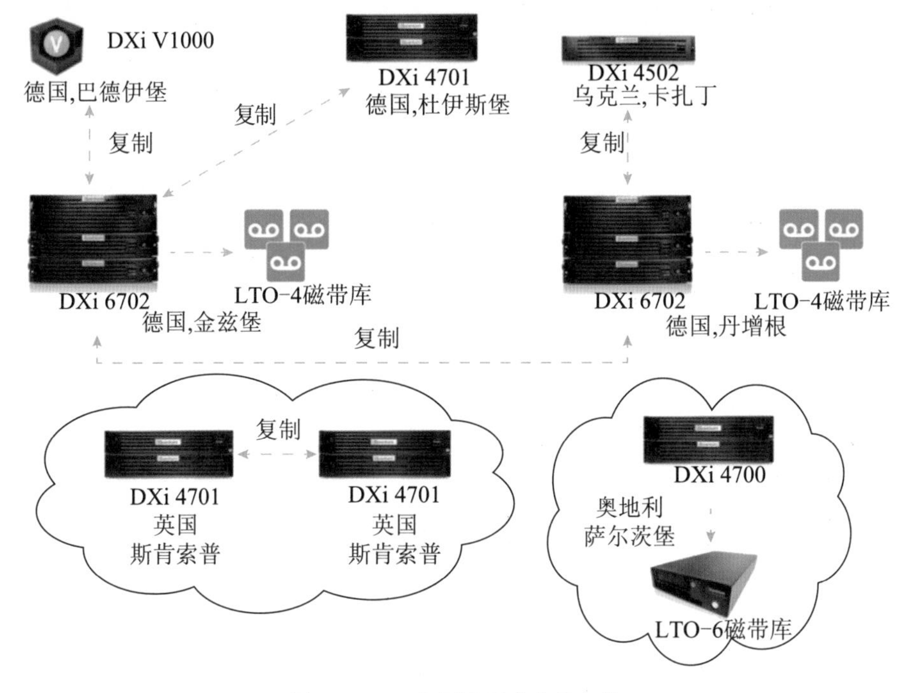

图8-20 OSI集团多站点备份架构

DXi重复数据删除设备的一个很大的优势就是允许受时间控制的带宽约束，因为它允许配置复制过程，以避免与网络的其他用途发生任何冲突。虽然磁带库仍在两个最大的站点中使用，以提供更高级别的场外保护，并允许从旧磁带备份中读取数据，但在萨尔茨堡，磁带用于长期数据保留。

在2009年的最初部署中，所有地点的备份卷都减少85%以上。在新系统也看到类似的结果，但在丹增根的一个单元中，团队发现重复数据删除率为155∶1。部分原因是将整个数据集从金茨堡复制到丹增根，而Quantum的全局重复数据删除消除了跨节点文件中的冗余。单个数据的恢复速度比旧系统也快得多，而且因为不再需要交换库中的磁带，重复数据删除设备还降低了故障率。

OSI集团作为一个重要的虚拟化客户，通过结合Quantum的虚拟DXi设备DXi V1000来让该技术变得更有意义。DXi V1000使用VMware创建一个虚拟DXi磁盘备份设备，它看起来像一个单独的物理设备来备份软件。与物理设备一样，它存储本地备份并将数据复制到其他DXi系统，但它完全不需要在支持的站点安装物理设备。

DXi V1000是位于巴特伊堡小型分公司的完美解决方案，它对虚拟和物理服务器都有很好的重复数据删除率，价格还实惠，而且虚拟设备特别适合分散操作。较小站点中的磁带库已被重复数据删除设备所取代，这些设备通过定义的策略在站点之间自动复制备份数据，获得更快的备份、更快的恢复和更短的管理时间。

8.3 本章小结

本章主要介绍国际主流的重复数据删除存储相关产品的应用案例。首先，阐述企业应用数据集的重复数据删除缩减率的影响因素及其评估方法。然后，针对当前国际主流的重复数据删除存储厂商相关产品的应用案例进行介绍，包括：Dell EMC公司的三款重复数据删除产品（Centera、Avamar和Data Domain）、IBM公司的ProtecTIER重复数据删除网关、飞康公司的FDS重复数据删除系统、富士通公司的CS系列数据保护设备、NetApp公司的Data ONTAP统一存储平台以及Quantum公司的DXi系列备份存储设备及其相关应用案例。通过这些产品及案例分析，充分展示了重复数据删除技术对大数据存储及保护方面的优势。它不仅能够极大地节省存储容量，还能有效地减少数据保护方案中的备份窗口和恢复时间，从而提升整个IT系统的生产效率。

参考文献